高等院校信息技术课程精选规划教材

大学计算机基础实践教程

主　编：王留洋　周　蕾　朱好杰
副主编：化　莉　陈　婷　李芬芬　蒋晓玲

【微信扫码】
本书导学，领你入门

南京大学出版社

内容简介

本书力求涵盖教指委的教学基本要求，以 Windows 7 操作系统及 Office 2010 办公套装软件的应用为主线，设计了六个实验单元，分别是 Windows 7 与 Internet、Word 2010、Excel 2010、PowerPoint 2010、Access 2010 和 Photoshop cs5，在教学过程中可以根据需要选做不同的实验单元。本书采用"案例驱动"的设计思想，所有实验项目均从工作生活中遇到的各种实际问题出发，将全国计算机等级考试一级和二级 Office 的考点内容穿插在各个应用案例中，以情境驱动学生思考问题和分析问题，最终学会解决问题，可有效提高学生的学习兴趣和解决实际问题的能力。

本书可作为高等学校大学计算机基础课程的实验教材，也可供参加全国计算机等级考试一级和二级 MS Office 或学习办公自动化软件人员作为参考书使用。

图书在版编目(CIP)数据

大学计算机基础实践教程 / 王留洋，周蕾，朱好杰主编. — 南京：南京大学出版社，2017.8(2018.8 重印)
高等院校信息技术课程精选规划教材
ISBN 978-7-305-19217-3

Ⅰ. ①大… Ⅱ. ①王… ②周… ③朱… Ⅲ. ①电子计算机—高等学校—教材 Ⅳ. ①TP3

中国版本图书馆 CIP 数据核字(2017)第 193591 号

出版发行 南京大学出版社
社　　址 南京市汉口路 22 号　　　邮编 210093
出 版 人 金鑫荣

丛 书 名 高等院校信息技术课程精选规划教材
书　　名 大学计算机基础实践教程
主　　编 王留洋　周　蕾　朱好杰
责任编辑 苗庆松　吴宜锴　　　编辑热线 025-83595860

照　　排 南京理工大学资产经营有限公司
印　　刷 常州市武进第三印刷有限公司
开　　本 787×960　1/16　印张 14　字数 281 千
版　　次 2017 年 8 月第 1 版　　2018 年 8 月第 2 次印刷
ISBN 978-7-305-19217-3
定　　价 32.80 元

网　　址：http://www.njupco.com
官方微博：http://weibo.com/njupco
官方微信号：njupress
销售咨询热线：(025)83594756

前　言

随着计算机技术与网络技术的飞速发展，计算机在各个领域的应用越来越广泛，高等学校中各个专业对学生的计算机应用能力要求也越来越高。大学计算机课程在经历了计算机文化基础到计算机应用基础、大学计算机基础等课程阶段后，到今天已经形成了以计算思维为主导教学内容的新课程。2010 年 10 月，在“第六届大学生计算机课程报告论坛”上，中国科学技术大学陈国良教授首次提出将计算思维引入大学计算机基础教学中去。如今，越来越多的高校已经认识到，大学计算机课程不只是让学生熟练使用计算机，掌握计算机常用软件的操作，更重要的是培养学生信息素养和计算思维能力。

2016 年 1 月，教育部高等学校大学课程教学指导委员会在《大学计算机基础课程教学基本要求》一书中明确提出：大学计算机基础课程是面向全体大学生提供计算机知识、能力、素质方面教育的公共基础课程。计算机基础实践教学要不断强调面向应用和重视实践的功能，培养学生应用计算机技术分析问题和解决问题的能力，提升学生正确获取、评价与使用信息的素养。

能力的培养需要实践来验证和深化，作为大学计算机基础教学必不可少的环节，大学计算机基础的实验教学起着非常重要的作用。如何规划实验内容，设计实验案例，培养学生良好的信息素养和终生学习能力，学会分析问题和解决问题，应用计算思维思想解决学习和工作中遇到的实际问题，是大学计算机基础实验教学的重点和难点，也是课程追求的目标。

另外，由于地区发达程度和信息技术教育水平的差异，导致大学新生在计算机操作和应用方面的能力存在明显的差异，有些学生在入学时已掌握较好的计算机操作技能，也有些学生基础较薄弱，操作能力低。如何兼顾不同起点学生的学习需求，同时又能有效提高学生的学习兴趣和应用能力，也是大学计算机基础实验教学必须考虑的问题。

本书的编写就是在这样的背景下完成的。全书以 Windows 7 操作系统及 Office 2010 办公套装软件的应用为主线，设计了六个实验单元，分别是 Windows 7 操作系统及 Internet、文字处理软件 Word 2010、电子表格软件 Excel 2010、演示文稿软件 PowerPoint 2010、数据库软件 Access 2010 和图形图像处理软件 Photoshop CS5。每个单元包含若干个实验项目，遵循由浅到难，由简单到复杂的设计原则，按照基础实验到提高实验，再到高级应用实验的顺序，创建了阶梯式的实验内容和应用情境，不仅有助于基础较薄弱学生循序渐进地学习，提高其计算机应用能力，也满足较高层次学生的学习需求。

为更好地提高学生用计算机解决实际问题的能力，提高学生的学习兴趣，本书所有实验项目均从工作生活中遇到的各种实际问题出发，通过构建不同应用场景的典型案例，以情境驱动学生思考问题和分析问题，最终学会去解决问题。书中每个案例均提出多个需解决的任务，基础较好的学生可按照任务要求独立思考解决方案，完成实验任务，而对于基础较弱的学生，则可以参考书中给出的实验任务详细的操作步骤和相关的理论知识。

为满足读者参加全国计算机等级考试需求，全书将全国计算机等级考试一级和二级 Office 的考点内容穿插在各个应用案例中，其中一级 Office 考点一般包含在每个单元的基础实验案例中，而二级 Office 中较高级的应用则包含在单元的提高实验和高级应用案例中，读者可根据自己的需要进行选择。通过本书的学习，不仅有助于读者顺利通过全国计算机等级考试一级和二级 Office，而且通过实际案例的应用，还可以有效提高读者运用计算机解决工作和生活中实际问题的能力。

本书可作为高等学校大学计算机基础课程的实验教材。为方便教学，本书配有实验素材及教学资源包，可满足 24～32 学时的实验教学及课外练习的需要，任课教师可根据需要自行选择教学内容。本书还配套有不少网络资源，内容包括导学、视频操作，其他资源等，覆盖各实验，能够让学习者随时随地用手机观看。这些网络资源以二维码的形式在书中呈现，无需下载与注册，只需用微信扫描即可观看。本书还可供参加全国计算机等级考试或学习办公自动化软件人员作为实践教程使用。

本书由王留洋、周蕾、朱好杰任主编并统稿，化莉、陈婷、李芬芬和蒋晓玲等老师担任副主编。编者全部是长期从事大学计算机公共基础课教学一线的老师，有着丰富的教学经验。

限于作者水平，书中难免有不当之处，敬请同行与读者批评指正。

编者联系邮箱：wangly@hyit. edu. cn。

编　者

2017 年 6 月

目 录

【微信扫码】
计算机等级考试相关

单元一　Windows 7 操作系统及 Internet

微软公司(Microsoft)于 2009 年 10 月 22 日在美国正式发布了 Windows 7(以下简称 Win7)操作系统。为了满足各方面不同的需要,Win7 推出了多个版本,包括家庭普通版(Home Basic)、家庭高级版(Home Premium)、专业版(Professional)和旗舰版(Utimate)等,其中旗舰版功能最完备,用户可以根据需要进行选择。和早期的 Windows XP 操作系统相比,Win7 在软硬件兼容性、运行速度、用户的操作体验等方面都有了大幅提升。

Internet,中文正式译名为因特网,又称为国际互联网,简称互联网,指的是把广域网、局域网及单机使用相应通信设备互联而成并按照一定的通信协议进行通信的超大计算机网络。Internet 的重要性对于现代社会来说是毫无疑问的。Internet 上的资源非常丰富,我们可以通过 Internet 方便快捷的获取感兴趣的资料和信息。

本单元主要包括 Win7 操作系统和国际互联网 Internet 基本操作两部分。

Win7 操作系统部分需要掌握的概念如下:

(1) 桌面

登录到 Windows 系统之后看到的主屏幕区域称为桌面。

(2) 资源管理器

资源管理器是 Win7 提供的管理本机所有软件资源的工具软件。

在计算机中所有信息都被保存为指定格式的文件,每个文件有唯一的文件名与之对应。Windows 规定文件名由主文件名和扩展名两部分组成,中间由“.”分隔,其中扩展名决定了文件的类型,比如“.txt”是文本文件,“.docx”是 Word 文档文件,“.xlsx”是 Excel 工作簿文件。Windows 采用树形结构对计算机中的文件资源进行管理,将文件组织在文件夹中,每个文件夹下还可以再创建多个子文件夹用来存放不同用途的文件组,以此类推,通过创建文件夹树来实现文件的分层管理功能。比如“E:\F1\F11\a1 .txt”表示一个名称为 a1 的文本文件,保存位置在 E 盘根目录下 F1 文件夹下的 F11 子文件夹下。

利用资源管理器,用户可以方便地完成文件或文件夹的创建、复制、移动、删除以及查找等操作。

(3) 回收站

回收站是硬盘一个特殊的文件夹,用于保存硬盘上被删除的文件或文件夹。通过回收站,用户可以恢复硬盘误删除的文件或文件夹。

(4) 控制面板

控制面板是一组工具软件的集合,通过它可以进行各种软硬件的配置,如设置鼠标、打印机、系统时间和日期以及帐户信息等。

国际互联网 Internet 部分需要掌握的概念如下:

(1) 主页

我们在 Internet 上浏览的所有资源都是存储在 Web 服务器中,用户使用浏览器软件来访问网站的各个网页,通常将网站的第一个网页称为主页。

(2) 超文本与超链接

通过浏览器查看网页时,有些带有下划线的文字或图形、图片等,当鼠标指针指向这一部分时,鼠标指针变成手形“☝”,这部分称为超链接。当鼠标单击超链接时,浏览器就会显示出与该超链接相关的目标内容。这个目标可以是另一个网页,也可以是同一网页的不同位置,还可以是图片、声音、动画、影片等其他类型的网络资源。

具有超链接的文本就称为超文本。超文本文档不同于普通文档,其最重要的特色是文档之间的链接,互相链接的文档可以在同一个主机上,也可以分布在网络上的不同主机上。

(3) 超文本传输协议 HTTP

用户浏览网页时,由浏览器向 Web 服务器发出访问请求,Web 服务器响应浏览器提交的访问请求并向客户端传送网页信息,用于实现这种服务的协议称为超文本传输协议 HTTP。

(4) 超文本标记语言 HTML

HTML(Hyper Text Markup Language)是为服务器制作信息资源(超文本文档)和客户浏览器显示这些信息而约定的格式化语言。所有的网页都是基于超文本标记语言 HTML 编写出来的,使用这种语言,可以对网页中的文字、图形等元素的各种属性进行设定,如大小、位置、颜色、背景等,还可以将它们设置成超链接,用于链向其他的相关网站。

(5) 统一资源定位器

利用 WWW 获取信息时要标明资源所在地。在 WWW 中用 URL(Uniform Resource Locator)定义资源所在地。URL 的地址格式为:

应用协议类型://信息资源所在主机名(域名或 IP 地址)/路径名/文件名

在 URL 中,常用的应用协议有:HTTP、FTP、TELNET 等。

例如:“http://www.edu.cn”表示用 HTTP 协议访问主机名为“www.edu.cn”的 Web 服务器的主页。

【微信扫码】
看视频,学操作

实验一　Windows 7 基本操作

一、实验要求

1. 掌握 Win7 桌面个性化设置和任务栏的基本操作。
2. 掌握文件和文件夹的创建、复制、移动、删除等操作。
3. 掌握回收站的管理。
4. 掌握控制面板的常用操作。

二、实验内容和步骤

【案例描述】

李明刚买了台电脑,已经安装了 Win7 操作系统,但李明初次接触电脑,还不太熟悉一些基本操作,请你帮助他,完成系统的基本设置,并利用资源管理器,完成文件和文件夹的复制、删除等基本操作。

任务 1　Win7 桌面基本操作

1. 任务要求

(1) 将"中国"和"场景"两个 Aero 主题中的所有图片创建成一个幻灯片作为桌面背景,设置图片显示效果为"拉伸",每隔 5 分钟切换一张图片,并设置为"无序播放"。

(2) 将窗口的颜色设置为"黄昏",启用透明效果。

(3) 设置桌面默认仅显示"计算机"和"回收站"图标。

(4) 设置屏幕保护程序为"气泡",等待时间为 2 分钟,并在恢复时显示登录屏幕。

(5) 设置桌面显示"CPU 仪表盘"和"日历"两个小工具,删除其他显示的小工具。

(6) 移动任务栏到屏幕右侧,并设置为自动隐藏。

(7) 利用"开始"菜单打开"画图"、"计算器"和"记事本"三个应用程序,在任务管理器中查看程序运行状态,并结束三个程序的运行。

2. 操作步骤

(1) 打开计算机,进入 Win7 操作系统,首先看到的就是系统桌面,如图 1.1 所示。

在桌面的空白位置单击鼠标右键,在弹出的快捷菜单中选择"个性化"命令,就进入个性化桌面设置窗口,如图 1.2 所示。

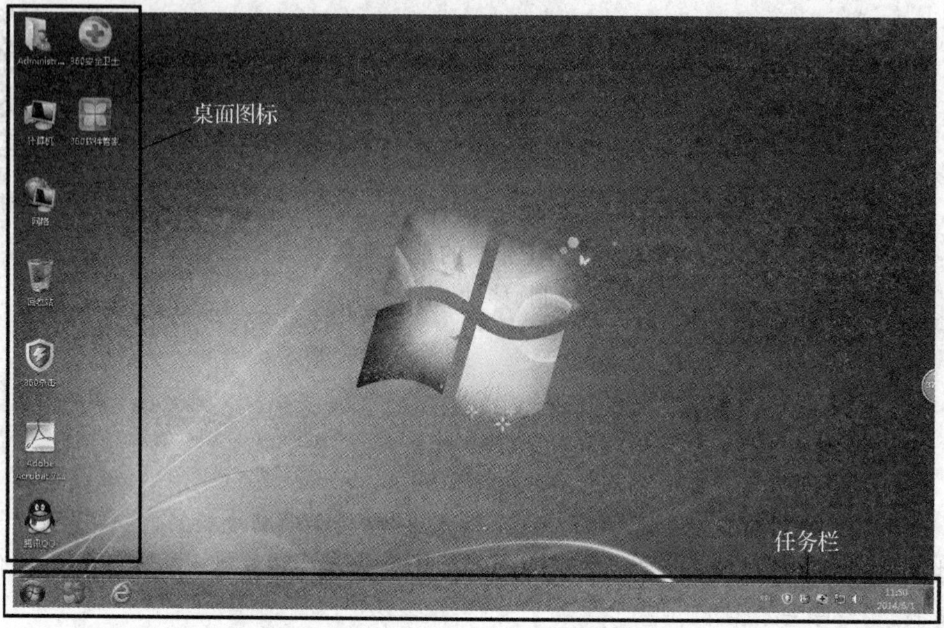

图 1.1 Win7 系统桌面

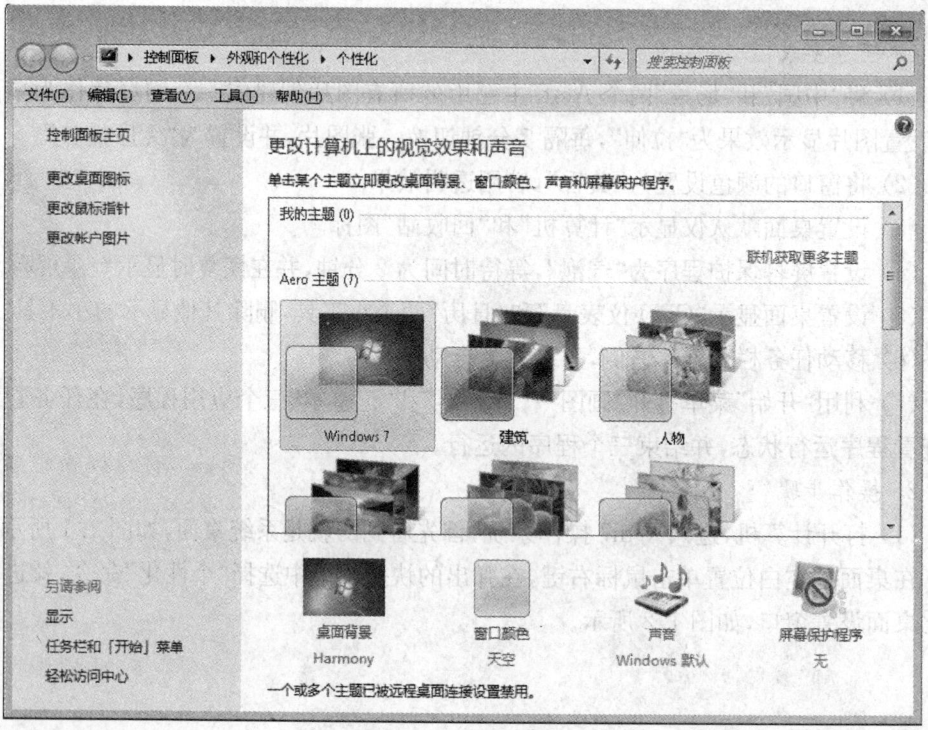

图 1.2 个性化设置窗口

在图 1.2 所示界面中，单击下方的“桌面背景”，打开如图 1.3 所示的窗口。

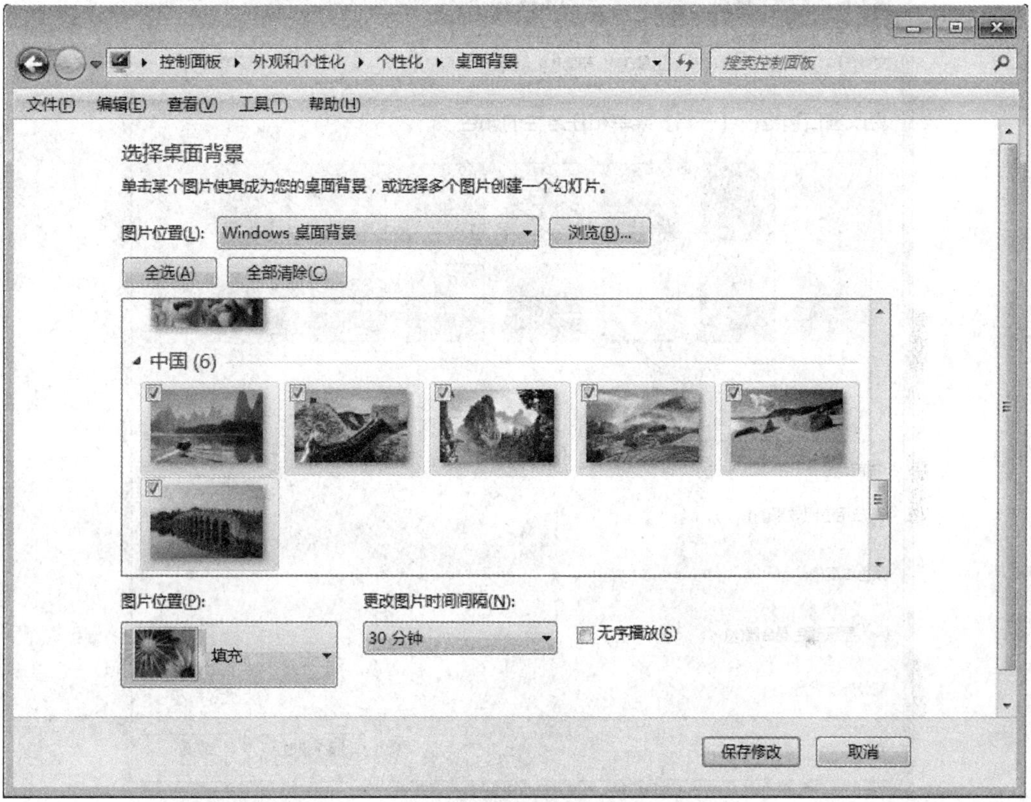

图 1.3　桌面背景设置窗口

在图 1.3 中，依次单击选中主题“中国”和“场景”中包含的所有图片，在“图片位置”处单击向下的箭头，选择“拉伸”效果；在“更改图片时间间隔”下拉列表框中选择图片切换的时间间隔为“5 分钟”，勾选“无序播放”复选框，最后单击“保存修改”按钮完成设置。

提示：Windows 是图形用户界面的操作系统，所有资源均被图形化为图标显示，双击图标会自动启动或打开它所代表的项目。默认桌面上显示多个图标，用户可以根据需要增加或删除，桌面下方是任务栏。Win7 默认提供了多个 Aero 桌面主题可供用户选择，每个主题中预设了多张图片。在图 1.2 所示界面中，选择某个主题，比如“中国”，可以快速设置桌面背景图片；在图 1.3 背景设置界面中，用户也可以单击“浏览”按钮，选择自己的图片作为桌面背景。

（2）在图 1.2 所示的桌面个性化设置界面中，单击下方的“窗口颜色”，打开如图 1.4 所示的窗口。

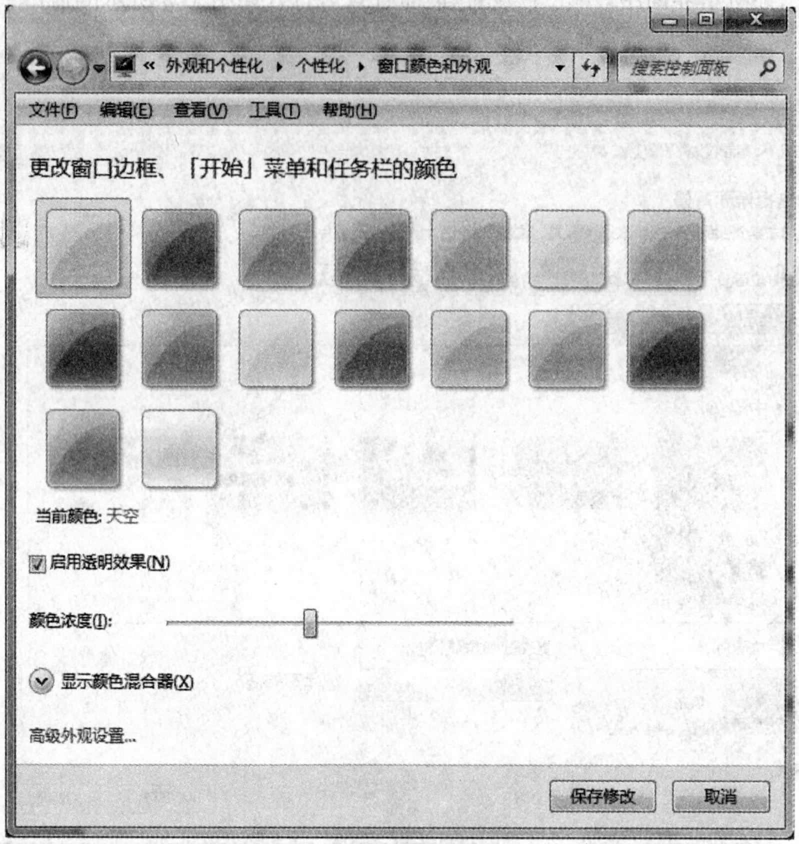

图 1.4 窗口颜色设置窗口

在窗口颜色区单击选择“黄昏”,勾选“启用透明效果”复选框,单击“保存修改”按钮,完成窗口颜色的设置。

(3) 在图 1.2 所示的桌面个性化设置界面中,单击左边的“更改桌面图标”,打开如图 1.5 所示的对话框。

在图 1.5 中,勾选“计算机”和“回收站”桌面图标,取消其他复选框的选中状态,单击“确定”按钮。

提示:用户可将自己常用的程序、文件和文件夹创建为桌面图标,以便快速访问。除了用户自己设置的图标外,Win7 桌面默认包含的图标有“计算机”、“网络”、“回收站”、“用户的文件”等。本操作并不影响用户自己设置的图标。

图 1.5　桌面图标设置对话框

(4) 在图 1.2 所示界面中,单击下方的“屏幕保护程序”,打开如图 1.6 所示的对话框。

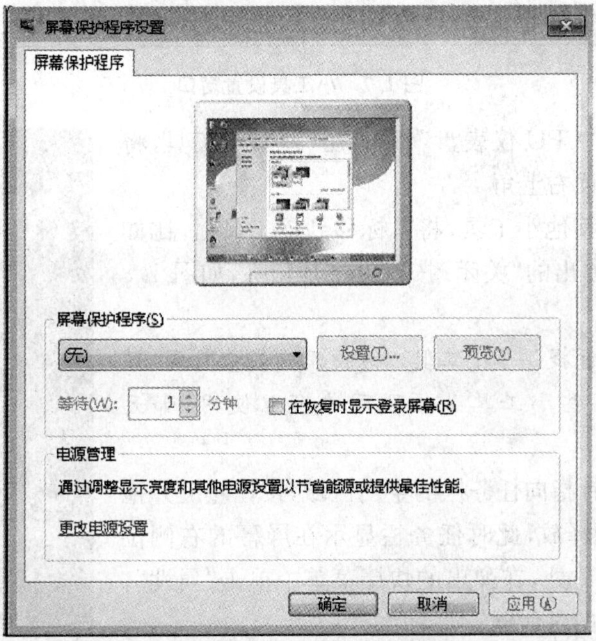

图 1.6　屏幕保护程序设置对话框

在“屏幕保护程序”下拉列表框中选择“气泡”，将等待时间设置为“2”，勾选“在恢复时显示登录屏幕”，单击“确定”按钮。

提示：对于早期 CRT 显示器，为提高显示器的使用寿命，建议设置屏幕保护程序，当用户在指定时间内不操作鼠标或键盘，系统会自动启动屏幕保护程序。现在计算机都采用 LED 液晶显示器，设置屏幕保护程序，并选中“在恢复时显示登录屏幕”，主要出于安全考虑，适用于短时间离开电脑时，防止他人非法使用电脑。

(5) 在桌面空白位置单击右键，在弹出的快捷菜单中选择“小工具”，打开如图 1.7 所示的窗口。

图 1.7 小工具设置窗口

鼠标分别双击“CPU 仪表盘”和“日历”两个小工具，将其运行并显示在桌面右上角。

若桌面上还有其他小工具，将鼠标移到该工具上，比如时钟小工具，单击弹出的“关闭”按钮可将其删除，如图 1.8 所示。

提示：Win7 桌面提供了小工具以方便用户查看时间、日历、天气等信息，某些小工具必须联网才可以使用（如天气等）。

(6) 将鼠标指针指向任务栏的空白区域，按住左键并拖动鼠标到屏幕右侧释放，此时任务栏显示在屏幕的右侧位置。右击任务栏空白处，在弹出的快捷菜单中单击“属性”，打开如图 1.9 所示的对话框。

图 1.8 删除小工具

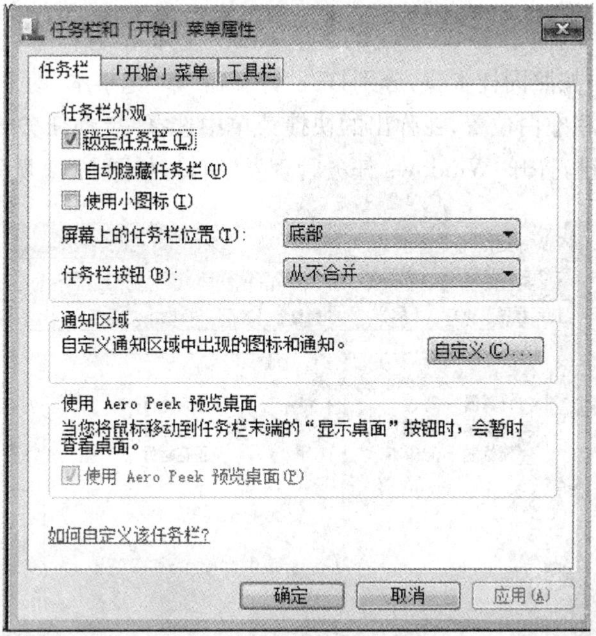

图 1.9　任务栏设置对话框

在其中勾选“自动隐藏任务栏”选项，单击“确定”按钮，任务栏将被隐藏。此时只有将鼠标移到屏幕最右侧时，任务栏才会出现，移走鼠标，任务栏重新被隐藏。

提示：相比 Windows XP，Win7 任务栏的功能有了较大的提升。任务栏默认显示在屏幕的底部，由“开始”菜单、任务区域、通知区域和显示桌面区域组成，如图 1.10 所示。

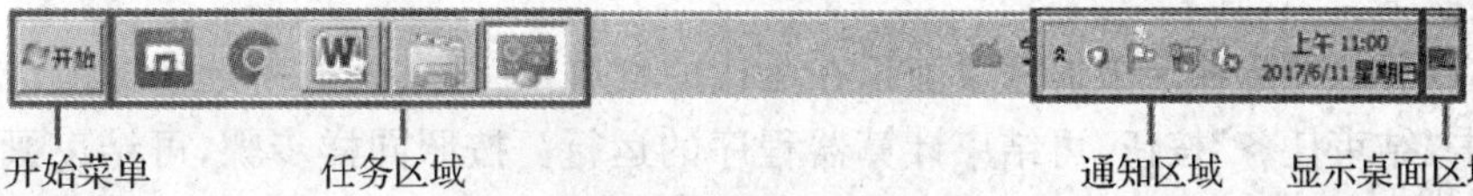

图 1.10　任务栏组成

系统的很多操作都可以通过打开“开始”菜单选择命令完成；所有正在使用的文件或程序都在“任务区域”上以缩略图表示，用户可以方便地在不同任务间进行切换；“通知区域”又称“系统托盘区域”，提供系统时钟、音量、网络等程序状态的图标；“显示桌面区域”是位于任务栏最右侧的一块半透明区域，单击可快速回到桌面状态。

任务栏可以放置在屏幕的四个位置：顶部、底部、左侧和右侧，默认显示在屏幕底部。如果任务栏被锁定，鼠标就无法移动任务栏改变其显示位置。若希望任务栏只能显示在屏幕底部，可右击任务栏空白处，在弹出的快捷菜单中单击“锁定任务栏”，则可将任务栏固定在屏幕底部。

(7) 单击“开始”菜单按钮,在弹出的菜单中依次选择“所有程序”→“附件”→“画图”,打开画图应用程序;按照同样步骤,分别打开“计算器”和“记事本”两个应用程序。

右键单击任务栏空白位置,在弹出的快捷菜单中选择“启动任务管理器”或按下 Ctrl+Shift+Esc 组合键,打开“Windows 任务管理器”窗口,如图 1.11 所示。

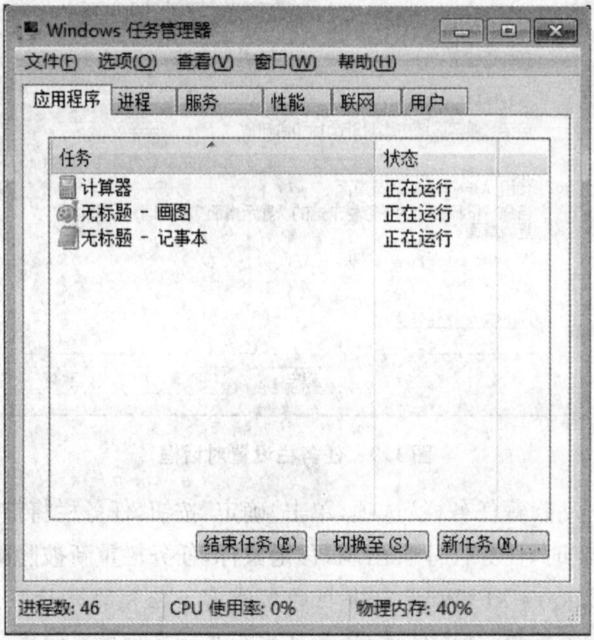

图 1.11 Windows 任务管理器窗口

在“应用程序”选项卡中显示目前正在运行的程序,在任务列表中选中“计算器”应用程序,点击“结束任务”按钮,可结束计算器程序的运行。按照同样步骤,可结束画图和记事本应用程序的执行。

提示:运行应用程序时可能由于种种原因出现死机现象,无法正常结束程序的运行,利用任务管理器窗口可以方便地结束程序运行。通常一些在后台运行的程序不会出现在任务管理器窗口的任务列表中,此时可在任务管理器窗口中单击“进程”选项卡,打开系统运行的进程列表界面,如图 1.12 所示。

在进程列表中找到应用程序对应的进程,比如“notepad.exe”是记事本应用程序进程,选中并单击“结束进程”按钮,可以结束应用程序的运行。

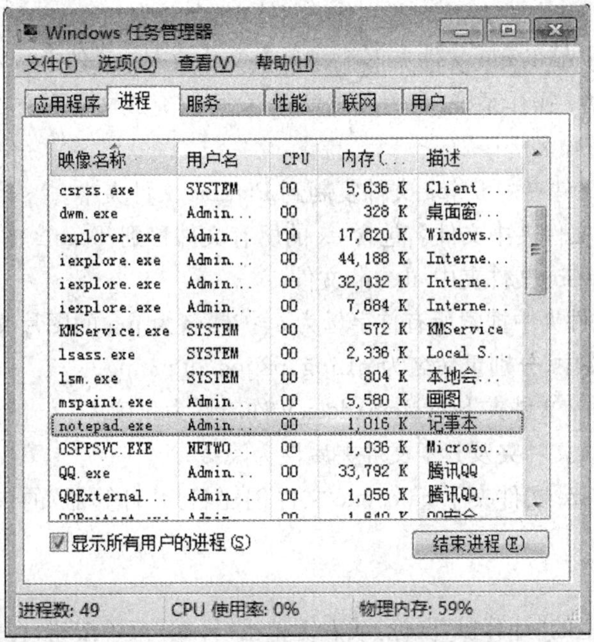

图 1.12　任务管理器进程显示窗口

任务 2　资源管理器基本操作

1. 任务要求

(1) 打开资源管理器窗口。

(2) 设置资源管理器中只显示菜单窗格、导航窗格和细节窗格。

(3) 在资源管理器中打开 EX1 文件夹,该文件夹结构如下图 1.13 所示,每个文件夹中又包含若干个文件,下面的所有操作均在 EX1 文件夹中完成。

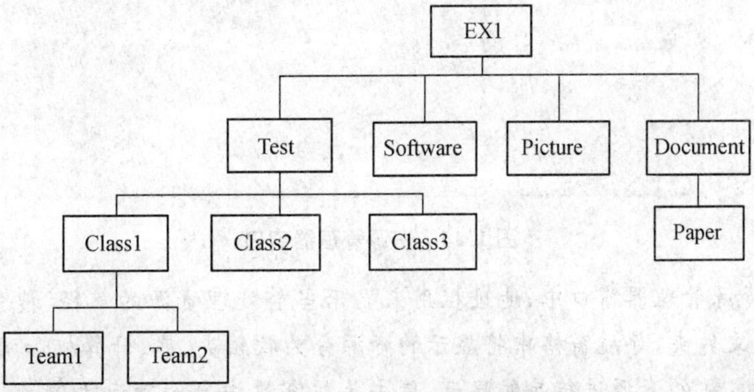

图 1.13　EX1 文件夹结构图

(4) 在 Document 文件夹下新建一个子文件夹，命名为“Temp”。

(5) 在 Document\Temp 文件夹下新建一个文本文件，命名为“Test .txt”，输入内容“欢迎使用 Windows7 操作系统，利用资源管理器，可以完成文件和文件夹的许多操作，如复制、移动、删除、重命名……”。

(6) 将 Paper 文件夹中 f1.jpg 文件复制到 Picture 文件夹中。

(7) 将 Class3 文件夹中文件名包含 ex 的所有文件移到 Team2 文件夹中。

(8) 删除 Software 文件夹中 ab. zip 文件。

(9) 在 EX1 文件夹中搜索所有首字母为 a、扩展名为 jpg 的图片文件，复制前三个文件到 Picture 文件夹中，分别重命名为 p1.jpg、p2.jpg 和 p3.jpg。

(10) 设置 Paper 文件夹下 system .docx文件属性为只读。

(11) 设置 Test 文件夹及其子文件夹属性为隐藏。

(12) 为 Software 文件夹下 calc. exe 文件创建名为“计算器”的快捷方式，并保存在 EX1 文件夹下。

2. 操作步骤

(1) 双击桌面上的“计算机”图标，或右键单击“开始”菜单按钮，在弹出的快捷菜单中选择“打开 Windows 资源管理器”，都可打开资源管理器窗口，如图 1. 14 所示。

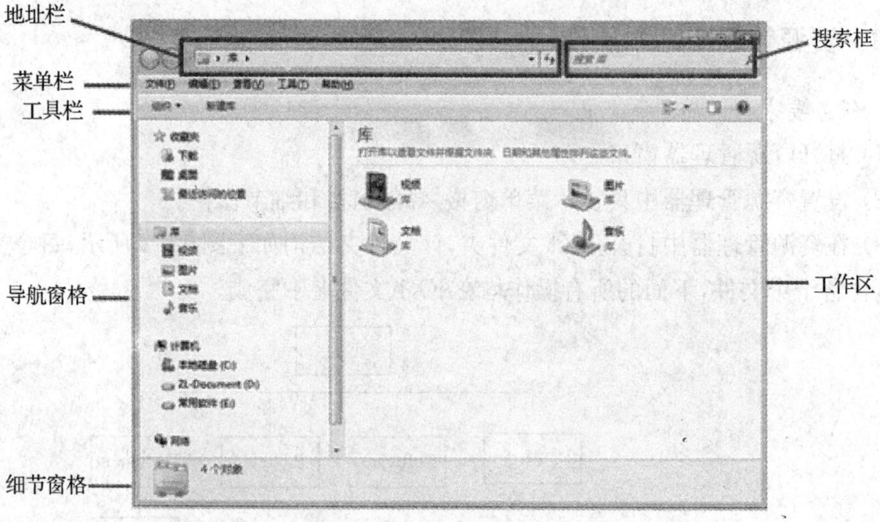

图 1. 14　资源管理器窗口

提示：在资源管理器窗口中，地址栏用来显示当前处理资源的路径，搜索框用来查找指定的文件或文件夹，导航窗格中将显示的资源分为收藏夹、库、计算机和网络等部分，采用层次结构对本机的资源进行导航显示，单击导航窗格中每个项目左侧的三角按钮可展开或收缩其子项目，选择某个项目则在右边工作区中显示该项目包含的子文件夹和文件的具体信息。

（2）在资源管理器窗口中，单击工具栏“组织”按钮，在弹出的下拉菜单中选择“布局”菜单项，在下一级菜单中分别选中菜单栏、导航窗格和细节窗格，如图 1.15 所示。

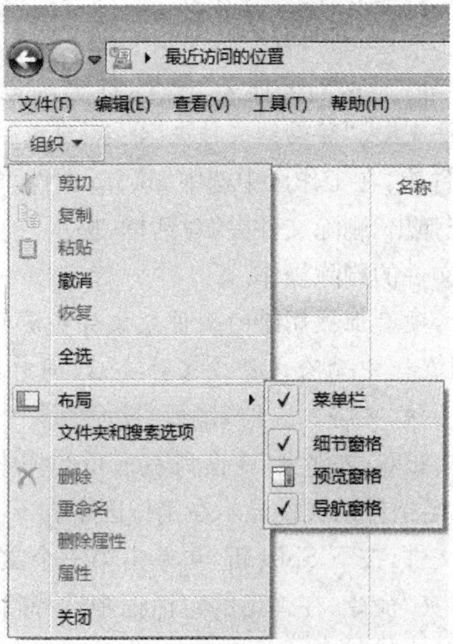

图 1.15　布局窗格选择页面

（3）浏览导航窗格，单击选择“EX1”文件夹。

（4）在导航窗格中单击“EX1”文件夹左侧三角按钮展开其子项目，选择“Document”文件夹，单击工具栏“新建文件夹”按钮，或在工作区的空白位置单击鼠标右键，在弹出的快捷菜单中选择“新建文件夹”，系统会在该文件夹下新建一个文件夹，将文件夹命名为“Temp”。

（5）在工作区双击打开 Temp 文件夹，在空白位置单击鼠标右键，在弹出的快捷菜单中选择“新建”→“文本文件”，将其命名为“Test .txt”。

双击 Test .txt文件，打开记事本应用程序窗口，输入要求的文本内容，单击“文件”→“保存”命令，最后单击窗口右上角的“关闭”按钮，退出记事本窗口。

（6）打开 Paper 文件夹，右键单击 f1.jpg 文件，在弹出的快捷菜单中选择“复制”命令。打开 Picture 文件夹，在工作区的空白位置单击鼠标右键，在弹出的快捷菜单中选择“粘贴”命令，完成文件的复制操作。

（7）打开 Class3 文件夹，单击选中第一个文件名包含 ex 的文件，按下 Ctrl 键，再逐个单击选中其他文件名包含 ex 的文件，单击工具栏的“组织”按钮，在下拉菜单中选择“剪切”命令。

打开 Team2 文件夹，单击“组织”按钮，在下拉菜单中选择“粘贴”命令，完成文件的移动操作。

提示：除了利用“组织”按钮完成复制和移动操作外，还可以选择“编辑”菜单中的“复制”、“剪切”和“粘贴”命令完成，或利用键盘快捷键 Ctrl＋C、Ctrl＋X 和 Ctrl＋V。另外，Win7 新增“复制到文件夹”和“移动到文件夹”命令，选中需要复制或移动的文件，在“编辑”菜单中选择“复制到文件夹”或“移动到文件夹”命令，可以快速完成复制或移动操作。

(8) 打开 Software 文件夹，在工作区中选中 ab. zip 文件，单击“组织”按钮，在下拉菜单中选择“删除”命令，系统弹出“删除文件夹”对话框，提示“确实要把此文件放入回收站吗?”，单击“是”按钮，完成文件的删除操作。

提示：为了防止误删除，硬盘上被删除的文件或文件夹会被保存到回收站中，如果希望实现真正的删除操作，则在选中删除文件或文件夹后，同时按下 Shift 和 Delete 键，在弹出的对话框中单击“是”按钮，可将其直接删除。

(9) 在导航窗格中选择 EX1 文件夹，在窗口右上角的搜索框中输入“a＊.jpg”，系统自动将在 EX1 文件夹中满足条件的文件显示在工作区中。

鼠标单击选中第一个文件，按下 Shift 键，再单击第三个文件，可将前三个文件选中，选择“编辑”→“复制到文件夹”命令，在弹出的对话框中选择目标路径为 Picture 文件夹，单击“复制”按钮。

打开 Picture 文件夹，选中复制的第一个文件，单击“组织”按钮，在下拉菜单中选择“重命名”，将其改名为“p1.jpg”；按此操作，依次将第二个和第三个复制的文件改名为 p2. jpg 和 p3.jpg。

提示：搜索文件或文件夹时，如果不能确定名称，可以只输入部分名称，或利用通配符完成搜索。Windows 搜索通配符主要有？和＊两种，其中？表示任意一个字符，＊表示任意多个字符，比如“＊.＊”表示所有文件，“a＊. doc”表示以字母 a 开头、扩展名为 doc 的所有文件，“a? b. ＊”表示文件名以字母 a 开头、b 结尾、只有三个字母的文件，比如 a2b. doc、acb. exe 等。

(10) 打开 Paper 文件夹，选中 system .docx文件，单击“组织”按钮，在下拉菜单中选择“属性”命令，在弹出的对话框中选中“只读”属性复选框，单击“确定”按钮，可以设置该文件属性为只读。

(11) 浏览 EX1 文件夹，选中 Test 文件夹，单击“组织”按钮，在下拉菜单中选择“属性”命令，在弹出的对话框中选中“隐藏”属性复选框，单击“确定”按钮，弹出如图 1. 16 所示的对话框。

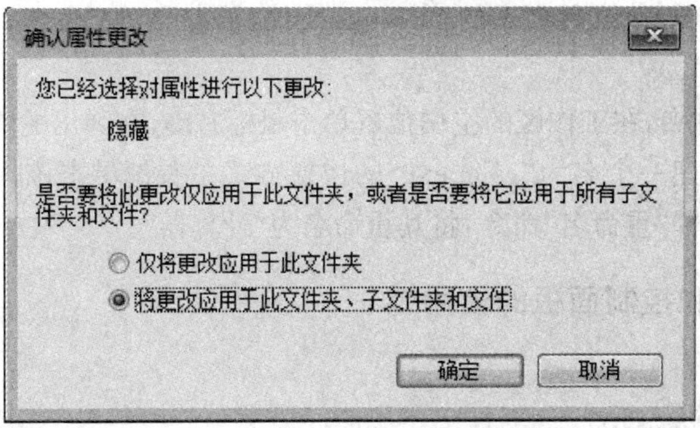

图 1.16　子文件夹隐藏属性设置对话框

在图 1.16 中,选中“将更改应用于此文件夹、子文件夹和文件”,单击“确定”按钮,可以设置 Test 文件夹及其子文件夹属性为隐藏。

提示:将文件夹设置为隐藏属性后,浏览和搜索文件夹时,该文件夹均为不可见状态,若希望还可以搜索或看到文件夹,可以开启显示隐藏文件或文件夹功能。在资源管理器中,单击“工具”→“文件夹选项”命令,打开“文件夹选项”对话框,单击“查看”选项卡,在“高级设置”中选中“显示隐藏的文件、文件夹和驱动器”,单击“确定”按钮,则可以看到设置为隐藏的文件和文件夹,如图 1.17 所示。

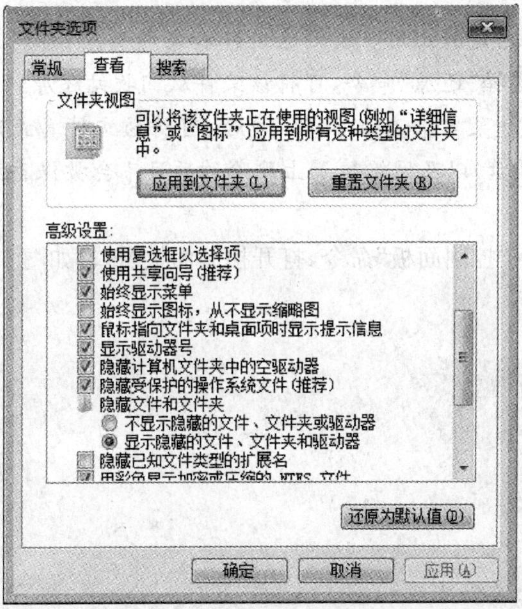

图 1.17　文件夹选项设置对话框

（12）选中 Software 文件夹下的 calc. exe 文件，单击“组织”按钮，在下拉菜单中选择“复制”命令。

选中 EX1 文件夹，在工作区的空白位置单击鼠标右键，在弹出的快捷菜单中选择“粘贴快捷方式”，可创建一个名为“calc. exe”的快捷方式。右键单击该快捷方式图标，在弹出的快捷菜单中选择“重命名”命令，将其重命名为“计算器”。

任务 3 回收站和控制面板的使用

1. 任务要求

（1）清空回收站。

（2）将系统日期格式设为：短日期样式为“yyyy - MM - dd”；长日期样式为“yyyy‘年’M‘月’d‘日’”。

（3）为系统新建一个用户帐户，命名为 User，并设置密码为“a654321”。

（4）为系统打开 Internet 信息服务功能。

（5）对 C 盘执行磁盘清理操作。

（6）对 C 盘执行碎片整理操作。

2. 操作步骤

（1）打开回收站文件夹，选择“文件”→“清空回收站”命令，可将回收站中所有文件和文件夹全部删除。

提示：回收站的作用是防止用户误删除文件和文件夹。在回收站中，右键单击文件，在弹出的快捷菜单中选择“还原”命令，可将该文件从回收站还原到原位置；右键单击要删除的文件，在弹出的快捷菜单中选择“删除”命令，可将该文件真正删除。需要注意的是，从可移动媒体（比如 U 盘）以及网络位置上删除的项目不会被保存到回收站中，而是直接被删除。

（2）单击“开始”→“控制面板”命令，打开控制面板窗口，如图 1.18 所示。

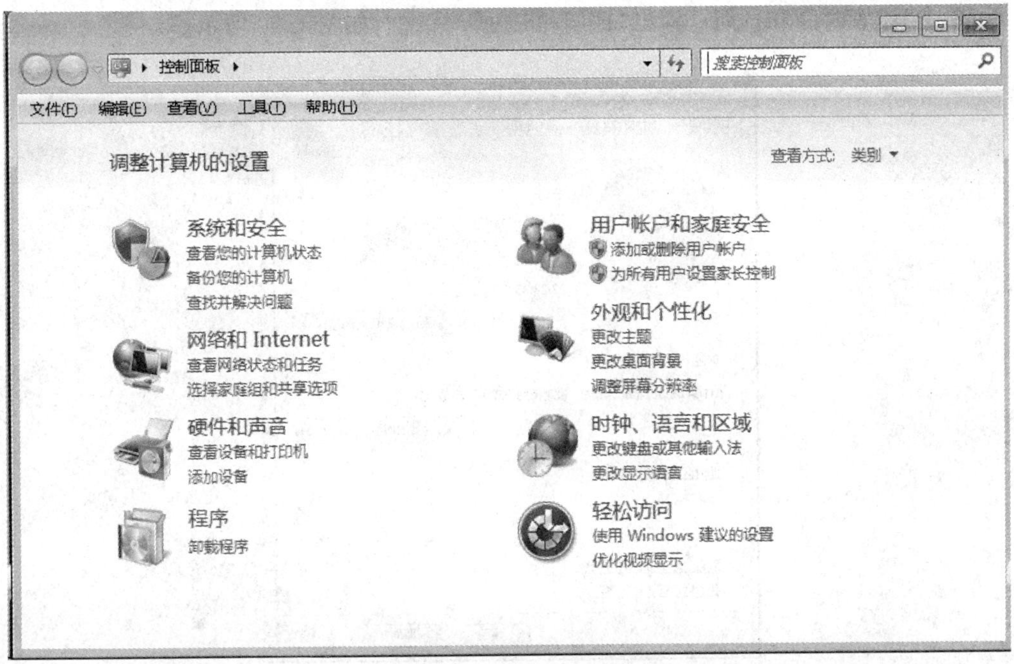

图 1.18　控制面板窗口

单击“时钟、语言和区域”图标，打开如图 1.19 所示的窗口。

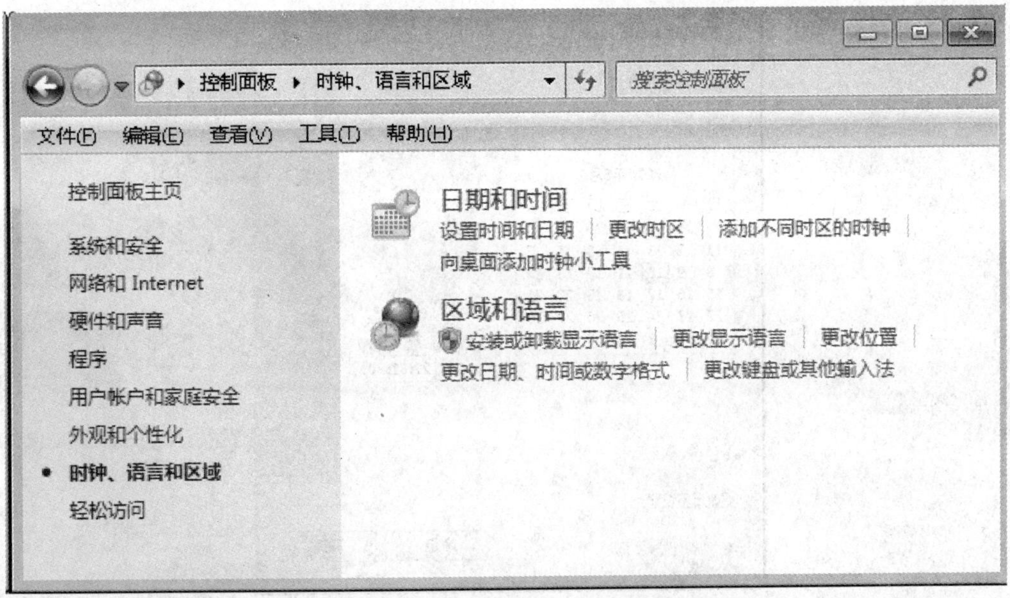

图 1.19　时钟、语言和区域设置窗口

单击“设置时间和日期”，弹出“日期和时间”对话框，如图 1.20 所示。

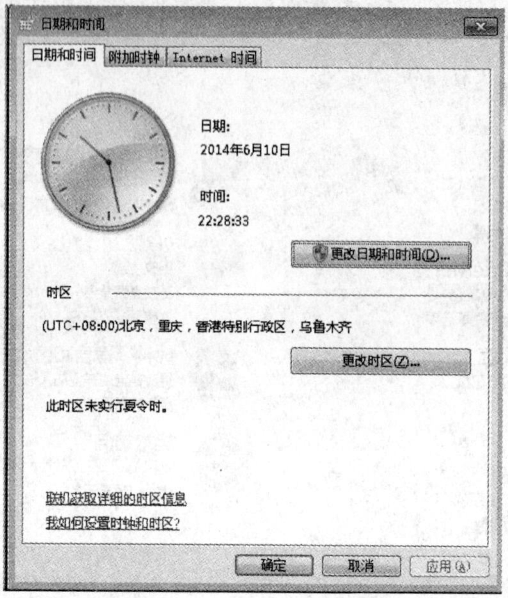

图 1.20 “日期和时间”对话框(1)

单击“更改日期和时间”按钮，打开“日期和时间设置”对话框，如图 1.21 所示。

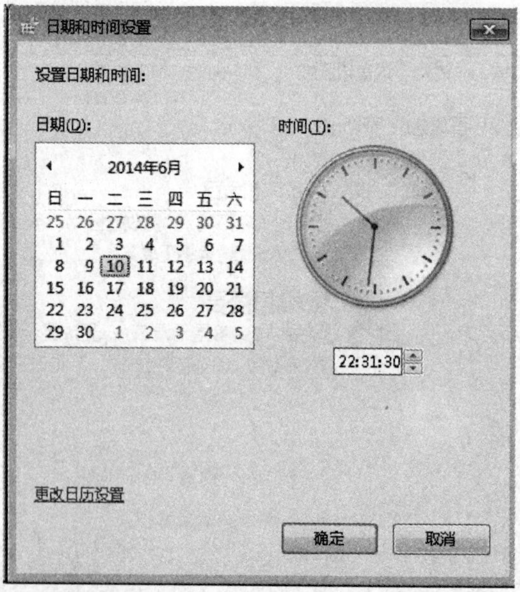

图 1.21 “日期和时间设置”对话框(2)

单击“更改日历设置”，打开“区域和语言”对话框，在“日期和时间格式”框中，选择短日期样式为“yyyy－MM－dd”，长日期样式为“yyyy' 年 'M' 月 'd' 日 '”，如图 1.22 所示。

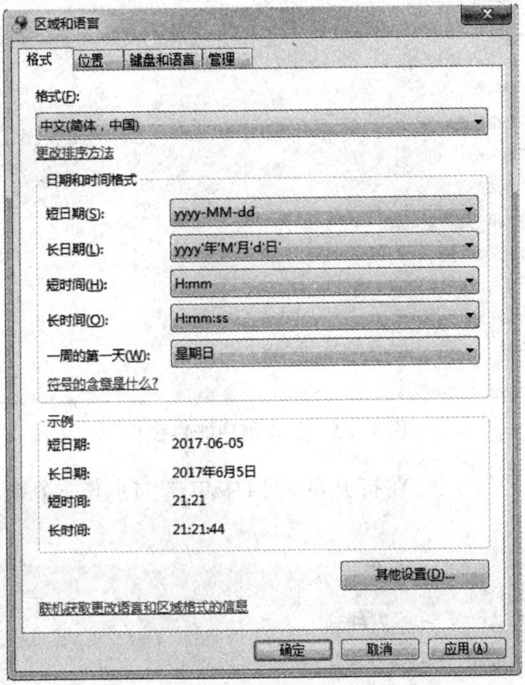

图 1.22　“区域和语言”设置对话框

单击“确定”按钮，可完成系统日期格式的设置操作。

提示：控制面板是 Windows 系统中重要的设置工具，允许用户查看并操作基本的系统设置，比如添加硬件、添加/删除软件、控制用户帐户等。

控制面板将计算机的设置分成“系统和安全”、“用户帐户和家庭安全”、“网络和 Internet”、“外观和个性化”、“硬件和声音”、“时钟、语言和区域”、“程序”以及“轻松访问”等 8 个类别，可以实现不同方面的设置功能。

(3) 在控制面板窗口单击“用户帐户和家庭安全”，在工作区中单击“用户帐户”命令，弹出如图 1.23 所示的窗口。

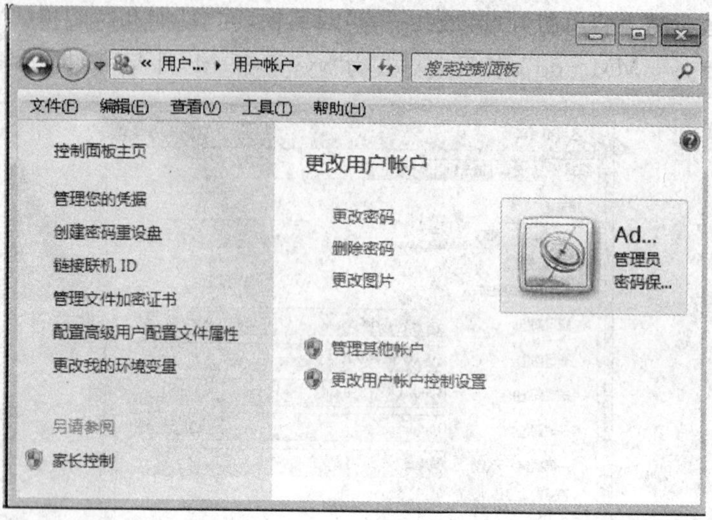

图 1.23 更改用户帐户窗口

单击“管理其他帐户”命令，在打开的窗口中单击“创建一个新帐户”命令，打开如图 1.24 所示的窗口。

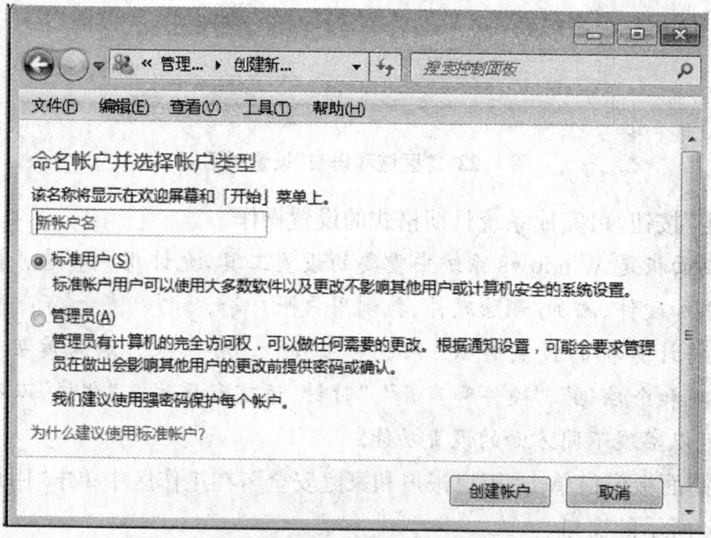

图 1.24 创建新帐户窗口

在文本框中输入帐户名称 User，选择帐户类型为“标准用户”，单击“创建帐户”按钮，可以新建一个用户帐户 User，打开如图 1.25 所示的窗口。

双击 User 帐户图标，打开“更改帐户”窗口。单击“创建密码”命令，打开如图 1.26 所示的窗口。

图 1.25 更改 User 帐户窗口

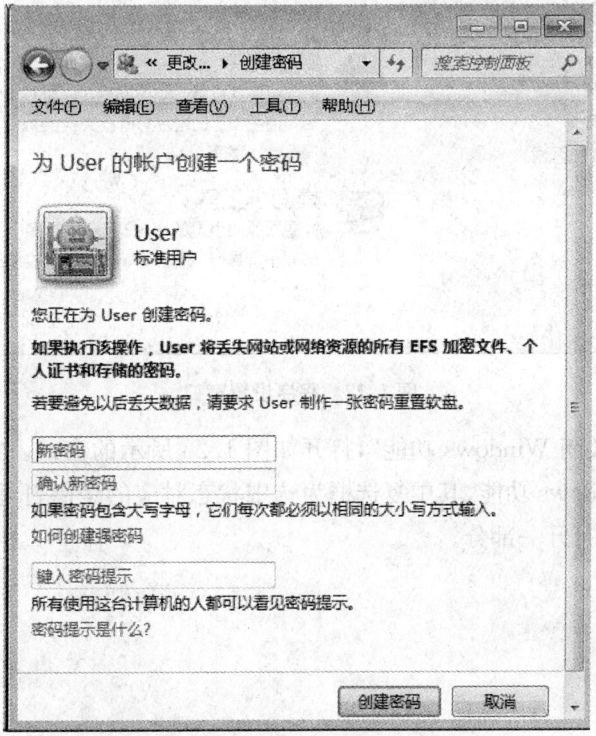

图 1.26 为 User 帐户创建密码窗口

分别在“新密码”和“确认新密码”对应的文本框中输入密码“a654321”，确保两个密码完全相同，单击“创建密码”按钮，可以完成 User 帐户的密码设置功能。

提示：安装操作系统后，默认只有一个超级管理员帐户 Administrator 和来宾帐户 Guest。为安全起见，并方便多个用户使用电脑，可为系统添加多个用户帐户。本操作将为系统添加一个名为 User 的帐户，以后启动系统时，在系统欢迎屏幕上将显示 User 帐户供用户选择，只有输入正确的密码才可以进入系统。

(4) 在控制面板窗口单击“程序”图标，打开如图 1.27 所示的窗口。

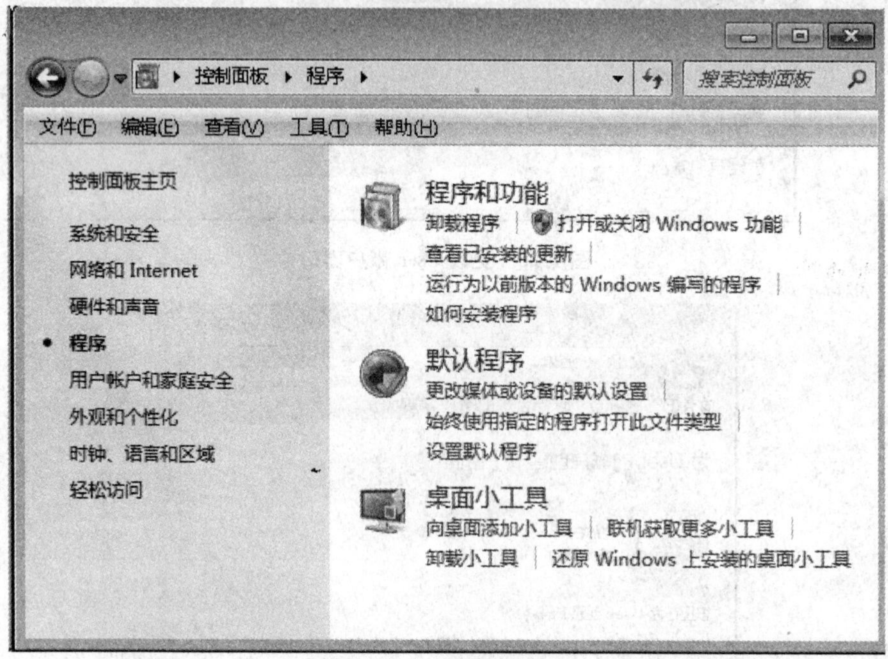

图 1.27 程序设置窗口

单击“打开或关闭 Windows 功能”，打开如图 1.28 所示的窗口。系统会自动列出所有可供选择的 Windows 功能，其中复选框为选中状态对应的是已打开的功能，填充的复选框表示该功能仅打开一部分。

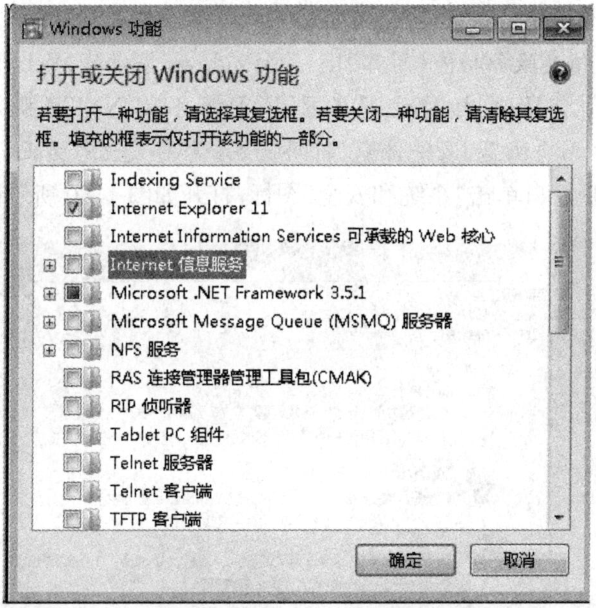

图 1.28　Windows 功能设置窗口

选中“Internet 信息服务”，单击“+”将其展开，选择具体的功能，如图 1.29 所示。

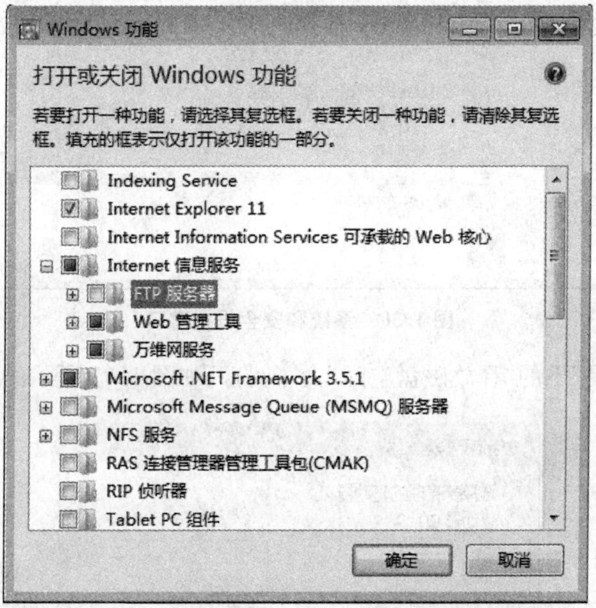

图 1.29　IIS 服务设置窗口

单击每个子功能前的“+”将其展开，分别选中各个子功能，最后单击“确定”按钮，可打开系统的 IIS 服务功能。

提示：Internet 信息服务功能(简称 IIS)是 Windows 提供的 Web 服务器组件，架设网站时必须打开该功能。IIS 包括 Web 服务器、FTP 服务器、NNTP 服务器和 SMTP 服务器等功能，分别用于网页浏览、文件传输、新闻服务和邮件发送等方面。

(5) 在控制面板窗口单击“系统和安全”图标，打开如图 1.30 所示的窗口。

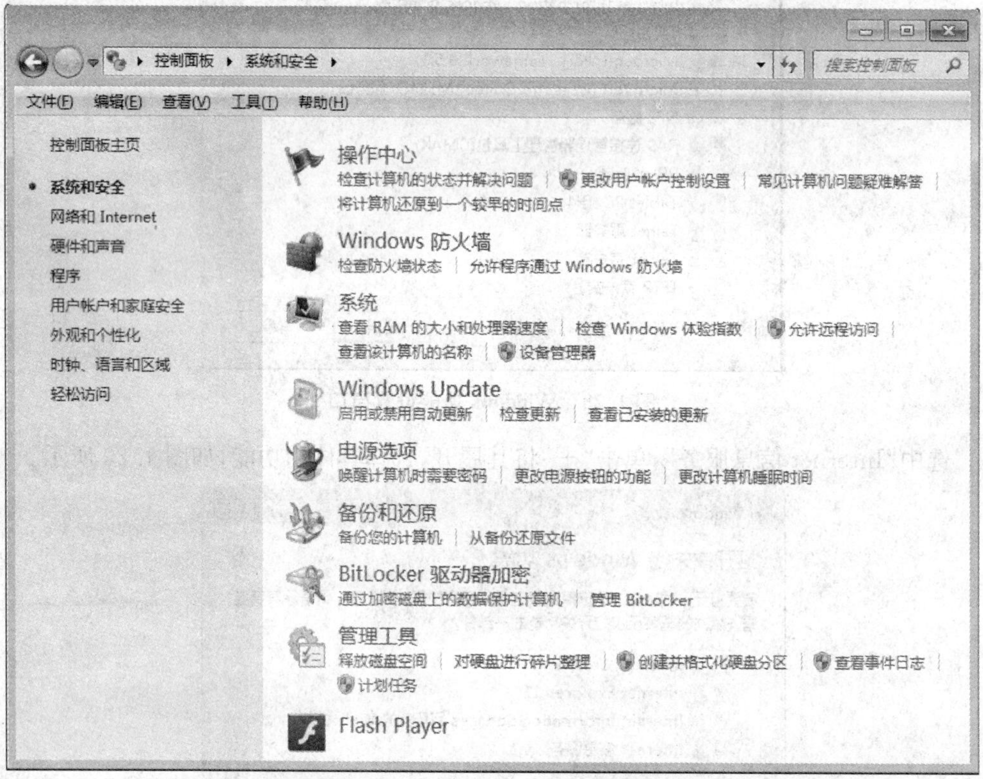

图 1.30 系统和安全设置窗口

单击“管理工具”下的“释放磁盘空间”命令，打开如图 1.31 所示的对话框。

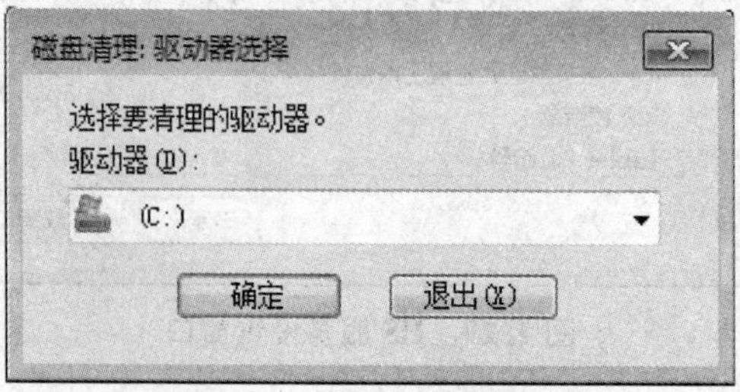

图 1.31 驱动器选择窗口

在下拉列表框中选择 C 盘作为要清理的驱动器，单击“确定”按钮，系统自动进入磁盘清理界面，并弹出如图 1.32 所示的窗口。

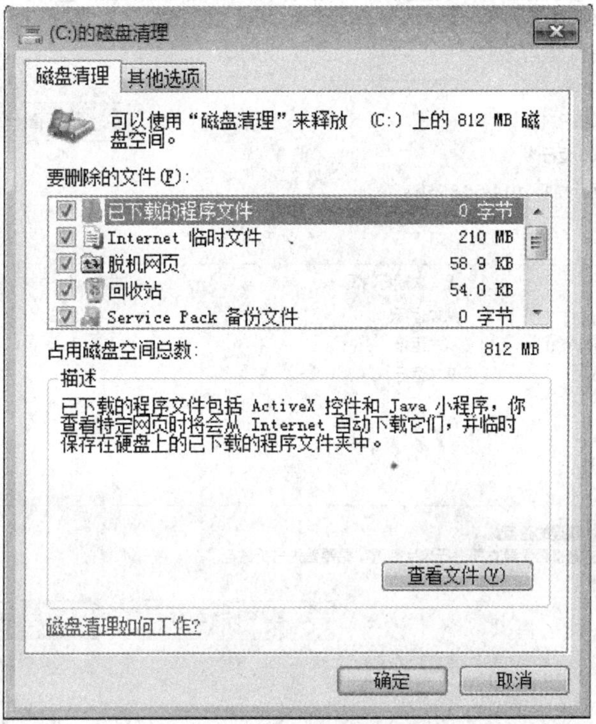

图 1.32　磁盘清理功能窗口

勾选要清理的文件，单击“确定”按钮，系统提示“确实要永久删除这些文件吗?”对话框，单击“删除文件”按钮，系统开始执行磁盘清理功能删除选定的文件，释放磁盘空间。

(6) 在控制面板窗口单击“系统和安全”图标，在打开的窗口中，单击“管理工具”下的“对硬盘进行碎片整理”命令，打开“磁盘碎片整理程序”窗口，如图 1.33 所示。

选中要整理的磁盘 C 盘，单击“磁盘碎片整理”按钮，程序自动分析磁盘，然后执行磁盘碎片整理程序。

提示：定期对磁盘执行清理和碎片整理功能可以加快系统的执行速度。硬盘在使用一段时间后，由于反复写入和删除文件，磁盘中的空闲扇区被分散在不连续的物理位置上，导致文件无法保存在磁盘连续的簇中，形成磁盘碎片(又称为文件碎片)。这样，在读写文件时磁头需要在硬盘不同位置来回移动，降低了磁盘的访问速度。磁盘碎片整理功能可对硬盘碎片进行重新整理，使得经过整理后的文件尽可能保存在连续的簇中，从而提高文件的访问速度。

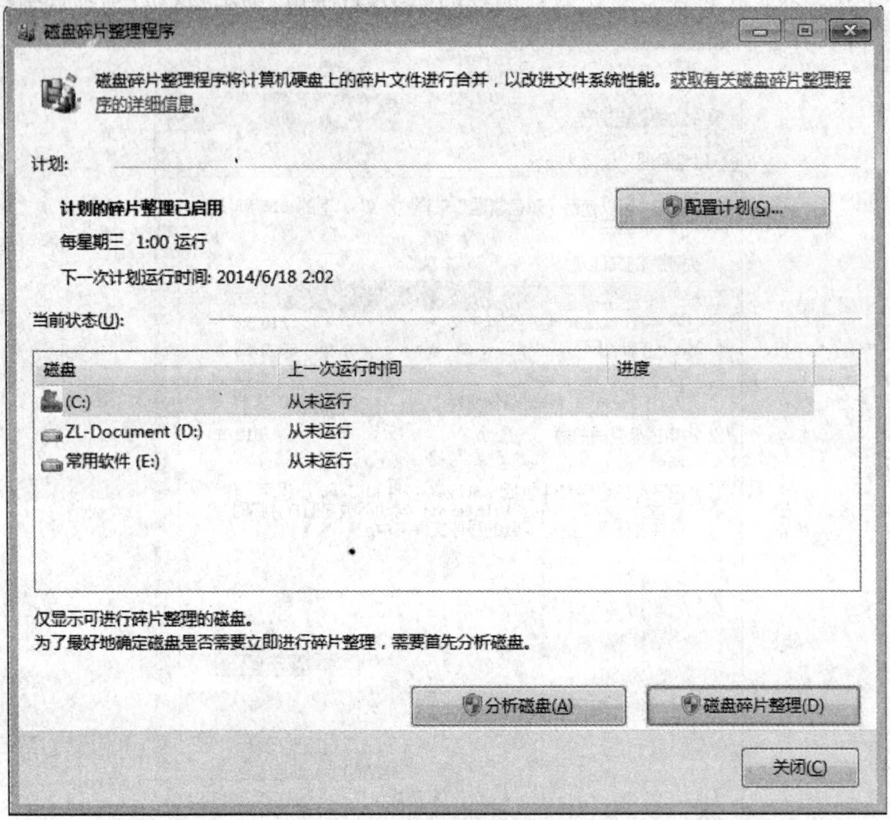

图 1.33　磁盘碎片整理程序窗口

实验二　IE 浏览器及电子邮件的使用

【微信扫码】
看视频，学操作

一、实验要求

1. 学会使用 IE 浏览器上网浏览资源，掌握 IE 浏览器的基本设置。
2. 掌握搜索引擎的使用方法。
3. 掌握软件下载的方法。
4. 掌握免费邮箱的申请方法，并完成电子邮件的发送和管理等操作。

二、实验内容和步骤

【案例描述】

陈飞扬是大一的新生，刚开学就收到班主任发来的任务，要求上网学习名校优秀人物事迹，并完成一篇关于大学生上网规范和网络安全方面的文章，通过电子邮件发送给老师。小陈已经有了一个 QQ 邮箱，他还想申请一个 163 邮箱，并利用 Outlook 实现多个邮箱帐户收发邮件的操作。另外，舍友小胖刚买的电脑还没有安装 Office 2010，他请小陈登录到学院的 FTP 服务器上下载该软件，并完成安装操作。

说明：本实验所使用的 IE 浏览器版本为 IE11。实际操作时若使用其他版本的 IE 浏览器，对话框界面可能会略有不同。

任务 1　IE 浏览器的基本操作

1. 任务要求

(1) 在 IE 浏览器中，打开清华大学主页(http://www.tsinghua.edu.cn/)，在清华新闻中浏览自己感兴趣的清华人物的报道信息，并将该网页以“单个文件(*.mht)”格式保存，文件名任意。

(2) 新建“中国名校”收藏夹，将清华大学首页添加到该收藏夹中，标记为“清华大学”。

(3) 设置 IE 浏览器默认主页为“www.baidu.com”，并设置浏览器只保存 7 天以内浏览的历史记录信息，退出时删除浏览历史记录。

2. 操作步骤

(1) 在 Windows 桌面或快速启动栏中，单击图标，启动 IE 浏览器，在浏览器窗口的地址栏输入清华大学主页的 URL(http://www.tsinghua.edu.cn/)，按下 Enter 键，打开清华大学的主页，如图 2.1 所示。

在清华大学首页中，单击“清华新闻”超链接，进入“清华新闻”页面，浏览页面内容，通

图 2.1 清华大学首页

过单击超链接，找到自己感兴趣的人物介绍页面，也可以单击 IE 工具栏中的“后退”按钮或“前进”按钮，返回到前一页或后一页，定位在需要保存的网页中，单击菜单“文件”→“另存为”命令，打开“保存网页”对话框，在“保存类型”列表框中选择“Web 档案，单个文件(*.mht)”，输入文件名，单击“保存”按钮。

提示：目前上网使用的网页浏览工具软件有很多种，如 Internet Explorer(简称 IE 浏览器)、Maxthon、360 安全浏览器、Mozilla Firefox、Netscape Navigator 以及 Opera 等，因为 IE 浏览器与 Windows 操作系统的兼容性好、使用方便，所以使用者比较广泛。

(2) 单击“收藏夹”→“整理收藏夹”命令，打开“整理收藏夹”对话框，如图 2.2 所示。

单击“新建文件夹”按钮，则添加一个文件夹，在文件夹名处输入“中国名校”，单击“关闭”按钮。

通过单击网页上的“清华主页”超链接返回到清华大学首页，单击“收藏夹”→“添加到

图 2.2 “整理收藏夹”对话框

收藏夹”命令，打开“添加收藏”对话框，在“名称”后的文本框中输入“清华大学”，在“创建位置”后的列表框中选择“中国名校”，如图 2.3 所示。

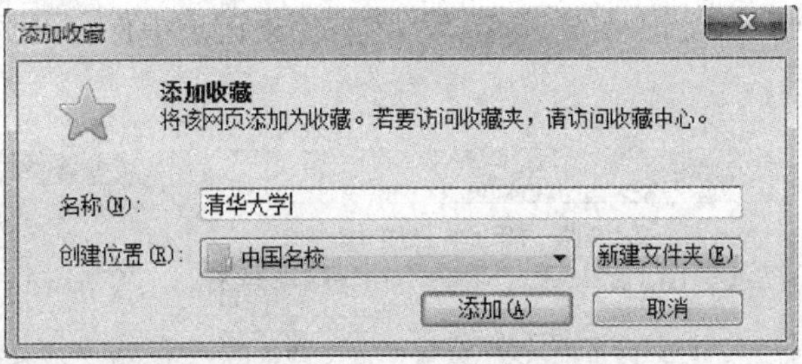

图 2.3 “添加收藏”对话框

单击“添加”按钮。

提示：收藏夹指的是在上网的时候可以方便记录自己喜欢或者常用的网站地址的一个特殊文件夹，想用的时候可以很方便找到并打开。

(3) 在 IE 浏览器中，单击“工具”→“Internet 选项”命令，在打开的“Internet 选项”对话框中，单击“常规”选项卡，在“主页”的地址栏中，输入“http://www.baidu.com”，选中“退出时删除浏览历史记录”，如图 2.4 所示。

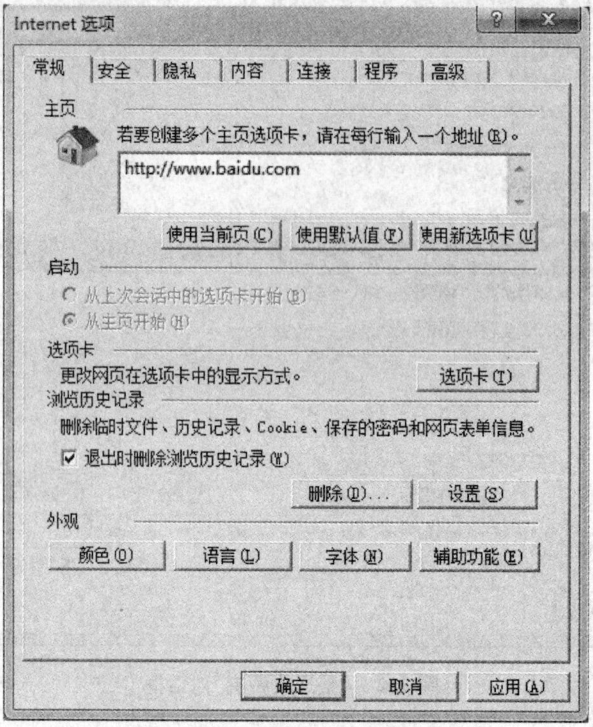

图 2.4 “Internet 选项”对话框

在如图 2.4 所示对话框中，单击“浏览历史记录”区域中的“设置”按钮，打开“网站数据设置”对话框，选择“历史记录”选项卡，设置“在历史记录中保存网页的天数”为 7，如图 2.5 所示。

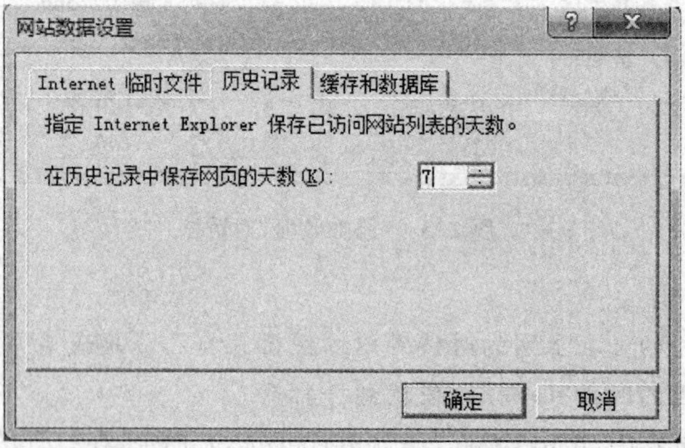

图 2.5 “网站数据设置”对话框

单击“确定”按钮返回。

提示：在 IE 浏览器主页设置中，也可以通过单击“使用当前页”按钮，将 IE 浏览器中当前打开的页面作为主页；如果单击“使用默认值”按钮，则将“http://www.microsoft.com/”作为系统默认的主页；单击“使用新选项卡”按钮，则不给 IE 浏览器设置任何 URL 作为主页。

任务 2　搜索引擎和电子邮箱的使用

1. 任务要求

(1) 在百度上搜索关于网络方面的内容，要求搜索关键字包含信息安全和上网规范，但不包含通信技术，对搜索到的内容进行整理，完成一篇关于大学生上网必备的安全和行为规范的小论文，保存在“遨游网络之我见.docx”文档中。

(2) 申请一个免费的 163 邮箱，用户名和密码自己设定。

(3) 在 Outlook 中配置电子邮箱帐户，添加刚申请的 163 邮箱帐户和 QQ 邮箱帐户(假设你已经有了 QQ 邮箱)。

(4) 在 Outlook 中将完成的小论文分别发送给老师的邮箱和自己的 163 邮箱，邮件主题为“上网规范小论文”，并在邮件正文中告知你的班级和姓名。

(5) 在 Outlook 中更新所有邮箱帐户中已发送和接收的邮件。

(6) 在 Outlook 中将老师信息添加到联系人中。

2. 操作步骤

(1) 在 IE 地址栏输入“www.baidu.com”，按下回车键，打开百度的主页面，在检索栏内输入检索关键字“信息安全＋上网规范 －通信技术”，单击“百度一下”按钮进行检索，百度搜索引擎将返回查找到的满足条件的页面。单击相关的链接，浏览检索页面的结果，复制需要的内容，并对内容进行整理和总结，完成指定文档的撰写。

提示：搜索引擎是指根据一定的策略、运用特定的计算机程序从互联网上搜集信息，在对信息进行组织和处理后，为用户提供检索服务，将用户检索相关的信息展示给用户的一个系统。搜索引擎网站指的是一些专门提供网址搜索功能的网站，利用它使得上网查找资料非常方便。目前常用的搜索引擎包括百度、谷歌、雅虎、搜狗、搜搜、有道等。

利用搜索引擎搜索信息有两种方法：

① 分类搜索方法

搜索引擎具有网络分类表，按分类表逐级建立相关的链接。搜索时，按分类表一级一级点击进入，直到打开需要的网页，可以使用新浪、搜狐、网易、雅虎等分类目录型搜索引擎。

② 关键字搜索法

输入要查找网址相关的关键词，单击搜索按钮，自动进行查询搜索比较方便，可以使用百度、Google 等全文搜索引擎。

(2) 在 IE 浏览器地址栏中输入“http://mail.163.com”，打开如图 2.6 所示的 163 免费电子邮箱页面，单击“去注册”按钮，按注册向导的要求，即可注册一个新的电子邮箱地址。

图 2.6 163 免费邮箱界面

提示：很多网站都提供免费电子邮箱服务，如网易的 126 邮箱、Microsoft 的 Hotmail 邮箱、新浪和搜狐的免费邮箱等，用户可以到相应的网站主页上进行申请。电子邮箱地址的标准格式是 XXX@YYY.ZZZ，其中 XXX 是用户名，YYY.ZZZ 是电子邮箱所在的服务器域名。如果申请了 QQ 号，则自动拥有了 QQ 邮箱，邮箱地址为 QQ 号@qq.com。

(3) 打开 Outlook 2010，第一次使用时会进入欢迎使用 Outlook 2010 的启动向导，如图 2.7 所示。

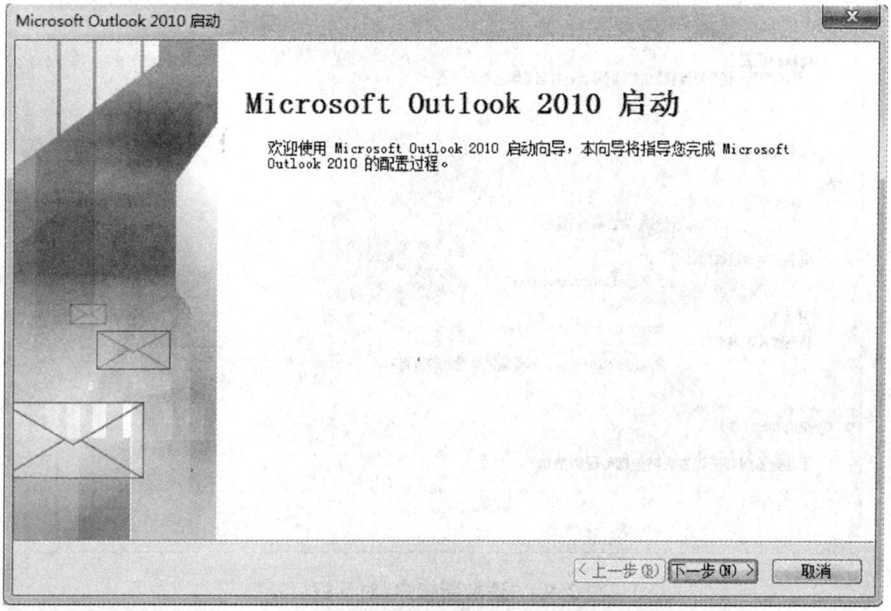

图 2.7　Outlook 启动向导

单击“下一步”按钮，打开“帐户配置”对话框，如图 2.8 所示。

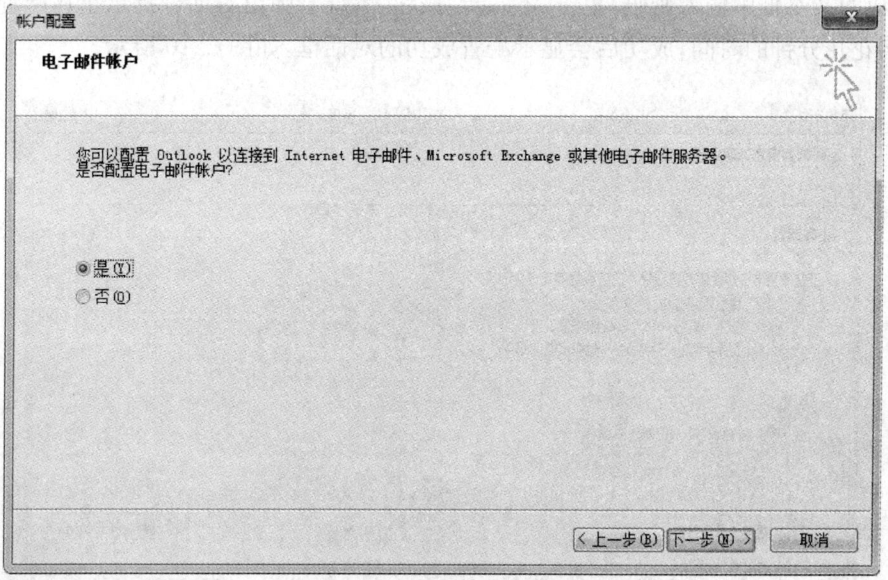

图 2.8　“帐户配置”对话框

单击“下一步”按钮，打开“添加新帐户”对话框，如图 2.9 所示。

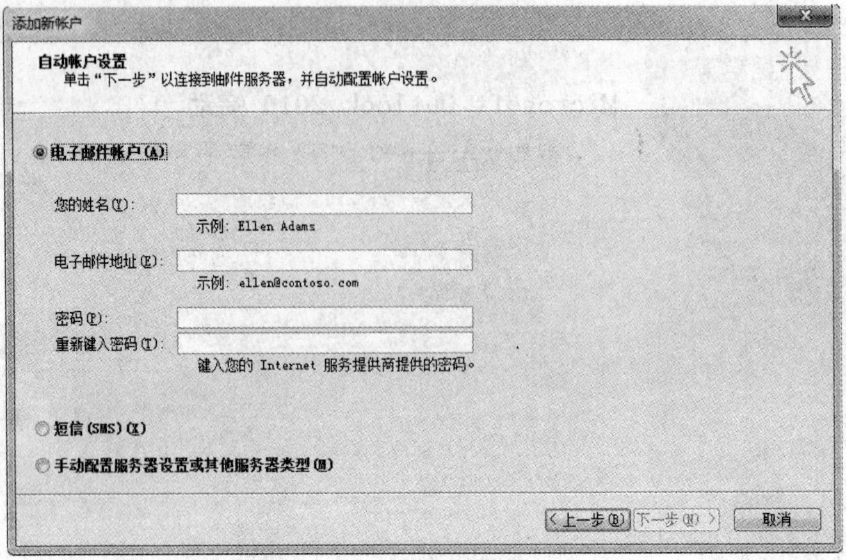

图 2.9 "添加新帐户"对话框(1)

选中"电子邮件帐户",在"您的姓名"文本框中输入在发邮件时,希望显示给对方的名称,"电子邮件地址"对应的文本框中输入你已申请的邮件地址,在"密码"和"重新输入密码"对应的文本框中输入密码,单击"下一步"按钮,系统会弹出对话框提示正在配置,配置可能会花几分钟的时间,成功后会显示配置成功的对话框,如图 2.10 所示。

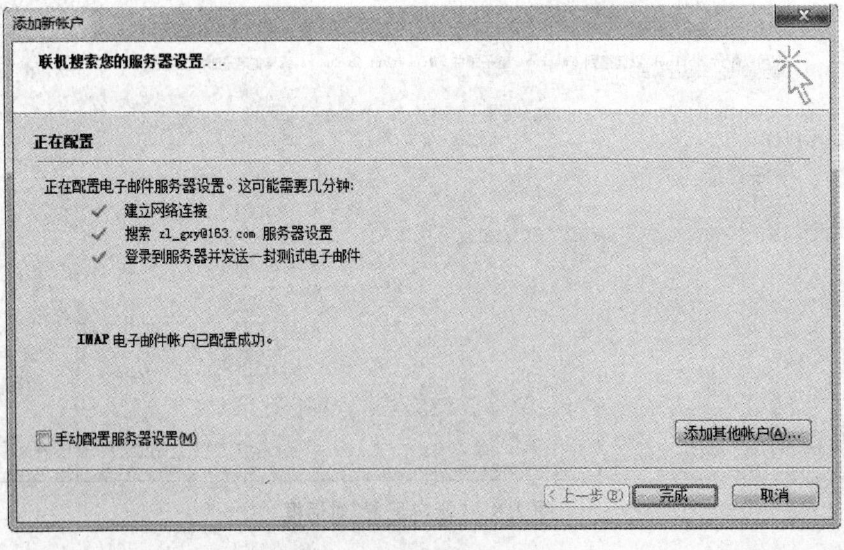

图 2.10 "添加新帐户"对话框(2)

单击“添加其他帐户”按钮，以同样的方法，可以继续在 Outlook 中添加 QQ 电子邮箱等多个帐户。单击“完成”按钮，完成多个帐户的添加操作。

提示：在 Outlook、Foxmail 等第三方邮件客户端中，可以对多个邮箱帐户进行管理，同时查看多个邮箱帐户的邮件收发状态。但在第三方邮件客户端中添加邮箱帐户，需要邮箱启用 POP3/SMTP/IMAP 服务。如果添加帐户不成功，则需要进入对应的邮箱，更改邮箱的设置，打开 POP3/SMTP/IMAP 服务。为保证帐户的安全，还需要设置开通客户端的授权密码。

(4) 打开 Outlook 2010，进入 Outlook 工作界面，工作区的左侧导航窗格上方会显示所添加的所有电子邮箱帐户的文件夹信息，如图 2.11 所示。

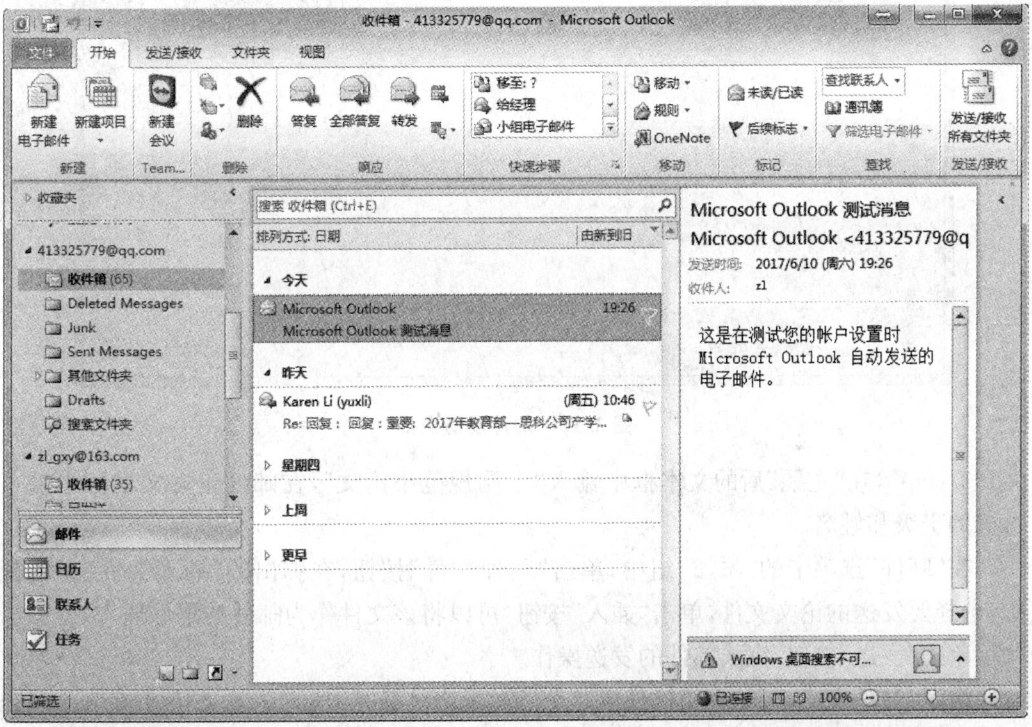

图 2.11　Outlook 工作界面

在“开始”选项卡的“新建”组中，单击“新建电子邮件”按钮，打开邮件发送窗口，如图 2.12 所示。

单击“发件人”按钮，可以选择发送邮件的地址，在“收件人”后的文本框中分别输入老师的邮箱地址和自己的 163 邮箱地址，用“；”分隔，比如老师的邮箱地址为 teacher@126.com，你申请的 163 邮箱地址为 it@163.com，则收件人栏可以输入“teacher@126.com; it

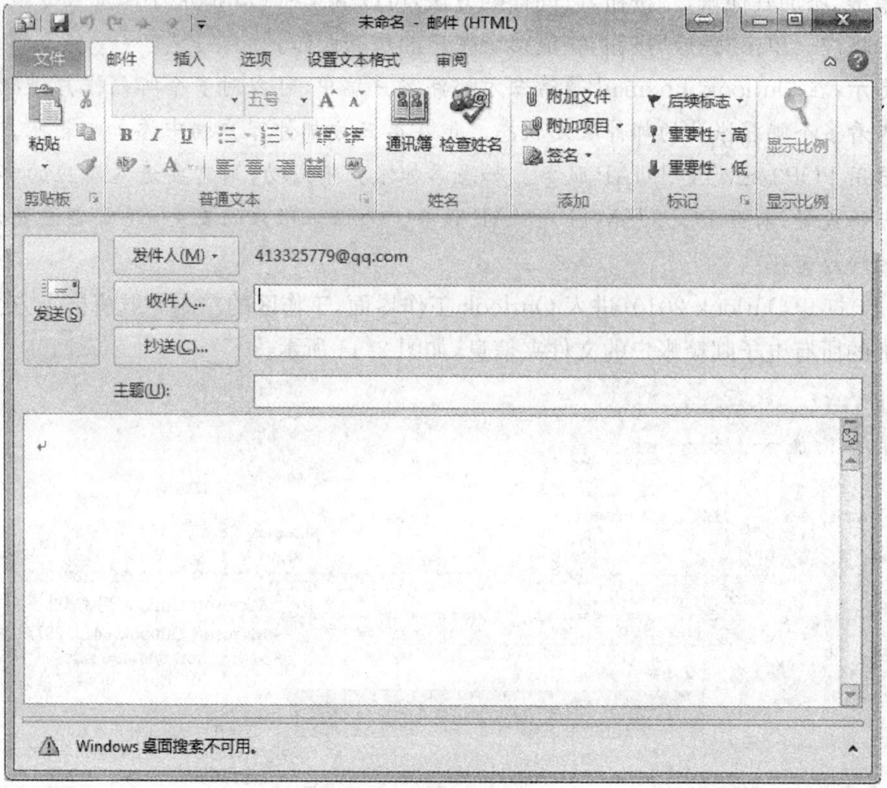

图 2.12 邮件发送窗口

@163.com”，在“主题”后的文本框中输入“上网规范小论文”，在邮件正文文本框中输入自己的班级和姓名。

在“邮件”选项卡的“添加”组中，单击“附加文件”按钮，在弹出的“插入文件”对话框中，选择要发送的论文文件，单击“插入”按钮，可以将该文件作为邮件的附件插入。

单击“发送”按钮，完成邮件的发送操作。

提示：邮件发送时，若希望信件同时发送到多个邮箱地址，则地址之间可用逗号或分号隔开。

(5) 在 Outlook 窗口的“发送/接收”选项卡的“发送和接收”组中，单击“发送/接收所有文件夹”按钮，就可以完成 Outlook 中多个帐户对应的邮箱收件箱和已发送邮件的更新操作，查看邮箱的实时状态。

(6) 在 Outlook 窗口左侧导航窗格中，单击“联系人”按钮，打开“联系人”窗口，如图 2.13所示。

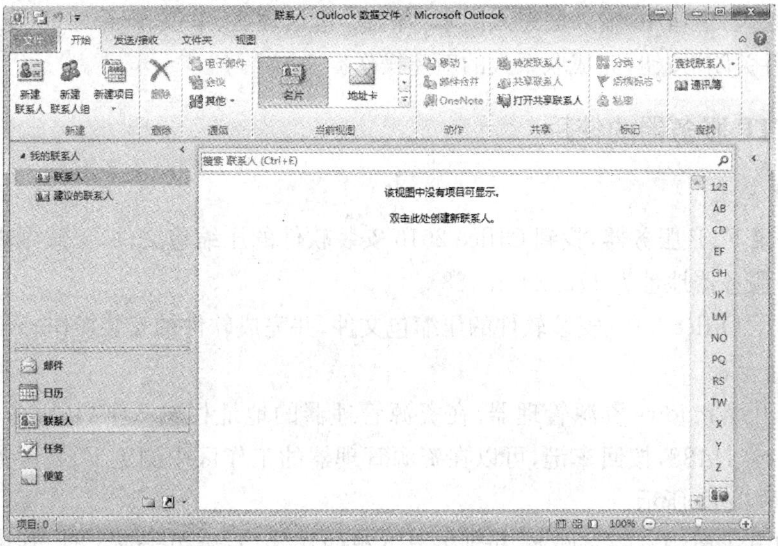

图 2.13 联系人窗口

在“开始”选项卡的“新建”组中，单击“新建联系人”按钮，打开新建联系人窗口，如图 2.14 所示。

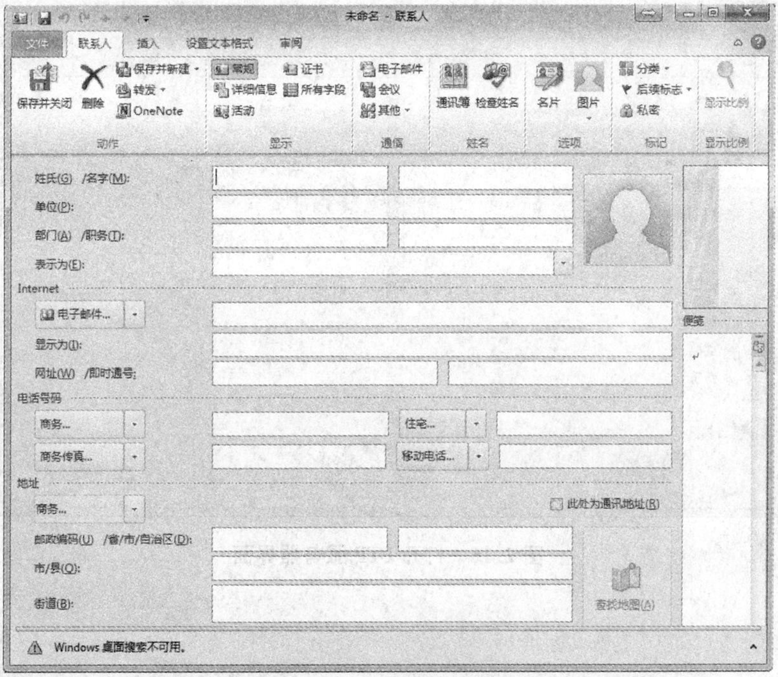

图 2.14 新建联系人窗口

在“联系人”窗口中，输入联系人的基本信息，包括姓名、单位、邮箱地址、电话号码等，单击“保存并关闭”按钮，完成联系人的新建操作。

任务3 FTP服务器的使用

1. 任务要求

(1) 登录FTP服务器，找到Office 2010安装软件的压缩包文件，下载到本地硬盘中(假设FTP服务器地址为172.20.1.188)。

(2) 解压Office 2010安装软件的压缩包文件，并完成软件的安装操作。

2. 操作步骤

(1) 打开Windows资源管理器，在资源管理器的地址栏输入FTP服务器的地址：ftp://172.20.1.188，按回车键，可以在资源管理器的工作区中浏览FTP服务器中的共享资源，如图2.15所示。

双击打开需要浏览的文件夹，找到需要下载的文件，右键单击该文件，在弹出的快捷菜单中选择“复制到文件夹”命令，如图2.16所示。

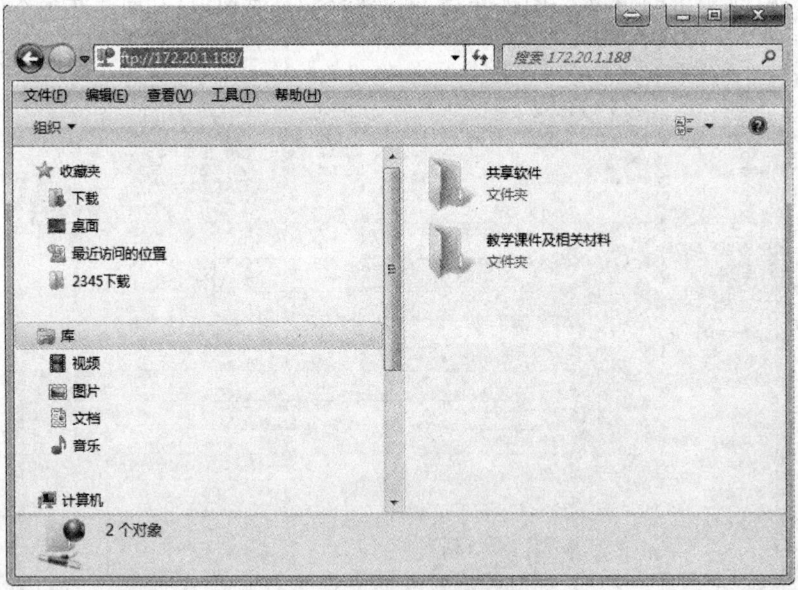

图2.15 打开FTP服务器界面

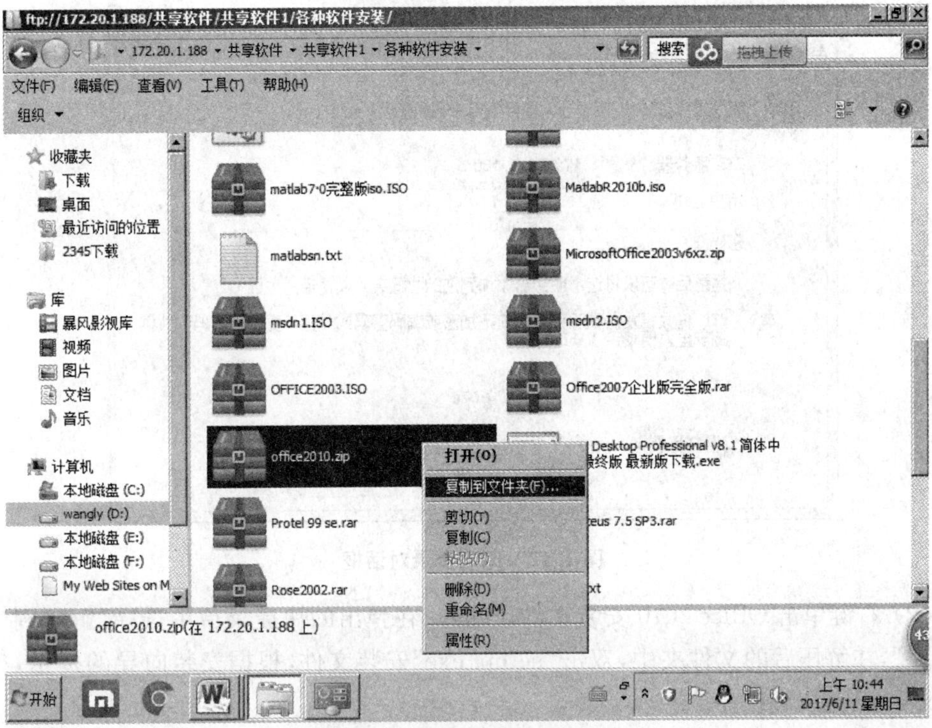

图 2.16　复制 FTP 资源界面

在弹出的"浏览文件夹"对话框中，选择文件需要保存的位置，单击"确定"按钮，完成从 FTP 服务器下载资源到本地的操作。

提示：FTP 是 File Transfer Protocol（文件传输协议）的简称，为方便文件共享，很多单位内部会建立专门的 FTP 服务器，里面保存了需要共享的资料供下载使用。为安全起见，很多 FTP 服务只有授权用户才可以登录访问，打开 FTP 服务器后，右键单击工作区的空白位置，在弹出的快捷菜单中选择"登录"，可以弹出"登录身份"对话框，只有输入正确的用户名和密码，才可以登录，如图 2.17 所示。

有些 FTP 服务器也支持通过 Anonymous 帐户实现匿名访问或不用用户名和密码直接访问。

在 IE 浏览器的地址栏输入 FTP 地址，也可以访问 FTP 服务器，除此以外，还可以使用专门的 FTP 客户端软件进行 FTP 服务器资源的访问和管理，常用的 FTP 客户端软件有 Leapftp、CuteFtp、FlashFXP、Powerftp 等，不同 FTP 客户端软件的使用方法都很相似，基本都提供断点续传功能。

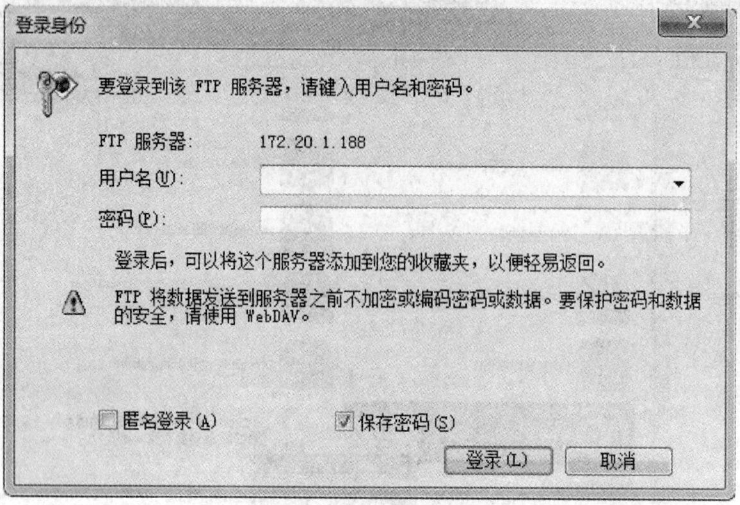

图 2.17 FTP 登录对话框

(2) 右键单击 Office 2010 安装文件压缩包，在弹出的快捷菜单中选择“解压到当前文件夹”，在解压后的文件夹中，双击“setup. exe”安装文件，根据安装向导的提示，完成 Office 2010 的安装操作。

提示：只有系统安装了 WinRAR、WinZIP 等压缩软件后，右键单击某个对象时，在弹出的快捷菜单中才会有“解压到当前文件夹”的命令。

单元二　文字处理软件 Word 2010

Word 2010 是一款功能强大的文字处理软件，利用它可以轻松、高效地组织、编辑、美化文档，是办公处理软件的代表产品。

Word 2010 应用非常广泛，可以编辑和打印出公文、报告、简报、信函、名片等非常精美的文档，满足不同用户的办公需求。它的界面友好、操作简单、功能强大，与之前的老版本相比，Word 2010 有了很大的改观，它不仅保持了原有版本的强大功能，而且更加人性化、合理化。Word 2010 默认文件扩展名为.docx。

Word 2010 提供的主要功能：

(1) 内容录入与基本格式编辑

Word 2010 中可以录入英文字母、汉字、数字、特殊符号、日期和时间等内容，录入之后，还可以对文档内容进行排版。例如，设置文字的格式效果；设置段落的对齐方式、缩进和间距；为段落添加项目符号与编号等。

(2) 图文混排

Word 2010 经常用来制作漂亮的宣传海报、杂志封面等，用户可以根据需要插入各类对象，如剪贴画、图片、SmartArt 图形、艺术字、公式、文本框、表格等。

(3) 使用表格和图表

Word 2010 中可以使用表格和图表简化文档中的数据。表格能更巧妙地将数据内容进行排版，使数据内容的布局和层次更加清晰；图表能更加直观地展示数据关系。

(4) 美化和规范化文档页面

在文档打印、编订之前，美化和规范化文档非常重要，例如设置页面边距、纸张大小、页面方向、页面边框、页面背景等；文档内容的分栏、分页和分节操作；文档页眉与页脚的设置等。

(5) 高级格式设置

Word 2010 中用户可以使用系统提供的高级应用功能编辑应用类别更全面的文档，例如，使用样式的功能快速设置文档格式；可以插入脚注和尾注等对文档内容加以说明；在文档中添加图注或表注实现图或表的自动编号以及自动更新；设置书签和超链接使文档具有交互功能；使用标题功能和引用目录的功能为较长的文档制作目录。

(6) 批量制作和处理文档

巧妙运用邮件合并功能批量制作和处理文档可以提高工作效率，达到事半功倍的效果。例如批量生产信封、请柬、准考证等。

(7) 审阅文档

当文档编辑完成后，可以利用 Word 2010 中的文档审阅功能，检查拼写和语法错误，或者转换文档中的内容，统计文档页数、字数信息。审阅者可以对文档添加批注或修订来突出审阅意见，作者可以有选择性的接受或拒绝这些批注或修订。

本单元从实际生活的案例出发，设计了 4 个实验项目，涵盖 Word 2010 文档中的编辑和格式设置、图文混排、表格制作、页面设置、插入对象、邮件合并、文档审阅等操作。通过本单元的学习，学生不仅可以掌握 Word 2010 常用的基本格式设置、文档页面美化和规范化等操作，还可以掌握 Word 2010 的很多高级应用。

实验三　制作电子板报

【微信扫码】
看视频，学操作

一、实验要求

1. 掌握文字的编辑和排版。
2. 掌握段落、页面边框的设置。
3. 掌握分栏、首字下沉、线条的应用。
4. 掌握艺术字的插入和编辑。
5. 掌握图片的插入与编辑。
6. 掌握 SmartArt 图形的插入与编辑。
7. 掌握超链接的设置。

二、实验内容和步骤

【案例描述】

9 月，大学新生带着对未来的憧憬和美好的愿望，步入了向往已久的大学殿堂，将开始他们全新的学习生活，李玲作为班级的宣传委员，为了帮助大家更快地融入大学生活，制作一期电子板报。板报中不仅要有欢迎新同学及如何正确度过大学生活的内容，还要用一些图片、艺术字等进行美化，为同学们送去一期印象深刻又积极向上的大学生板报。

李玲已完成了大部分文字的录入操作，请帮助她完成文档排版与美化的任务。

本次实验所需的所有素材放在 EX3 文件夹中。

任务 1　文档排版

1. 任务要求

(1) 打开“寄语大学新生.docx”文档，添加文档标题“寄语大学新生”，设置字体为“华文中宋”，字号为“一号”，加粗、居中显示，字符间距为“缩放 150%”、“加宽 1 磅”，设置文本效果为“渐变填充－蓝色，强调文字颜色 1”。

(2) 在标题下方插入一条水平直线，设置线条颜色为红色，线宽为 2.25 磅，线型为“划线一点”，设置形状效果为外部阴影，居中偏移。

(3) 设置正文除第 1 段之外的其余各段落首行缩进 2 个字符，1.5 倍行距。

(4) 设置正文第 2 段到第 7 段文本为倾斜格式，并添加形如 1.2.3. 的自动编号。

(5) 为文档添加艺术型页面边框，图案任选。

(6) 为正文倒数第二段添加带阴影、0.75 磅蓝色单实线边框，底纹设置为“橙色，强调文字颜色 6，淡色 80%”。

(7) 设置正文第一段首字下沉 2 行，字体为黑体。

2. 操作步骤

(1) 打开“寄语大学新生.docx”文件，将光标定位在文档开头位置，单击回车，插入一个空行，输入文档标题“寄语大学新生”。

选中标题内容，在“开始”选项卡的“字体”组中，单击右下角的启动对话框按钮，打开“字体”对话框，在“字体”选项卡中，设置中文字体为“华文中宋”，字号为“一号”，字形为“加粗”，如图 3.1 所示。

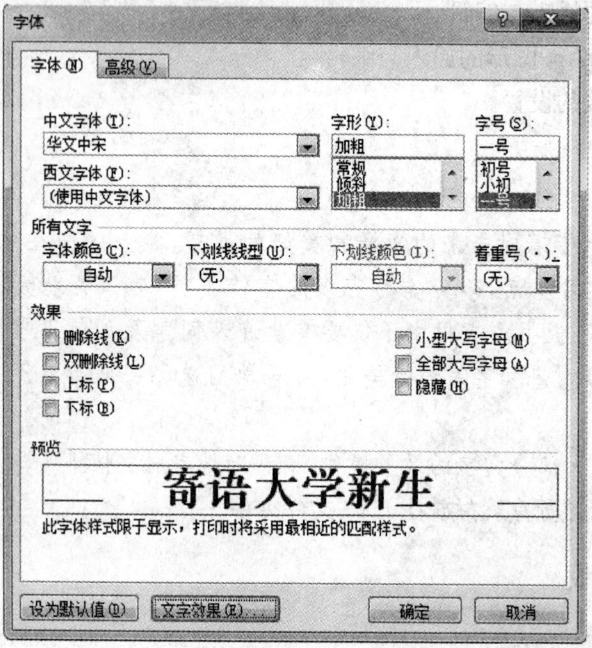

图 3.1 “字体”对话框(1)

在“字体”对话框中，单击“高级”选项卡，设置字符缩放比例为“150%”，字符间距为“加宽”、“1 磅”，如图 3.2 所示。

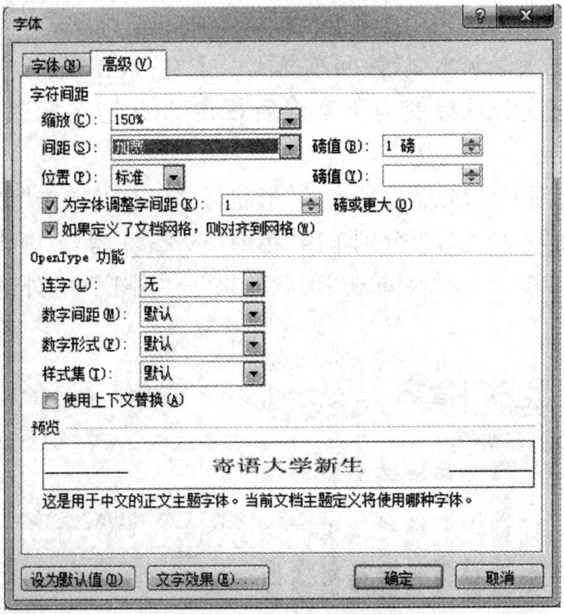

图 3.2　“字体”对话框(2)

单击“确定”按钮。

在“开始”选项卡的“字体”组中，单击“文本效果”按钮，在弹出的菜单中单击“渐变填充－蓝色，强调文字颜色 1”按钮，如图 3.3 所示。

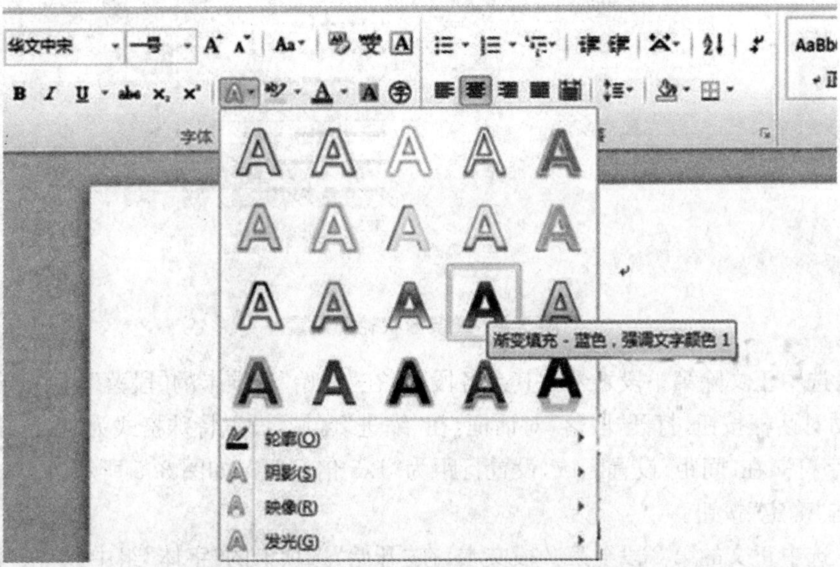

图 3.3　文本效果设置

在“开始”选项卡的“段落”组中，单击“居中”按钮，设置标题居中显示。

(2) 在标题“寄语大学新生”后按回车插入一个空行，在“插入”选项卡的“插图”组中，单击“形状”→“直线”，鼠标变为十字形后按住 Shift 键在标题下方绘制一条水平直线。

选中直线，在“绘图工具格式”选项卡的“形状样式”组中，单击“形状轮廓”按钮，在弹出的菜单中选择颜色为“红色”，再分别单击“粗细”→“2.25 磅”、“虚线”→“划线－点”，设置线条的形状轮廓，如图 3.4 所示；单击“形状效果”→“阴影”→“外部居中偏移”，设置线条的形状效果。

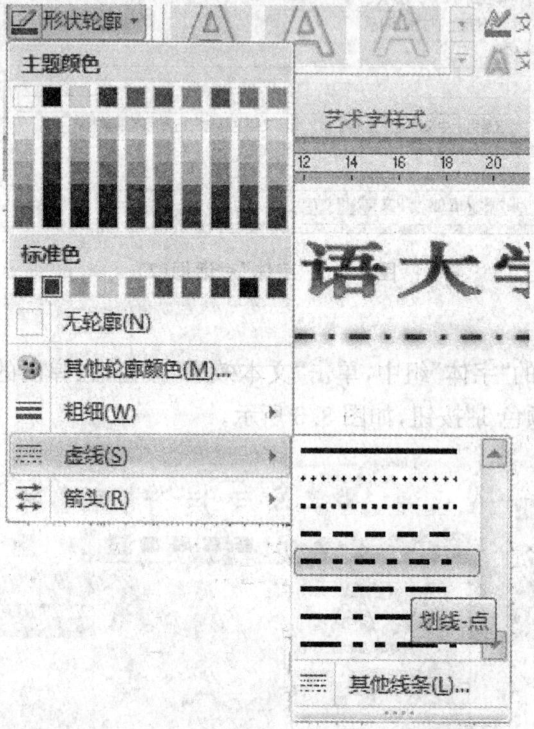

图 3.4 线条形状轮廓设置

(3) 选中正文除第 1 段之外的其余各段落，在“开始”选项卡的“段落”组中，单击右下角的启动对话框按钮，打开“段落”对话框，在“缩进”区域，设置特殊格式为“首行缩进”，磅值为“2 字符”，在“间距”设置区域，设置行距为“1.5 倍行距”，如图 3.5 所示。

单击“确定”按钮。

(4) 选中正文的第 2 段至第 7 段文本，在“开始”选项卡的“字体”组中，单击“倾斜”按

钮 *I*，设置文本格式为倾斜。在“开始”选项卡的“段落”组中，单击“编号”按钮右侧的向下箭头，在弹出的下拉列表的“编号库”中单击形如 1. 2. 3. 的编号样式，如图 3.6 所示。

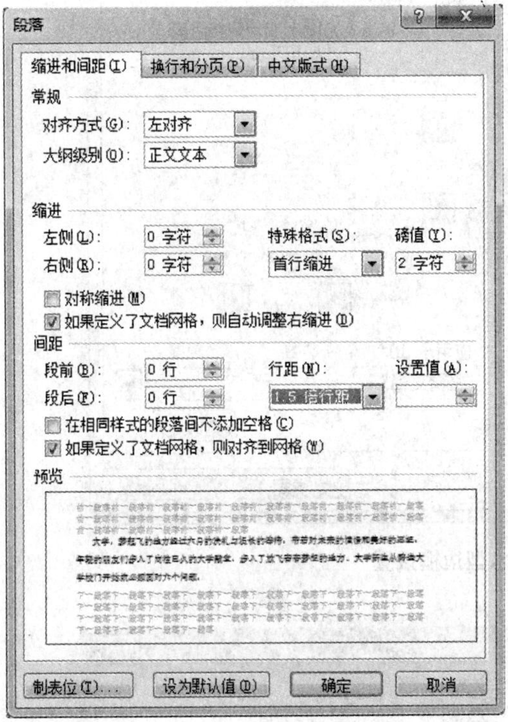

图 3.5　“段落”对话框

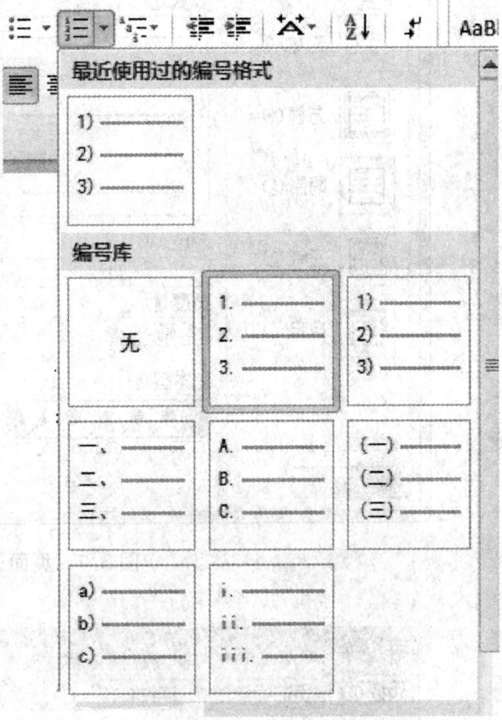

图 3.6　自动编号设置

(5) 在“页面布局”选项卡的“页面背景”组中，单击“页面边框”按钮，在弹出的“边框和底纹”对话框中，设置页面边框为“方框”，在“艺术型”下拉列表框中任选一种图形，如图 3.7 所示。

单击“确定”按钮。

(6) 选中正文倒数第二段，在“页面布局”选项卡的“页面背景”组中，单击“页面边框”按钮，打开“边框和底纹”对话框。在“边框”选项卡中，单击“阴影”按钮，分别设置线型为单实线，颜色为“蓝色”，宽度为“0.75 磅”，应用于“段落”，如图 3.8 所示；在“底纹”选项卡中，选择填充色为“橙色，强调文字颜色 6，淡色 80%”，应用于“段落”，如图 3.9 所示。

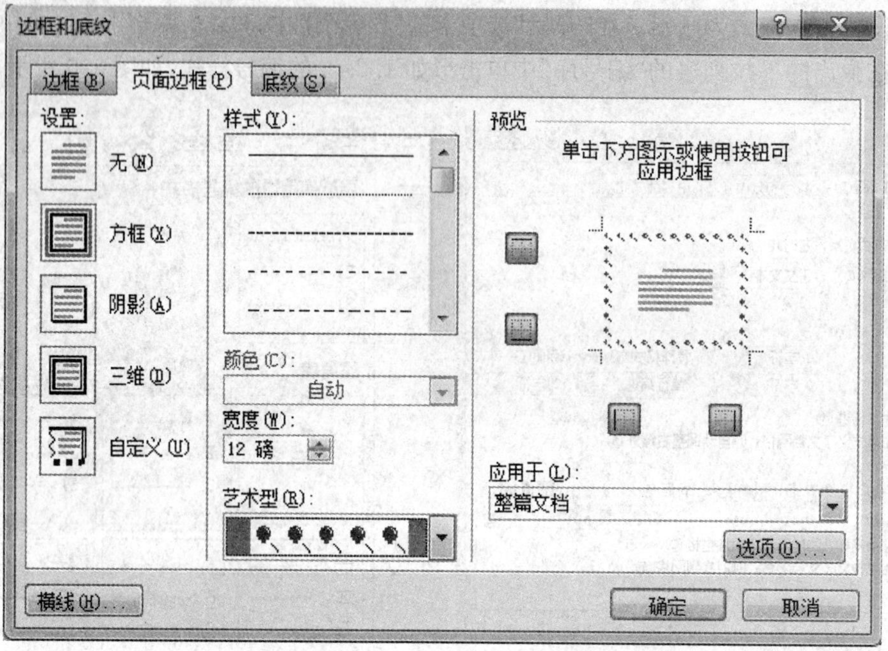

图 3.7 页面艺术型边框设置

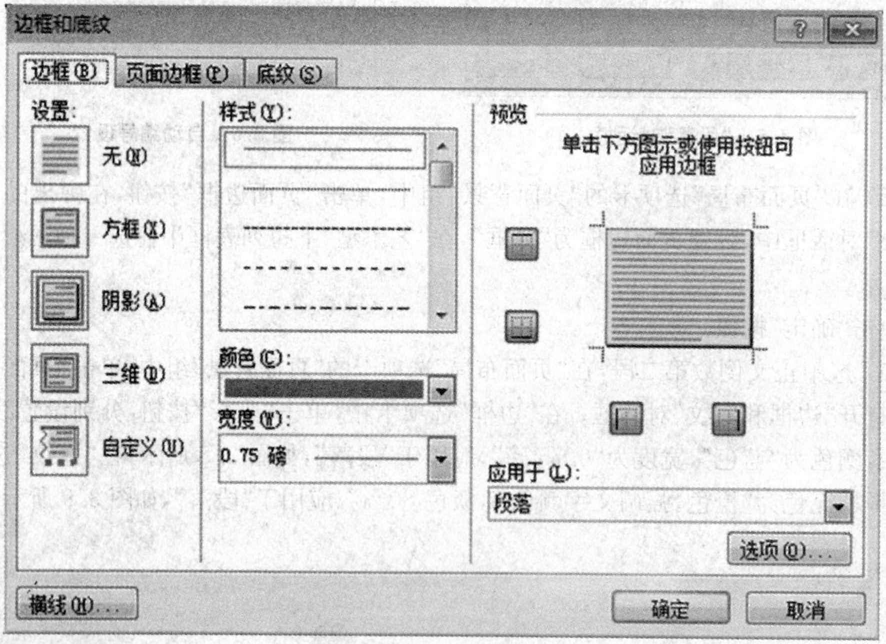

图 3.8 设置段落边框

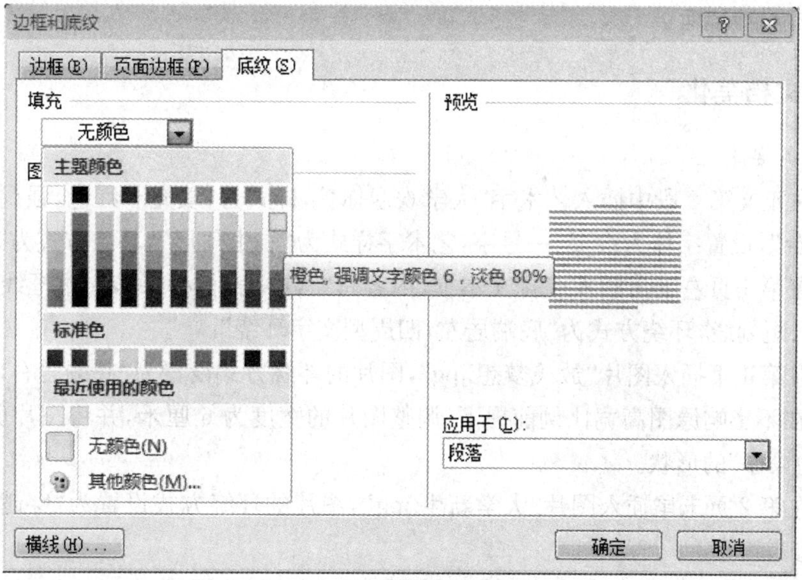

图 3.9　设置段落底纹

(7) 将光标定位在正文第一段的任意位置，在“插入”选项卡的“文本”组中，单击“首字下沉”按钮，在弹出的列表中单击“首字下沉选项”，打开“首字下沉”对话框，设置位置为“下沉”，字体为“黑体”，下沉行数为“2”，如图 3.10 所示。

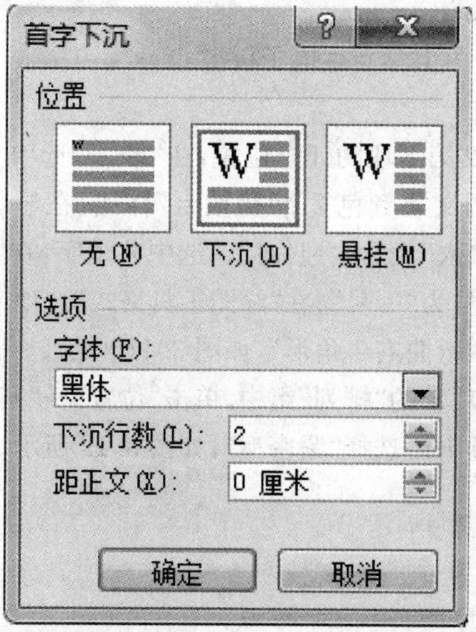

图 3.10　“首字下沉”对话框

单击“确定”按钮。

任务2 文档美化

1. 任务要求

(1) 在正文第8段中插入艺术字“大学欢迎你!”,样式为“填充—红色,强调文字颜色2,粗糙棱台”,设置字体为隶书、一号字,艺术字样式为“右牛角形”,环绕方式为“紧密型”。

(2) 在第1页左下角插入竖排文本框,内容是“言必信,行必果”,文本框线条设置为蓝色、1磅、短划线,环绕方式为“底端居左,四周型文字环绕”。

(3) 在第1页插入图片“放飞梦想.jpg”,图片的环绕方式设置为“底端居右,四周型文字环绕”,在不影响原图高宽比例前提下,调整图片的宽度为6厘米,并将图片剪裁为“流程图:手动操作”的形状。

(4) 在第2页末尾插入图片“大学新生.jpg”,图片的环绕方式设置为“穿越型”,隐藏图片背景。

(5) 设置正文最后一段分两栏显示,栏宽相等,中间加分隔线。

(6) 在正文倒数第2和第3段之间插入样式为“垂直V形列表”的SmartArt图形,参照样张输入列表内容,设置图形中左侧内容的字体为隶书20号字,右侧内容字体为宋体14号字。

(7) 在正文最后一段末尾添加文字“(源自百度)”,并为“百度”添加超链接,链接网址为“http://www.baidu.com”。

(8) 将文档另存为“寄语大学新生电子板报.docx”。

2. 操作步骤

(1) 将光标定位在正文第8段的任意位置,在“插入”选项卡的“文本”组中,单击“艺术字”→“填充—红色,强调文字颜色2,粗糙棱台”样式,在显示的艺术字文本框中删除“请在此放置您的文字”,输入“大学欢迎你!”。选中艺术字,在“开始”选项卡的“字体”组中,设置字体为“隶书”,字号为“一号”;在“绘图工具格式”选项卡的“艺术字样式”组中,选择“文字效果”→“转换”→“弯曲右牛角形”,如图3.11所示。

在“绘图工具格式”选项卡的“排列”组中,单击“位置”→“其他布局选项”,打开“布局”对话框,在“文字环绕”选项卡中选择“紧密型”,如图3.12所示。

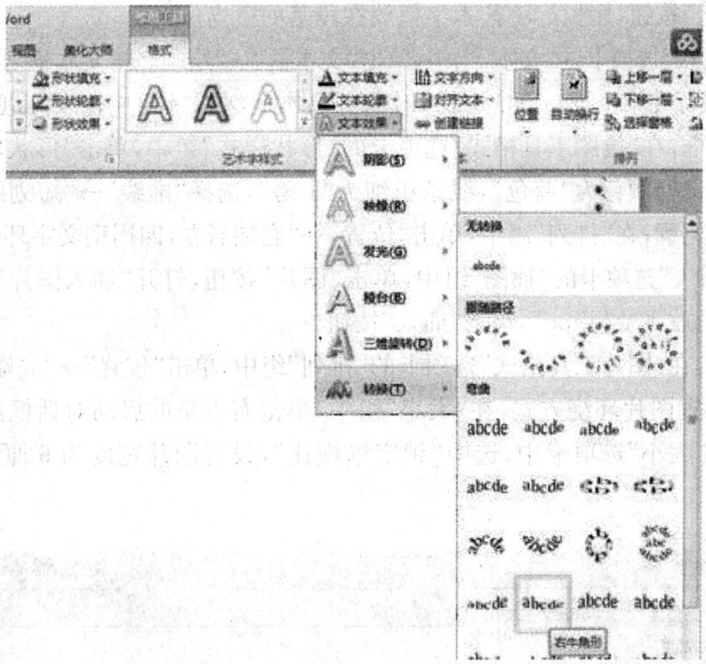

图 3.11　设置艺术字样式

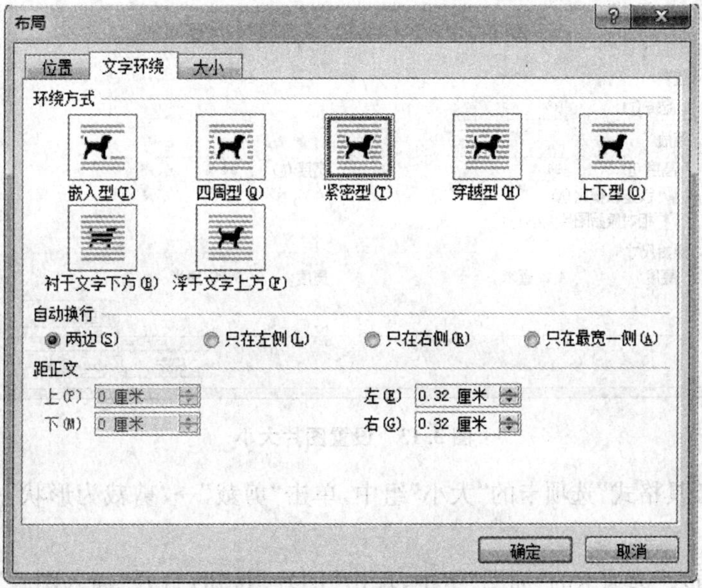

图 3.12　设置艺术字环绕方式

单击“确定”按钮，用鼠标将艺术字拖放在段落的适当位置。

(2) 在“插入”选项卡的“文本”组中，单击“文本框”→“绘制竖排文本框”，此时鼠标变为十字形，拖动鼠标在第 1 页左下角绘制一个竖排文本框，在文本框中输入“言必信，行必果”。

选中文本框，在“绘图工具格式”选项卡的“形状样式”组中，单击“形状轮廓”按钮，在弹出的菜单中选择颜色为“蓝色”，线条粗细为“1 磅”，选择“虚线”→“短划线”，设置文本框线条的形状轮廓；在“排列”组中，单击“位置”→“底端居左，四周型文字环绕”。

(3) 在“插入”选项卡的“插图”组中，单击“图片”按钮，打开“插入图片”对话框，选择实验素材中的“放飞梦想.jpg”，单击“插入”按钮。

选中图片，在“图片工具格式”选项卡的“排列”组中，单击“位置”→“底端居右，四周型文字环绕”，设置图片环绕方式；在“大小”组中，单击右下角的启动对话框按钮，打开“布局”对话框，在“大小”选项卡中，选中“锁定纵横比”，设置图片宽度为 6 厘米，如图 3.13 所示。

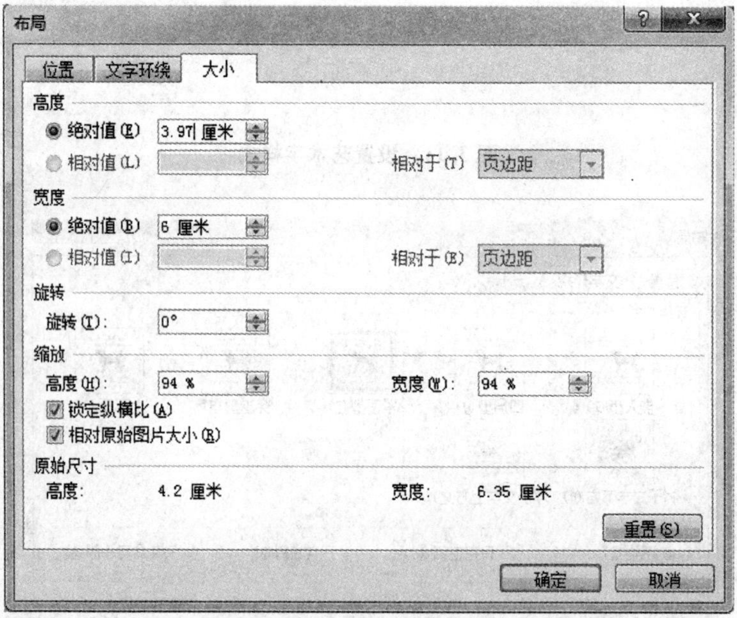

图 3.13 设置图片大小

在“图片工具格式”选项卡的“大小”组中，单击“剪裁”→“剪裁为形状”→“流程图：手动操作”。

(4) 在“插入”选项卡的“插图”组中，单击“图片”按钮，打开“插入图片”对话框，选择实验素材中的“大学新生.jpg”，单击“插入”按钮。

选中图片，在“图片工具格式”选项卡的“排列”组中，单击“位置”→“其他布局选项”，打开“布局”对话框，在“文字环绕”选项卡中，选择“穿越型”；在“调整”组中，单击“颜色”→“设置透明色”，如图 3.14 所示。

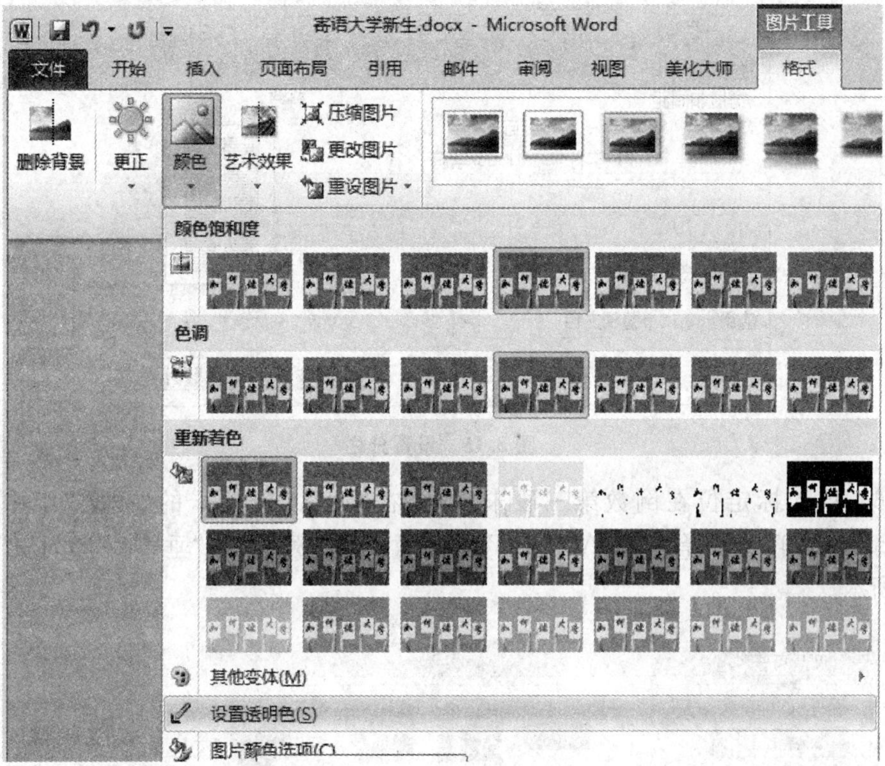

图 3.14　设置图片透明背景

此时鼠标变为彩笔形状，单击图片背景任意位置，可将图片背景设置为透明。

拖动图片到文档的末尾位置。

(5) 选中文中最后一段，在“页面布局”选项卡的“页面设置”组中，单击“分栏”→“更多分栏”，打开“分栏”对话框，单击“两栏”按钮，选中“栏宽相等”和“分隔线”，如图 3.15 所示。

单击“确定”按钮。

提示：对文档最后一段设置分栏操作时要注意，不要选中段落标记，否则系统会默认后面的所有内容均为分栏显示，这样只有左边页面内容全部显示完，才会显示到右边页面内容，可能导致最后一段内容分栏显示时，所有内容只显示在页面左侧。

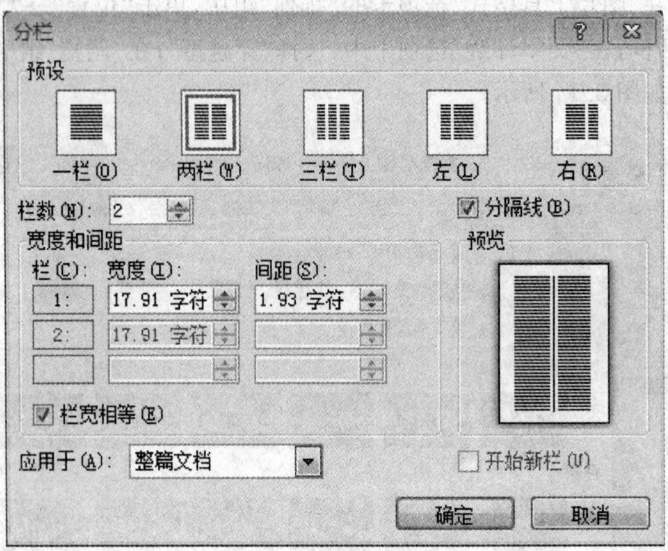

图 3.15　设置分栏

（6）将光标定位在倒数第三段末尾处，在“插入”选项卡的“插图”组中，单击“SmartArt”，打开“选择 SmartArt 图形”对话框，选择“列表”→“垂直 V 形列表”，如图 3.16 所示。

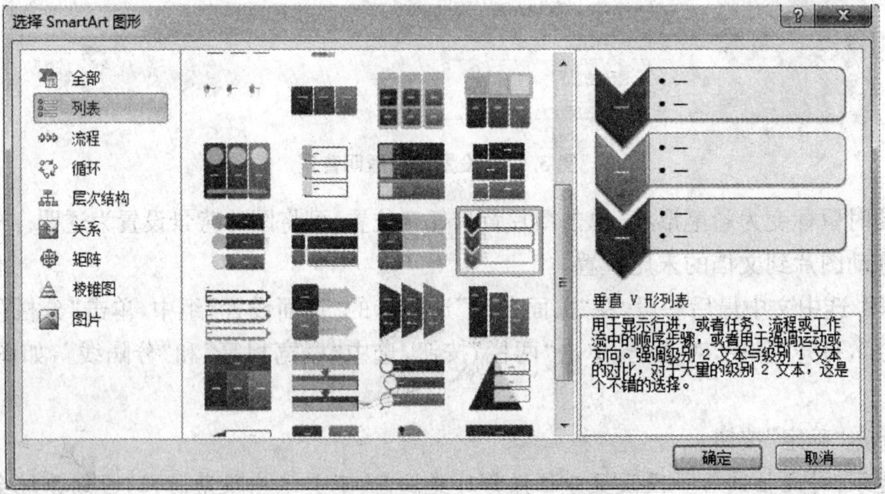

图 3.16　“选择 SmartArt 图形”对话框

单击“确定”按钮。

参照样张，在“文本”占位符中输入相应的文本内容。分别选中 SmartArt 图形中的文本内容，将左侧内容字体设置为隶书、20 号字，右侧内容字体设置为宋体、14 号字。

提示：SmartArt 图形根据需要可非常方便地增加或删除形状。本题中添加的 SmartArt 图形默认只有 3 行，若希望添加一行，则可以选中 SmartArt 图形中最后一个文本形状，在“SmartArt 工具设计”选项卡的“创建图形”组中，单击“添加形状”→“在后面添加形状”，则可在末尾添加一个新列表项目；如果希望删除某个列表，只需选中该列表，单击 Delete 键即可。

(7) 将光标定位在正文最后一段末尾，输入文字“(源自百度)”。选中文字“百度”，在“插入”选项卡的“链接”组中，单击“超链接”按钮，打开“插入超链接”对话框，选择链接到“现有文件或网页”，在地址栏输入网址“http://www.baidu.com”，如图 3.17 所示。

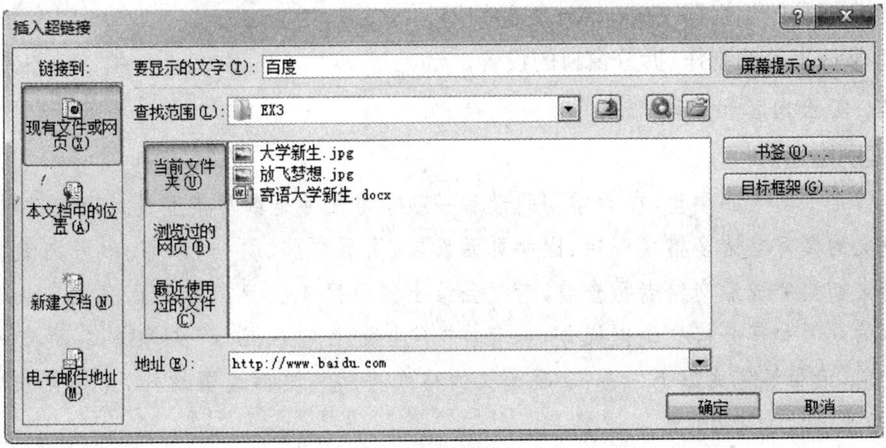

图 3.17　“插入超链接”对话框

单击“确定”按钮。

(8) 单击“文件”→“另存为”命令，在弹出的“另存为”对话框中选择保存位置，设置保存文件名为“寄语大学新生电子板报.docx”，单击“保存”按钮。

实验四　论文排版

【微信扫码】
看视频，学操作

一、实验要求

1. 掌握页面设置及自定义页眉页脚的设置。

2. 掌握分页符、分节符、水印的使用。

3. 掌握审阅与修订的设置。

4. 掌握文字上下标、段落自动编号的设置。

5. 掌握公式编辑器、SmartArt 图的使用。

6. 掌握书签的制作、拆分窗口的设置。

二、实验内容和步骤

【案例描述】

李雪是一名大四学生，在大学期间最后一项学习任务是撰写毕业设计论文，学校关于毕业论文的撰写有诸多格式规定，比如页面设置、页眉页脚、页码、水印、参考文献标引等等。论文初稿完成后交给老师查看，老师会给出修改意见。目前李雪已完成毕业设计论文内容的录入和部分格式设置操作，保存在“毕业设计论文.docx”文件中，在提交论文给老师之前，请帮她完成以下任务：实现论文的格式排版和页面设置操作，并将文档另存为“我的毕业设计论文.docx”。

陈老师收到李雪提交的论文后，需要对论文中有问题的地方进行修改，并给出修改意见，请帮助陈老师完成对论文的审阅工作，同时帮助李雪接受老师的全部修订操作。

本次实验所需的所有素材放在 EX4 文件夹中。

任务 1　论文格式排版

1. 任务要求

(1) 打开 EX4 文件夹中的“毕业设计论文.docx”文件，插入一个空白页作为论文封面，内容来自“毕业设计论文封面.docx”文件。

(2) 页面背景设置为“斜式、半透明”文字水印，水印文字内容为“毕业设计说明书(论文)”，字体颜色为“黑色，文字 1，淡色 50%”。

(3) 将文档中所有“登陆”替换成“登录”，并设置为黑色、常规字形；将文档中所有手动换行符全部替换为段落标记。

(4) 删除文档中所有出现的空格字符。

(5) 修改文档标题 1 样式格式为“黑体,三号字,黑色,加粗,段前段后 0.5 行”,标题 2 样式格式为“黑体,四号字,黑色,加粗,段前 0 行段后 0.5 行”,标题 3 样式格式为“宋体,四号字,黑色,加粗,段前段后 0 行,多倍行距 1.73 行”。

(6) 将文档正文中所有红色文字格式设置为标题 1,所有绿色文字格式设置为标题 2,所有蓝色文字格式设置为标题 3。

(7) 将论文中所有正文格式文本设置为宋体小四号字,左右缩进 0 字符,首行缩进 2 个字符,段前段后 0 行,1.5 倍行距。

(8) 将“2.1　功能需求分析”中的从“管理员功能需求”到“财务部主管功能需求”的多段段落设置自动编号,编号格式选择“a)、b)、c)”样式。

(9) 在正文“图 5.2 普通部门员工报销流程”之前绘制如图 4.1 所示的报销流程图,要求形状图形无填充色,线型为 0.75 磅黑线,上下左右内边距为 0 厘米,文字格式为宋体黑色小五号,中部对齐,并将所有形状组合为一个对象。

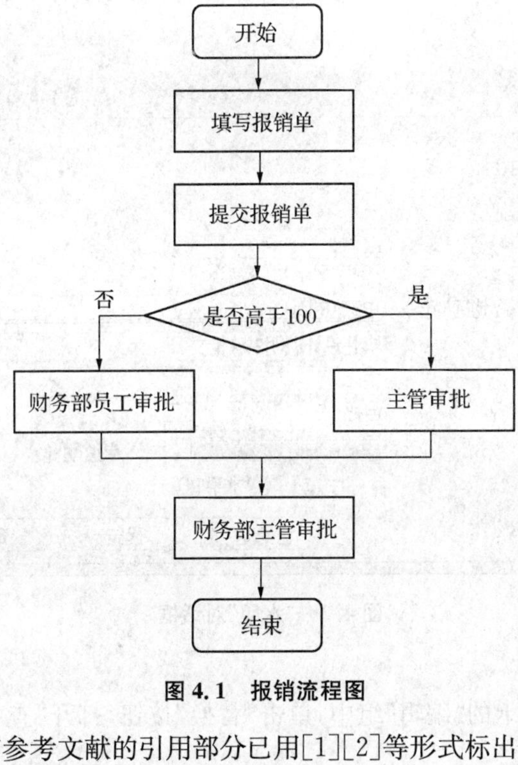

图 4.1　报销流程图

(10) 论文中所有参考文献的引用部分已用[1][2]等形式标出,将所有参考文献的引用设置为上标格式。

(11) 在第 5.4 小节中“程序中涉及的计算公式如下:”语句下方插入如下数学公式,

并将公式的字体设置为 Times New Roman，居中显示。

$$x=\frac{\sqrt{b^2-4ac}}{2a}+\int_1^2(1+\sin^2 c)dx+\sum_{i=1}^{10}(a_i+b_i)$$

2. 操作步骤

(1) 打开 EX4 文件夹中的“毕业设计论文.docx”文件，将光标定位在文档最前面，在“插入”选项卡的“页”组中，单击“空白页”按钮，在正文前插入一页空白页，再将光标定位在空白页最前面。在“插入”选项卡的“文本”组中，单击“对象”→“文件中的文字”，打开“插入文件”对话框，选择 EX4 文件夹中的“毕业设计论文封面.docx”文件，单击“插入”按钮。

(2) 在“页面布局”选项卡“页面背景”组中，单击“水印”→“自定义水印”，打开“水印”对话框，选中单选按钮“文字水印”，在“文字”后的文本框中输入“毕业设计说明书(论文)”，选择颜色为“黑色，文字 1，淡色 50%”，水印版式为“斜式”，选中“半透明”复选框，如图 4.2 所示。

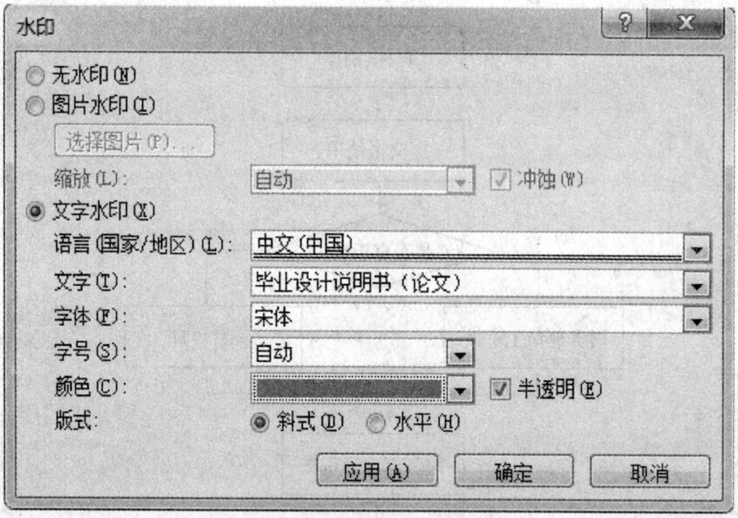

图 4.2 “水印”对话框

单击“确定”按钮。

(3) 在“开始”选项卡的“编辑”组中，单击“替换”按钮，打开“查找和替换”对话框，如图 4.3 所示。

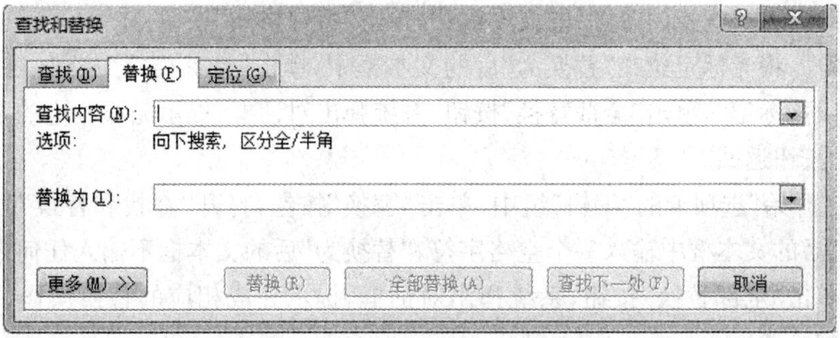

图 4.3　“查找和替换”对话框(1)

在“查找内容”后的文本框中输入“登陆”，在“替换为”后的文本框中输入“登录”，单击“更多”按钮，打开“搜索选项”框，将光标定位在“替换为”后的文本框中，单击“格式”按钮，在弹出的菜单中选择“字体”，打开“替换字体”对话框，设置字体颜色为黑色，字形为常规，单击“确定”按钮，返回“查找和替换”对话框，如图 4.4 所示。

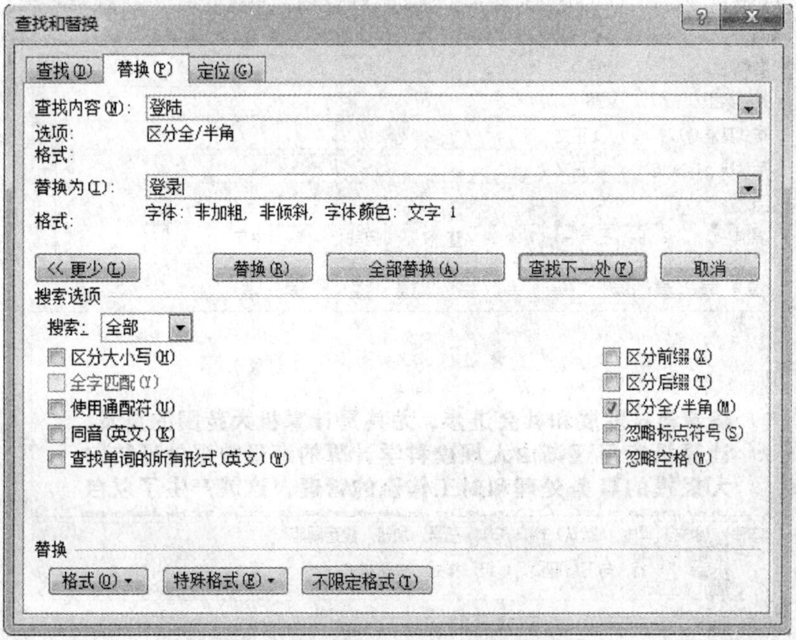

图 4.4　“查找和替换”对话框(2)

单击“全部替换”按钮，系统弹出对话框，提示完成文档中所有“登陆”文字的替换操作。

在图 4.4 所示对话框中，分别删除“查找内容”和“替换为”后对应文本框的内容，光标定位在“替换为”后的文本框中，单击“不限定格式”按钮，删除之前替换文本设置的格式信息。将光标定位在“查找内容”后的文本框中，单击“特殊格式”按钮，在弹出的列表中选择“手动换行符”，将光标定位在“替换为”后的文本框中，单击“特殊格式”按钮，在弹出的列表中选择“段落标记”，单击“全部替换”按钮，系统弹出对话框，提示完成相应的替换操作。单击“关闭”按钮返回。

(4) 在“开始”选项卡的“编辑”组中，单击“替换”按钮，打开“查找和替换”对话框，在“查找内容”后的文本框中输入一个空格字符，“替换为”后的文本框不输入任何内容，保持为空状态，单击“全部替换”按钮，系统弹出对话框，提示完成相应的替换操作。单击“关闭”按钮返回。

提示：利用编辑组中的“替换”功能，不仅可以实现文本内容和格式的替换操作，还可以实现特殊字符的替换以及特定文本的删除操作。

(5) 在“开始”选项卡的“样式”组中，右键单击“标题 1”按钮，在弹出的快捷菜单中选择“修改”，打开“修改样式”对话框，如图 4.5 所示。

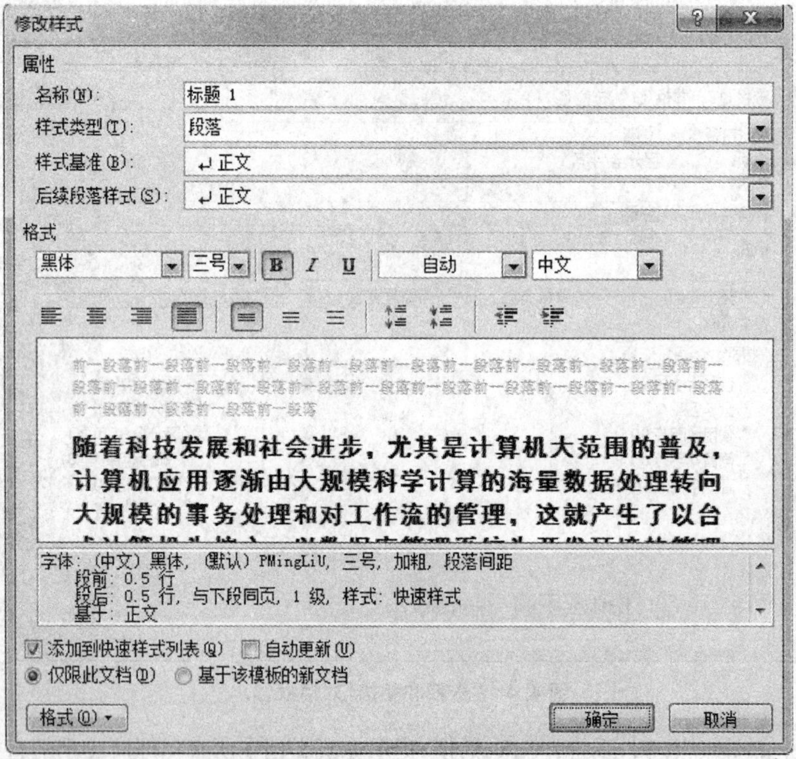

图 4.5 “修改样式”对话框

单击“格式”→“字体”，在打开的“字体”对话框中设置字体格式为“黑体，三号字，黑色，加粗样式”，单击“格式”→“段落”，在打开的“段落”对话框中分别设置段落间距为段前0.5行，段后0.5行，单击“确定”按钮返回。

以同样的方法，按要求修改“标题2”和“标题3”的样式格式。

提示：样式是一组已经命名的字符和段落格式，Word 2010 内置了许多样式集，每个样式集包含一整套样式设置，另外，用户也可以根据需要定义自己的样式。样式一旦定义，用户需要时可以直接使用，不需重复设置，且样式修改，所有应用该样式的文本格式也会自动修改，对用户统一文档格式很有好处。

(6) 将光标定位在正文任一红色文字处，比如“1 引言”处，在“开始”选项卡的“编辑”组中，单击“选择”→“选择格式相似的文本”，选中正文中所有红色文字内容，在“开始”选项卡的“样式”组中，单击“标题1”按钮，则所有红色文字格式设置为标题1样式。

以同样的方法，分别设置正文中所有绿色文字格式为标题2样式，所有蓝色文字格式为标题3样式。

提示：给文档标题文本按级别设置为标题1—3样式后，在“视图”选项卡的“显示”组中，选中“导航窗格”复选框，在 Word 工作区的左侧会显示文档导航窗格，可以显示文档的标题大纲，方便用于查看文档结构，并快速定位到标题对应的正文内容。

(7) 将光标定位在论文正文第一段中，在“开始”选项卡的“样式”组中，右键单击“正文”按钮，在弹出的快捷菜单中选择“全选：(无数据)”，可将所有的正文格式文本全部选中，在“开始”选项卡的“字体”组中，选择字体为“宋体”，字号为“小四号”，单击“段落”组右下角的启动对话框按钮，在打开的“段落”对话框中设置内侧缩进0个字符，外侧缩进0个字符，首行缩进2字符，段前段后0行，1.5倍行距，如图4.6所示。

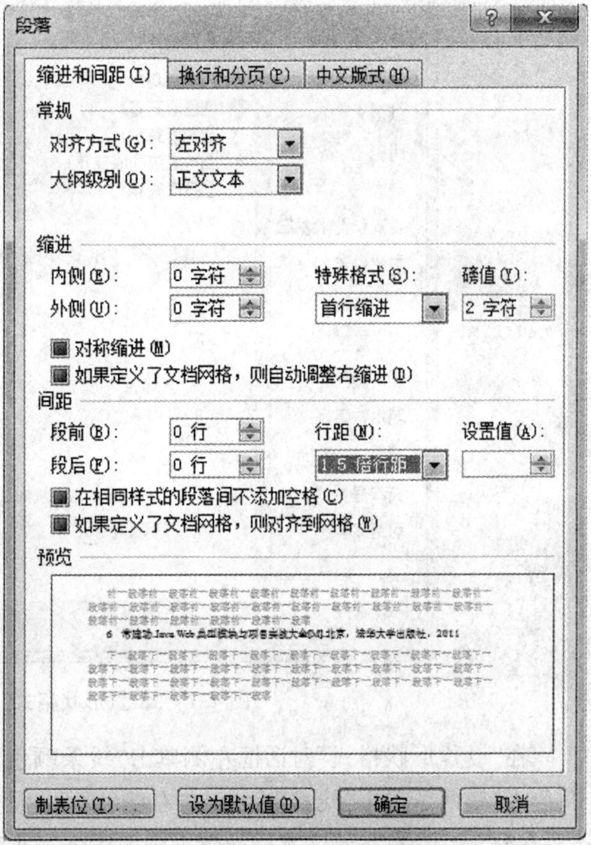

图 4.6　正文样式“段落”设置对话框

单击“确定”按钮。

提示：在 Word 中，除了设置的标题格式外，其余文本格式默认为“正文”样式，所以可以通过上述操作快速完成文档中所有正文文本的选择操作。如果文档正文中有文本不是正文样式，也可以利用 Ctrl 和 Shift 功能键完成论文中多段正文文本的选择操作。

(8) 按要求选中“2.1 功能需求分析”中的多个段落，在“开始”选项卡的“段落”组中，单击“编号”按钮右侧的向下箭头，在编号库中选择“a)b)c)”自动编号方式。

(9) 在“插入”选项卡的“插图”组中，单击“形状”→“新建绘图画布”，光标定位在画布上，此时菜单栏自动显示“绘图工具”选项卡。在“绘图工具”→“格式”选项卡的“插入形状”组中，选择适当的图形形状，拖动鼠标在画布上绘制指定形状图形，右键单击形状图形，在弹出的快捷菜单中选择“设置形状格式”，打开“设置形状格式”对话框，在对话框左侧单击“填充”命令，在右边填充设置框中，选中“无填充”，如图 4.7 所示。

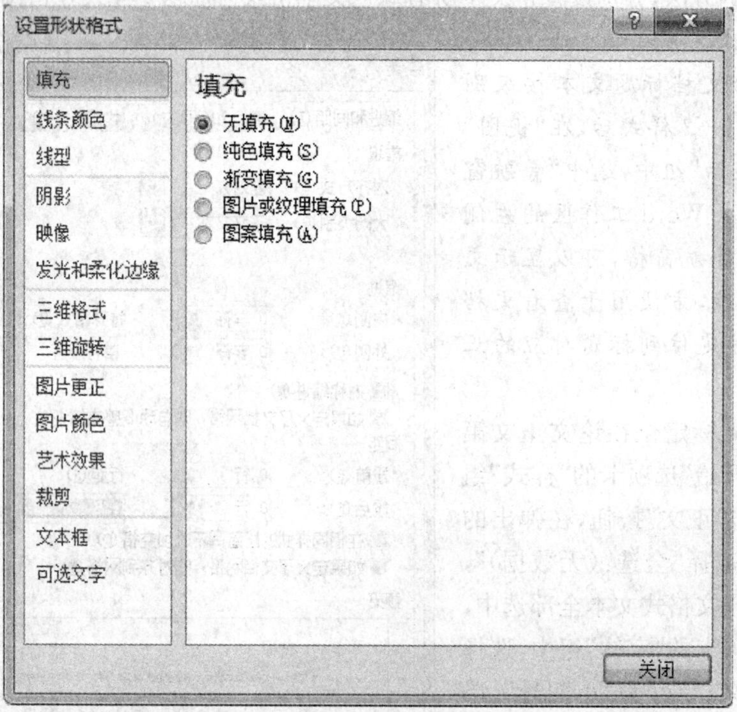

图 4.7 “设置形状格式”对话框(1)

在“设置形状格式”对话框左侧单击“线条颜色”命令，在右侧线条颜色设置框中选择颜色为“黑色”；单击“线型”命令，在右侧线型设置框中设置线型宽度为“0.75 磅”；单击“文本框”命令，在右侧文本框设置框中设置文字垂直对齐方式为“中部对齐”，内部上下左右边距均为 0 厘米，如图 4.8 所示。

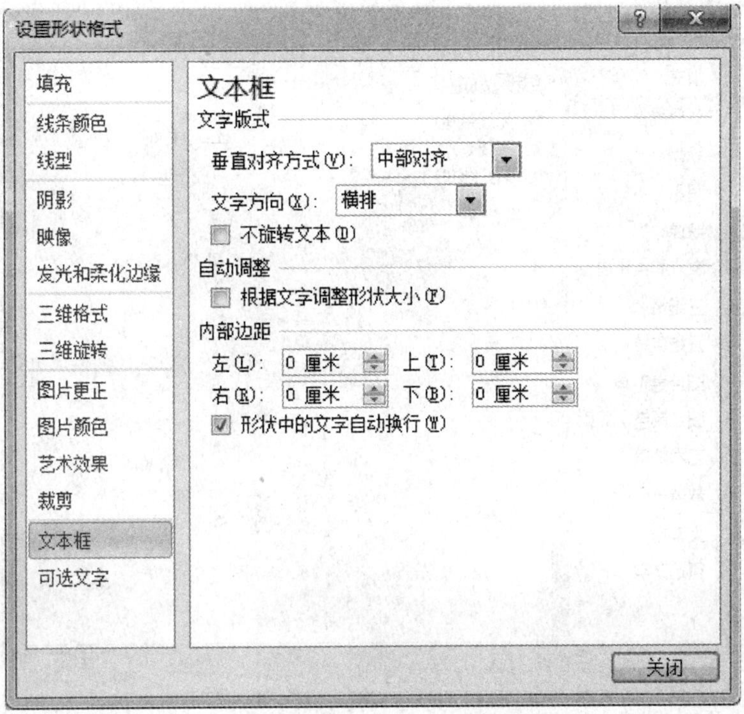

图 4.8　“设置形状格式”对话框(2)

单击“关闭”按钮。

右键单击形状图形，在弹出的快捷菜单中选择“添加文字”，在形状图形中输入要求的文字，选中文字，在“开始”选项卡的“字体”组中，设置字体为“宋体、小五号”，字体颜色为黑色。

设置好一个形状图形，通过复制再粘贴的方法，只需改变添加的文字内容，就可以创建出多个形状图形，无须重复设置。在“绘图工具→格式”选项卡的“插入形状”组中，根据需要选择箭头、肘形连接符等形状，可以在形状间加上连接线，完成流程图的绘制。

其中，流程图中的“是”和“否”文本框没有框线，应在“设置形状格式”对话框左侧选择“线条颜色”命令，在右侧线条颜色设置框中选择“无线条”，如图 4.9 所示。

绘制完流程图后，在绘图画布上拖动鼠标框选所有形状图形，单击鼠标右键，在弹出的快捷菜单中选择“组合”→“组合”命令，实现将所有形状图形组合为一个图形对象。

提示：绘图画布是文档中的一个特殊区域。用户可以在其中绘制多个图形，其意义相当于一个“图形容器”。因为形状包含在绘图画布内，画布中所有对象就有了一个绝对的位置，这样它们可作为一个整体移动和调整大小，可以避免文本中断或分页时出现的图形异常。

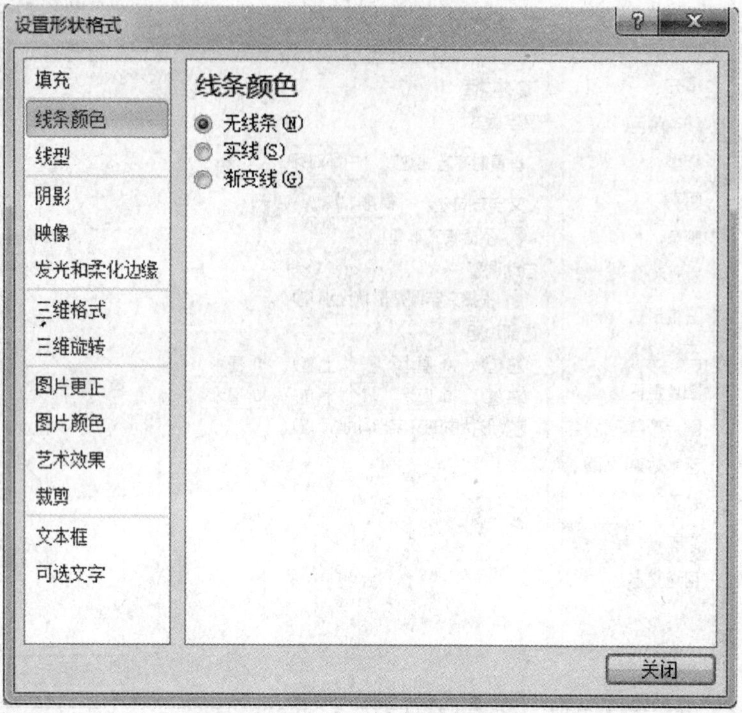

图 4.9 "设置形状格式"对话框(3)

(10) 将光标定位在文档正文开始位置,在"开始"选项卡的"编辑"组中,单击"替换"按钮,打开"查找和替换"对话框。在"搜索选项"框中选中"使用通配符"复选框,在"查找内容"后的文本框中输入"(\[[0-9]\])",在"替换为"后的文本框中输入"\1",单击"格式"按钮,在弹出的菜单中选择"字体",打开"查找字体"对话框,设置字体效果为"上标",单击"确定"按钮,返回"查找和替换"对话框,如图 4.10 所示。

单击"全部替换"按钮。系统弹出对话框,提示完成相应的替换操作。单击"关闭"按钮返回。

提示:Word 中的查找和替换功能支持通配符的使用。通配符是一些特殊的语句,主要作用是用来模糊搜索和替换使用。在"查找替换"对话框中选中"使用通配符",可以使用的常用通配符有:? 表示任意单个字符,[0-9]表示任意单个数字,[a-zA-Z]表示任意英文字字母,多个查找表达式用( )表示;\n 只能在替换栏使用,其中 n 代表数字 1、2、3 等数字,它的意思是替换前面第 n 个在查找栏中用表达式"( )"捕获到的内容。本例中所有查找内容包含在一个( )中,在"替换为"后面的文本框输入的"\1"表示替换操作不改变原查找的内容,只是将其格式设置为上标效果。需要注意的是,通配符中的所有符号必须

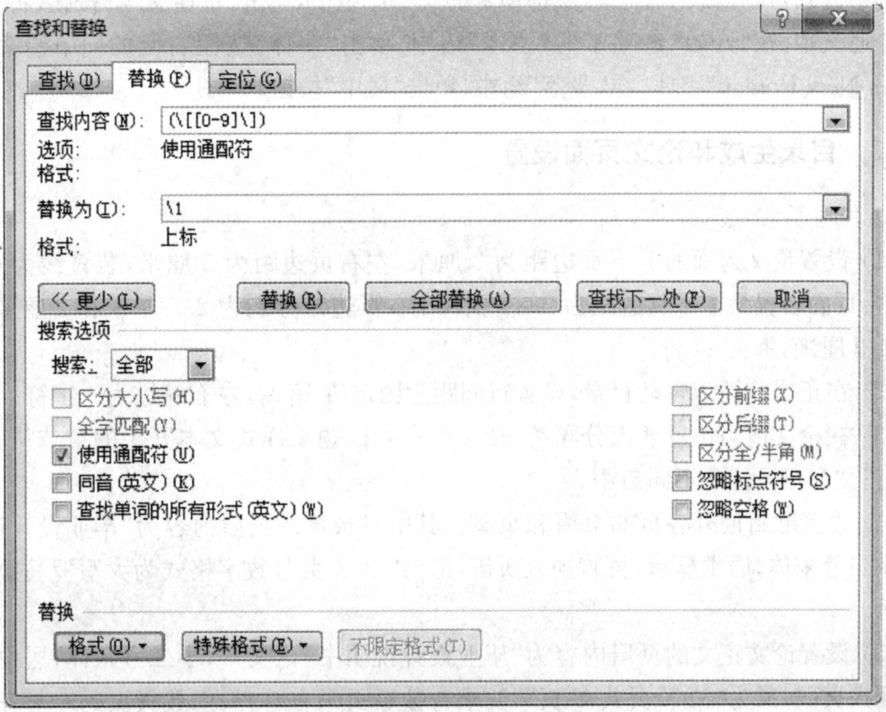

图 4.10　“查找和替换”对话框(3)

在英文半角状态下输入，不能输入中文符号。其他通配符的使用和应用，大家可以上网搜索学习。

另外，本题如果不用替换操作完成，也可以设置一个参考文献引用为上标效果，利用格式刷功能，复制格式去设置其他参考文献引用为上标效果。

(11) 将光标定位在语句“程序中涉及的计算公式如下：”下方，在“插入”选项卡的“符号”组中，单击“公式”→“插入新公式”，菜单栏自动显示如图 4.11 所示的“公式工具”选项卡，文档中显示公式编辑框。

图 4.11　“公式工具”选项卡

将光标定位在公式编辑框中，在“公式工具”→“设计”选项卡的“结构”组中，按公式要求选择适当的公式结构模板，完成公式的录入操作。

选中公式，在“公式工具 设计”选项卡的“工具”组中，单击“普通文本”按钮，将公式转化为普通文本，在“开始”选项卡的“字体”组中，单击“字体”按钮右侧的向下箭头，选择“Times New Roman”字体，在“段落”组中，单击“居中”按钮。

任务 2　目录生成和论文页面设置

1. 任务要求

(1) 设置论文封面的上下页边距为 2 厘米，左右页边距为 3 厘米，装订线为 0.2 厘米，其余页面设置为上下页边距为 2.2 厘米，左右页边距分别为 2.5 厘米和 2 厘米，装订线为 0.9 厘米，每页 44 行。

(2) 在正文前插入自动目录，设置行间距为固定值 18 磅，左右缩进为 0 字符。

(3) 在论文适当位置插入分隔符，让文中所有标题 1 样式文本开头的章节从新页开始，且正文和目录位于不同节中。

(4) 设置除封面外各页的页眉和页脚。其中目录页的页眉内容为“毕业设计论文目录”，小二号宋体，居中显示，页脚插入页码，形为“第 X 页”，数字格式为大写罗马数字，居中显示。

(5) 设置论文正文的页眉内容为“毕业设计说明书(论文)”，小二号宋体，居中显示，页脚插入页码，形为“第 X 页共 Y 页”，要求奇数页页码右对齐、偶数页页码左对齐，且论文总页数不包括封面和目录。

(6) 将文档另存为“我的毕业设计论文.docx”。

2. 操作步骤

(1) 在“页面布局”选项卡的“页面设置”组中，单击右下角的启动对话框按钮，打开“页面设置”对话框。在“页边距”选项卡中设置上下页边距为 2 厘米，左右页边距为 3 厘米，装订线为 0.2 厘米，如图 4.12 所示。

单击“确定”按钮。

将鼠标指针定位在正文“1 引言”之前一个位置，在“页面布局”选项卡的“页面设置”组中，单击右下角的启动对话框按钮，打开“页面设置”对话框。分别设置上下页边距为 2.2 厘米，左右页边距分别为 2.5 厘米和 2 厘米，装订线为 0.9 厘米；在“文档网格”选项卡中选中“只指定行网格”，设置每页 44 行，选择“应用于”选项为“插入点之后”，如图4.13 所示。

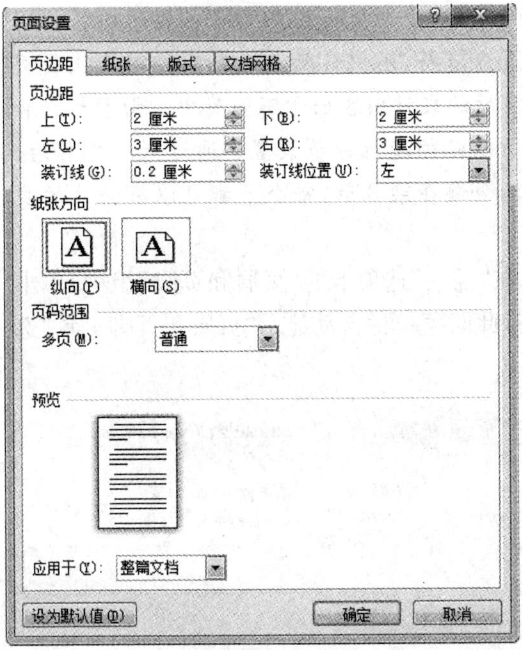

图 4.12　页边距设置

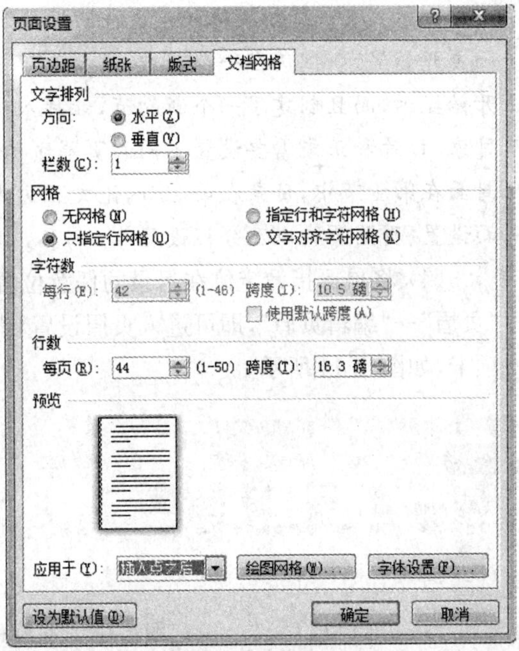

图 4.13　文档网格选项设置

单击"确定"按钮

提示：由于封面和正文采用不同的页面设置，执行完上述操作后，Word 将在封面后自动插入一个"下一页"分节符。节是 Word 中很重要的排版单位，当需要对文档页面的不同部分采用不同的版面设置，例如：设置不同的页面方向、页边距、页眉和页脚，或重新分栏排版等，都需要对文档进行分节处理。新建一篇 Word 文档，默认只有一个节。

(2) 将光标定位在"1 引言"之前，在"引用"选项卡的"目录"组中，单击"目录"→"自动目录 1"，则可在正文前自动插入文档目录。选中目录内容，在"开始"选项卡的"段落"组中，单击右下角的启动对话框按钮，打开"段落"对话框，分别设置左侧缩进为 0 字符，右侧缩进为 0 字符，行距为固定值 18 磅，单击"确定"按钮。

提示：只有事先设置好论文各级标题格式，建立好文档结构后，才可以利用该功能自动生成文档目录。

(3) 将光标定位在"1 引言"之前，在"页面布局"选项卡的"页面设置"组中，单击"分隔符"→"分节符 下一页"，在目录和正文之间插入下一页的分节符。

分别将光标定位在"2 需求分析"等其他标题 1 样式的文本之前，在"页面布局"选项卡的"页面设置"组中，单击"分隔符"→"分页符"，将所有标题 1 样式文本开始的内容显示在下一页上。

提示：下一页分节符和分页符的功能不同，插入分页符是设置插入点后的内容从下一页开始显示，但仍在一个节中；而插入下一页分节符，不仅让插入点之后的内容从新页开始显示，而且创建了一个新的节，让插入点前后的文档内容出于不同节中。由于封面和目录、目录和正文需要设置不同的页眉页脚，所以必须进行分节设置。通过上述操作后，封面在第 1 节中，目录在第 2 节，论文正文内容全部在第 3 节，每个节都可以有独立的页面设置、页眉页脚以及分栏设置等。

(4) 将鼠标指针定位在目录的任意位置，在“插入”选项卡的“页眉和页脚”组中，单击“页眉”→“编辑页眉”，即可进入页眉设置状态，此时菜单栏自动显示“页眉和页脚工具”选项卡，如图 4.14 所示。

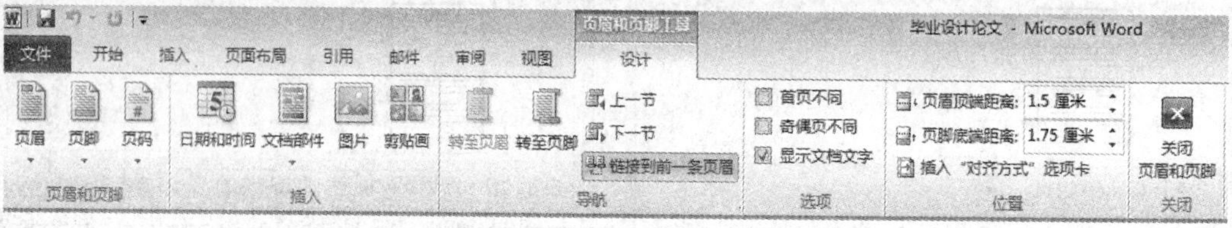

图 4.14　“页眉和页脚工具”选项卡

将光标定位在目录的页眉部分，在“页眉和页脚工具”选项卡的“导航”组中，单击“链接到前一条页眉”按钮，取消其选中状态，在页眉区输入“毕业设计论文目录”，选中页眉内容，在“开始”选项卡的“字体”组中，设置其字号为宋体小二号，单击“段落”组的“居中”按钮，设置居中显示。

在“页眉和页脚工具”选项卡的“导航”组中，单击“转至页脚”按钮，光标定位在目录的页脚区，单击“链接到前一条页眉”按钮，取消其选中状态，在“页眉页脚”组中，单击“页码”→“页面底端”→“普通数字 2”，则在页脚区中间位置插入当前页码数字，在页码之前输入“第”，页码之后输入“页”，选中页码数字，单击“页码”→“设置页码格式”，打开“页码格式”对话框，在“编号格式”后的列表框中选择大写罗马数字样式，设置“起始页码”从Ⅰ开始，如图 4.15 所示。

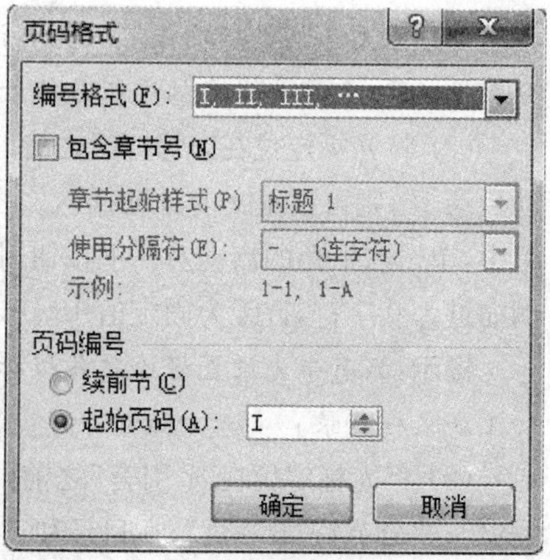

图 4.15　“页码格式”对话框

单击“确定”按钮。

将光标定位到封面的页眉处，在“开始”选项卡的“字体”组中，单击“清除格式”按钮，清除封面页眉处显示的横线。

提示：页眉和页脚是指位于上页边区和下页边区中的注释性文字或图片。页眉和页脚的文本，包括插入的页码、日期、时间等，都可以像 Word 主文档中的文本一样进行字体、字号、颜色以及排版格式等编辑和设置，可以制作出内容丰富、个性十足的页眉和页脚。

除了通过菜单操作进入页眉页脚区外，直接用鼠标双击页眉或页脚区，也可以进入页眉页脚编辑状态。

默认情况下，所有章节都具有相同的页眉和页脚。取消“链接到前一条页眉”的选中状态，可以将当前节与前一节的页眉和页脚设置为不同内容，但下一节的页眉页脚内容仍默认和当前节相同，如需设置每一节都有不同的页眉页脚，则需要对每一节都取消“链接到前一条页眉”按钮的选中状态。

(5) 将光标定位在正文第一页的页眉部分，在“页眉和页脚工具”选项卡的“选项”组中，选中“奇偶页不同”复选框，此时可以分别设置奇数页和偶数页的页眉页脚。分别将光标定位在奇数页和偶数页页眉区，在“页眉和页脚工具”选项卡的“导航”组中，单击“链接到前一条页眉”按钮，取消其选中状态，删除页眉原有内容，输入“毕业设计说明书(论文)”，选中页眉内容，在“开始”选项卡的“字体”组中，设置其字号为宋体小二号，单击“段落”组的“居中”按钮，设置居中显示。

将光标定位在正文奇数页的页脚部分(比如正文第 1 页)，在“页眉和页脚工具”选项卡的“导航”组中，单击“链接到前一条页眉”按钮，取消其选中状态，删除原页脚内容，在“页眉页脚”组中，单击“页码”→“当前位置”→“加粗显示的数字”，则在页脚区光标所在位置插入形式为 X/Y 的页码信息，其中 X 表示当前页码，Y 表示文件的总页数，按要求输入相关文字，使得页脚信息显示为“第 X 页共 Y 页”形式。选中页码数字，单击“页码”→“设置页码格式”，打开“页码格式”对话框，设置页码编号的“起始页码”从 1 开始；选中总页数数字，在“页眉和页脚工具”选项卡的“插入”组中，单击“文档部件”→“域”，打开“域”对话框，在“类别”后的列表框中选择“编号”，在“域名”列表框中选择“SectionPages”，如图 4.16 所示。

单击“确定”按钮返回。选中页脚区内容，在“开始”选项卡的“段落”组中，单击“右对齐”按钮，设置奇数页页脚右对齐显示。

选中奇数页页脚内容，在“开始”选项卡的“剪贴板”组中，单击“复制”按钮。将光标定位在正文偶数页的页脚区，(比如正文第 2 页)，在“页眉和页脚工具”选项卡的“导航”组中，单击“链接到前一条页眉”按钮，取消其选中状态，删除原页脚内容，在“开始”选项卡的“剪贴板”组中，单击“粘贴”按钮，将奇数页设置的页脚内容复制到偶数页页脚，在“开始”选项卡的“段落”组中，单击“左对齐”按钮，设置偶数页页脚左对齐显示。

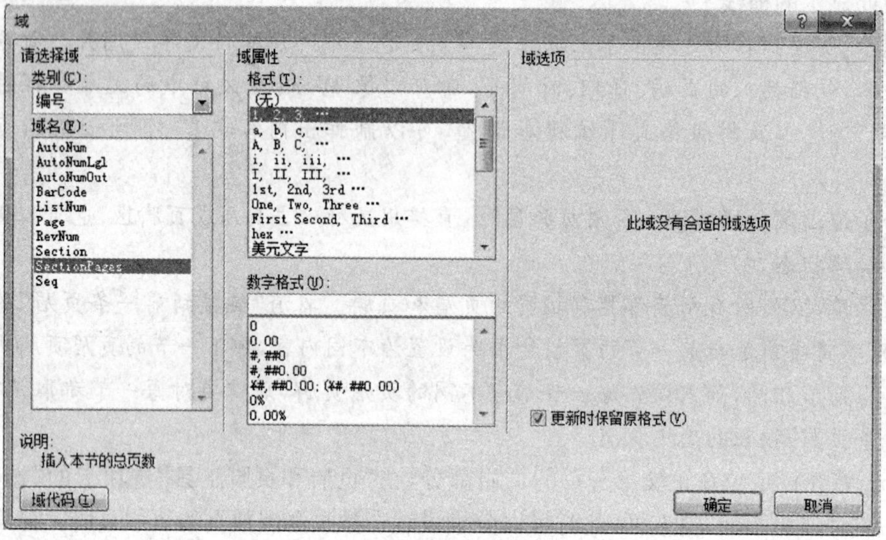

图 4.16 “域”对话框

在“页眉和页脚工具”选项卡的“关闭”组中，单击“关闭页眉和页脚”按钮，退出页眉页脚编辑状态，返回正文。

提示：在 Word 中，域相当于文档中的变量，分为域代码和域结果，其中域代码类似于公式，完成指定的功能，域结果是域代码所代表的信息，可以根据文档的变化而自动更新。使用 Word 域可以实现许多复杂的工作，比如获取文档属性信息、自动编页码等。

由于本题中页脚区显示的总页数是论文正文页数，不包括封面和目录，所以插入的形式为 X/Y 的页码信息不能满足要求，这里域代码 SectionPages 可以获得文档当前节的总页数，即论文正文的总页数。

(6) 单击“文件”→“另存为”命令，在弹出的“另存为”对话框中选择保存位置，在“文件名”后的文本框中输入“我的毕业设计论文”，单击“保存”按钮。

任务 3 审阅与修订文档

1. 任务要求

(1) 打开“我的毕业设计论文.docx”文件，开启修订状态。

(2) 删除论文正文第 4 页中的语句“操作系统现在主流有 Windows XP 和 Win7 等。”。

(3) 在“3 数据库设计”处插入批注，批注内容为“请写出数据库设计过程”，并在“假单表”文字前插入文字“请”。

(4) 以原名保存文件。

2. 操作步骤

(1) 打开“我的毕业设计论文.docx”文件，在“审阅”选项卡的“修订”组中，单击“修订”按钮，开启文档的修订状态。

提示: 用户在修订状态下修改文档时，Word 将跟踪文档中所有内容的变化状况，同时会把用户在当前文档中修改、删除、插入的每一项内容标记下来。当多个用户同时参与对同一文档进行修订时，可以通过不同的颜色来区分不同用户的修订内容。

(2) 光标定位在论文正文第 4 页，选中语句“操作系统现在主流有 Windows XP 和 Win7 等。”，按下 Delete 键删除。

提示: 由于打开了修订状态，此时对文档的任何编辑操作都会记录下来，删除语句后，可以看到，语句并没有消失，而是在语句上画上删除线。用户也可以对修订内容的样式进行自定义设置。在“审阅”选项卡的“修订”组中，单击“修订”→“修订选项”，在打开的“修订选项”对话框中设置即可。

(3) 选中正文中的“3 数据库设计”，在“审阅”选项卡的“批注”组中，单击“新建批注”按钮，光标定位在批注框中，输入“请写出数据库设计过程”。将光标定位在“假单表”之前，输入文字“请”，新插入的字以红色显示。

提示: 批注是在文档页面空白处添加的注释信息，一般用粉底红框括起来。审阅 Word 文稿时，审阅者对文档提出的一些建议可以通过插入批注来表达。

(4) 单击标题栏的“保存”按钮，将文件以原名保存。

任务 4　接受修订

1. 任务要求

(1) 打开“我的毕业设计论文.docx”文件，接受对文档的所有修订。

(2) 删除批注。

(3) 将文档另存为 PDF 格式，命名为“我的毕业设计论文. pdf”。

2. 操作步骤

(1) 打开“我的毕业设计论文.docx”文件，在“审阅”选项卡的“更改”组中，单击“接受”→“接受对文档的所有修订”。

提示: 如果只是接受部分修订意见，可以在“审阅”选项卡的“批注”组中，单击“接受”→“接受并移到下一条”或“拒绝”→“拒绝并移到下一条”，可以接受或拒绝部分修订。

(2) 将光标定位在“3 数据库设计”对应的批注中，在“审阅”选项卡的“批注”组中，单击“删除”按钮。

(3) 单击“文件”→“另存为”命令，在弹出的“另存为”对话框中选择保存位置，选择“保存类型”为“PDF”，单击“保存”按钮。

实验五　表格制作

【微信扫码】
看视频，学操作

一、实验要求

1. 掌握表格的创建、修改和修饰。
2. 掌握表格中数据的编辑、公式计算、排序。
3. 掌握表格重复标题行的设置。
4. 掌握文本转换成表格的设置。
5. 掌握表格部件库的设置。
6. 掌握图表的插入。

二、实验内容和步骤

【案例描述】

王老师是某小学五年级班主任。新学期开始，王老师需要制作课程表；学期末，王老师需要制作成绩表，并进行成绩分析。

王老师已完成课程表文字内容的录入，并先用相同符号(可以是段落标记、空格、制表符、半角逗号等)分隔了文本中的数据项。并得到某任课教师发来的成绩数据 Excel 文档，请帮他完成以下任务，实现课程表表格的设计和排版，并对成绩数据进行排序、公式计算、创建图表等操作。

本次实验所需的所有素材放在 EX5 文件夹中。

任务1　制作课程表

1. 任务要求

(1) 打开“课程表文本素材.docx”文件，将其中的文本转化成表格。

(2) 在表格第一列左侧插入一列。

(3) 删除“午休”上下两个空白行。

(4) 将第一行所有单元格、第二行所有单元格、第八行所有单元格分别合并，将第一列 3～7 行单元格与 9～11 行单元格、最后一行前两列分别合并。将第二行拆分成两列，并在第二列输入文字“上学期”。

(5) 将表格第一行文字设置为楷体、一号、加粗，第二行文字设置为仿宋、四号，其余各行设置中文字体为隶书、英文字体为 Times New Roman、四号。第八行设为小四号。

(6) 将整个表格水平居中，将表格内文字的对齐方式设为水平和垂直都居中。

(7) 调整第 1、2 列的列宽为 1.5 厘米，3～7、9～11 行中后五列平均分布，第八行行高设为“固定值”0.6 厘米。将最后一行后两列合并。

(8) 设置表格前两行无框线，其余行外侧框 2.25 磅黑色单实线；为“星期一”所在行的下框线、“午休”单元格的上下框线设置 0.5 磅黑色双实线；在“星期一”左侧的单元格中输入两段文字“星期”、“节次”，并为单元格添加 0.5 磅斜下框线。

(9) 为表格第 1 列、第 3、8、12 行设置“白色，背景 1，深色 15%”底纹。

(10) 为各节次单元格设置序号自动排序并居中。

(11) 将表格内容保存至“表”部件库，并将其命名为“课程表”。

(12) 将文件以“五年级课程表.docx”为名保存在 EX5 文件夹下。

2. 操作步骤

(1) 打开 EX5 文件夹中的“课程表文本素材.docx”文件，选中所有文本内容，在“插入”选项卡的“表格”组中，单击“表格”按钮，在弹出的下拉列表中单击“文本转换成表格”命令，弹出“将文字转换成表格”对话框。在“文字分隔位置”选区中根据文本使用的分隔符点选匹配的分隔符，这里我们选中“制表符”分隔符，如图 5.1 所示，最后单击“确定”按钮。

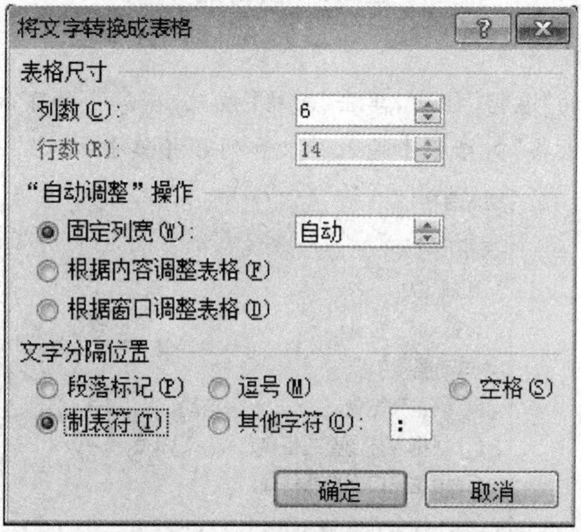

图 5.1　“插入表格”对话框

提示：表格的创建还可以有多种方法：

① 使用即时预览创建表格

在“插入”选项卡的“表格”组中，单击“表格”按钮，在弹出的下拉列表中以滑动鼠标的方式指定表格的行数和列数，并单击鼠标，如图 5.2 所示。

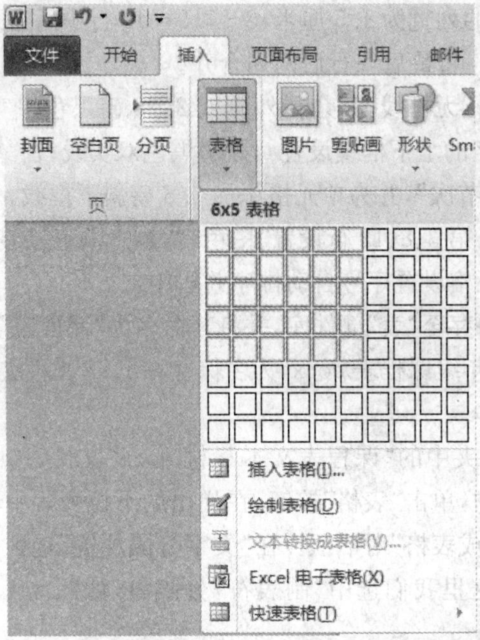

图 5.2　插入表格

② 使用“插入表格”命令

在“插入”选项卡的“表格”组中，单击“表格”按钮，在弹出的下拉列表中单击“插入表格”。在弹出的“插入表格”对话框中输入行数和列数并单击“确定”，如图 5.3 所示。

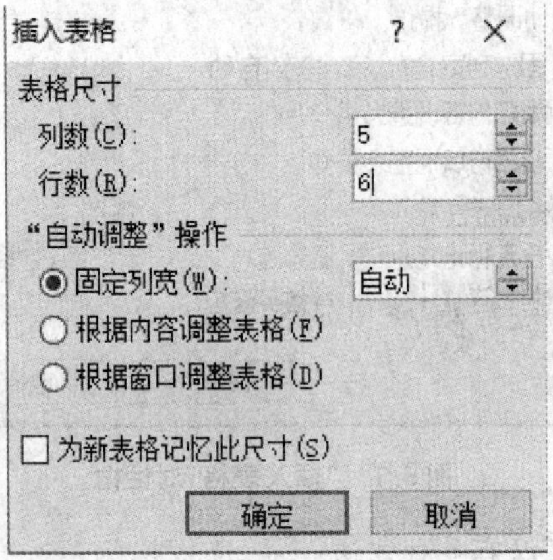

图 5.3　“插入表格”对话框

③ 手动绘制表格

在“插入”选项卡的“表格”组中，单击“表格”按钮，在弹出的下拉列表中单击“绘制表格”命令，鼠标指针即变成笔的形状，按住鼠标开始绘制即可。

④ 使用快速表格

在“插入”选项卡的“表格”组中，单击“表格”按钮，在弹出的下拉列表中单击“快速表格”，在弹出的下级列表中选择一种表格即可。

(2) 首先选中或将鼠标指针定位在表格第一列中，然后在“表格工具”→“布局”选项卡的“行和列”组中，单击“在左侧插入”命令。

提示：表格列的插入还可以单击“布局”选项卡的“行和列”组中右下角的“对话框启动器”，在打开的“插入单元格”对话框中选择一种插入方式，如图 5.4 所示。单击“确定”按钮。

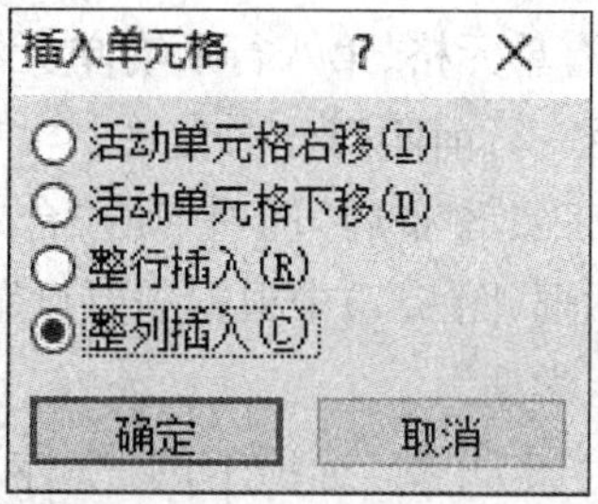

图 5.4　“插入单元格”对话框

提示：选中表格行、列或单元格及整个表格的方法：

鼠标指针指向表格中某行左侧，当其变成黑色边框右斜空心箭头时，单击左键，即可选中表格行；

鼠标指针指向表格中某列上方，当其变成黑色向下粗实心箭头时，单击左键，即可选中表格列；

鼠标指针移动到表格内需要选中的单元格内部左侧，当指针变成右斜黑色实心箭头时，单击鼠标左键即可选中当前的单元格；保持指针的黑色箭头状态，拖拽鼠标可以选中多个单元格。

把鼠标悬停在表格上时，在表格左上方会出现⊞标记，用鼠标选中该标记即可选中整个表格。

(3) 选中“午休”上面欲删除的空白行，在“表格工具”“布局”选项卡的“行和列”组中，单击“删除”按钮，并在弹出的下拉列表(图 5.5)中选择“删除行”命令。

用同样的方法将“午休”下面一个空白行删除。

提示：在图 5.5 中若选择“删除单元格”命令，会弹出“删除单元格”对话框(图5.6)，根据需要选择删除方式并单击“确定”按钮。即可删除选中的单元格。

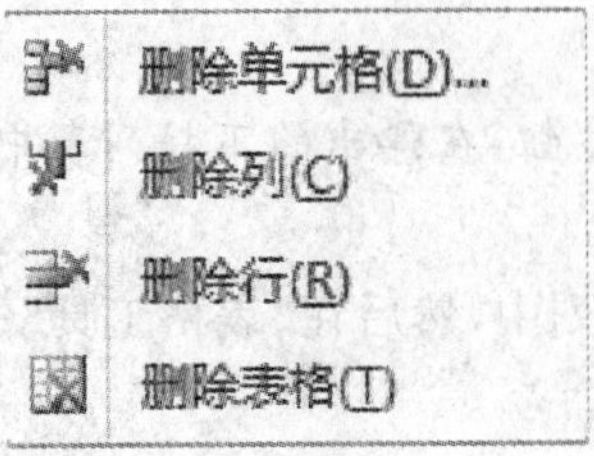

图 5.5　删除菜单

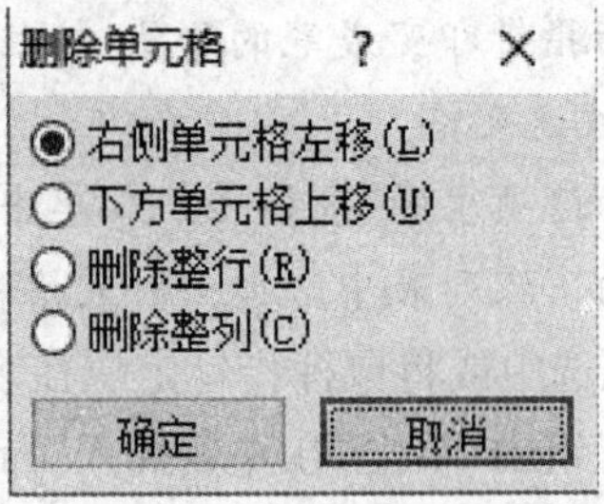

图 5.6　"删除单元格"对话框

(4) 选中第一行所有单元格，在"表格工具"→"布局"选项卡的"合并"组中，单击"合并单元格"命令，即可将第一行所有单元格合并为一个单元格。

用相同的方法将第二行所有单元格、第八行所有单元格分别合并，将第一列 3～7 行单元格与 9～11 行单元格、最后一行前两列分别合并。

选中表格第二行，在"表格工具""布局"选项卡的"合并"组中，单击"拆分单元格"命令，在弹出的"拆分单元格"对话框(图 5.7)中根据需要设置拆分后的行列数为 1 行 2 列。在第二列单元格中输入文字"上学期"。

(5) 选中表格第一行文字，在"开始"选项卡的"字体"组中设置字体为楷体、一号、加粗，用相同的方法将第二行文字设置为仿宋、四号，第八行设为小四号。

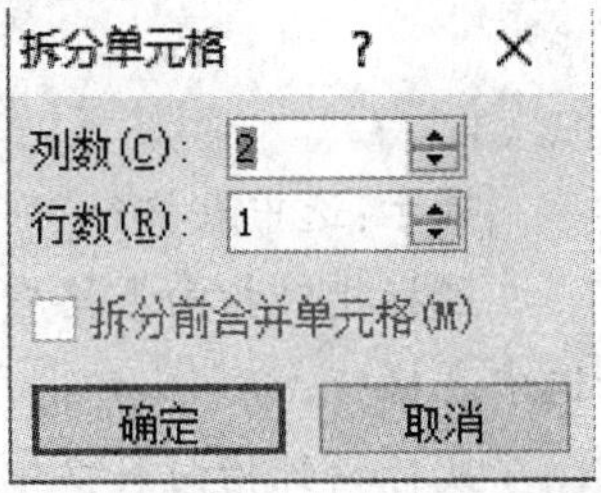

图 5.7　"拆分单元格"对话框

选中表格中除了前两行以外的其余各行，在"开始"选项卡的"字体"组中单击右下角的"对话框启动器"，在打开的"字体"对话框中设置中文字体为隶书、英文字体为 Times New Roman、四号。

(6) 通过单击表格左上方田标记选中整个表格，在"开始"选项卡的"段落"组中单击≡命令，将表格水平居中。

再用拖拽鼠标的方法，选中表格内所有单元格(注意不要选中表格外右侧的段落标记)，再次单击≡命令，将表格内文字水平居中。注意观察两次居中的区别。

在"表格工具"→"布局"选项卡的"对齐方式"组中，单击"水平居中"▤命令，将表格内所有文字在单元格内水平和垂直都居中。

(7) 在"表格工具"→"布局"选项卡的"表"组中，单击"属性"命令，在弹出的"表格属性"对话框中切换至"列"选项卡，多次单击"前一列"或"后一列"按钮，使对话框中显示"第 1 列"；选中"指定宽度"复选框，将其后的框内设置为 1.5 厘米(图 5.8)。用相同的方法将第 2 列列宽设置为 1.5 厘米，最后单击"确定"按钮。

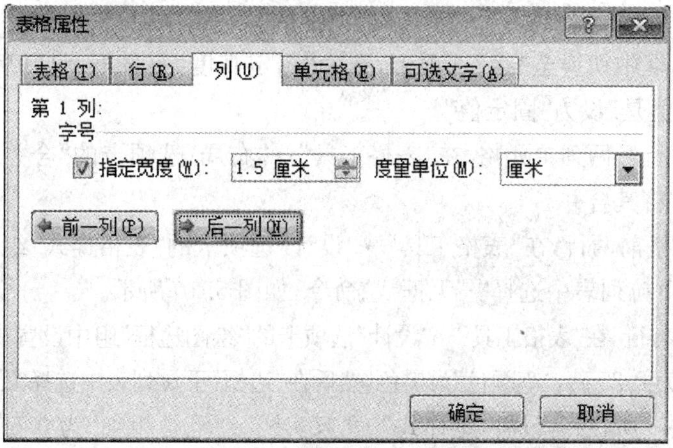

图 5.8　“表格属性”对话框

选中 3～12 行中后五列单元格，在“表格工具”“布局”选项卡的“单元格大小”组中，单击“分布列”命令，如图 5.9 所示。

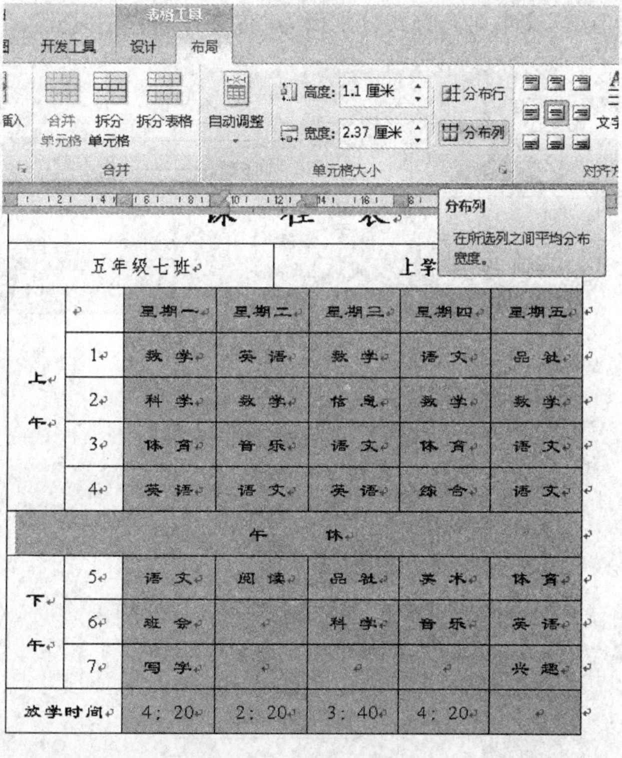

图 5.9　平均分布列

选中第八行，在“表格工具”→“布局”选项卡的“表”组中，单击“属性”命令，在弹出的“表格属性”对话框中切换至“行”选项卡，选中“指定高度”复选框，将其后的框内设置为0.6厘米，“行高值是”设为“固定值”。

选中最后一行后两列单元格，在“表格工具”→“布局”选项卡的“合并”组中，单击“合并单元格”命令，将其合并。

(8) 选中表格前两行，在“表格工具”→“设计”选项卡的“表格样式”组中，单击“边框”命令，在弹出的下拉列表中选择“无框线”命令，如图5.10所示。

选中其余所有行，在“表格工具”→“设计”选项卡的“绘图边框”组中设置“笔样式”为“单实线”、“笔画粗细”为2.25磅、“笔颜色”为黑色，然后在“边框”下拉列表中选择“外侧框线”。

选中“星期一”所在行，设置“笔样式”为“双实线”、“笔画粗细”为0.5磅，再在“边框”下拉列表中选择“下框线”。

用相同的方法将“午休”单元格的上下框线均设为0.5磅双实线。

选中“星期一”左侧的空白单元格，先恢复“笔样式”为“单实线”、“笔画粗细”为0.5磅，然后在“边框”下拉列表中选择“斜下框线”。在单元格中输入两段文字“星期”、“节次”，将其字号设为五号，文本对齐方式分别设为“右对齐”和“左对齐”。

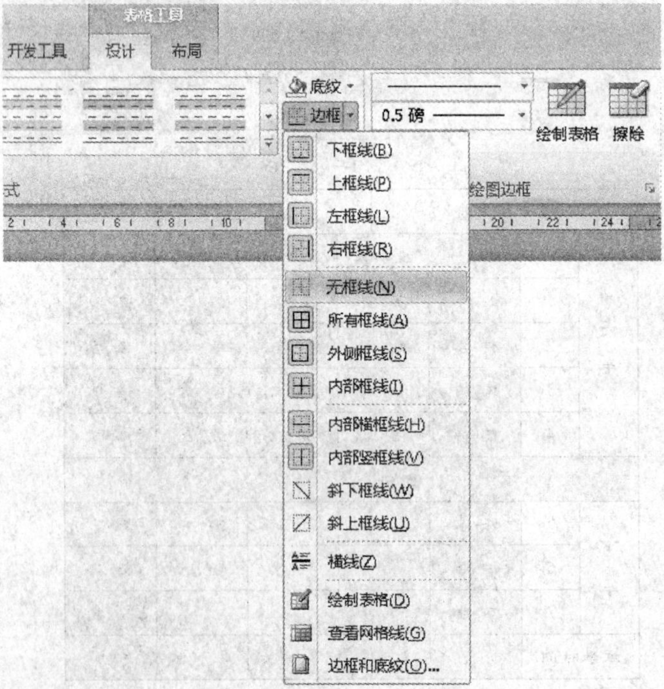

图5.10 表格边框下拉菜单

(9) 选中“上午”所在单元格，在“表格工具”“设计”选项卡的“表格样式”组中，单击“底纹”命令，在弹出的下拉列表中选择“白色，背景 1，深色 15%”。用相同的方法设置其他单元格的底纹。

(10) 删除第二列中的数字，将光标置入第 2 列第 4 行(原本数字 1 所在位置)单元格内，在“开始”选项卡的“段落”组中，单击“编号”命令右侧的下三角按钮，在弹出的下拉列表中选择“定义新编号格式”选项；在弹出的“定义新编号格式”对话框中将“编号样式”设置为“1,2,3,…”，“编号格式”设置为 1，“对齐方式”设置为居中，如图 5.11 所示。

单击“确定”按钮。用格式刷将此编号格式复制到第 2 列其余几个单元格中。

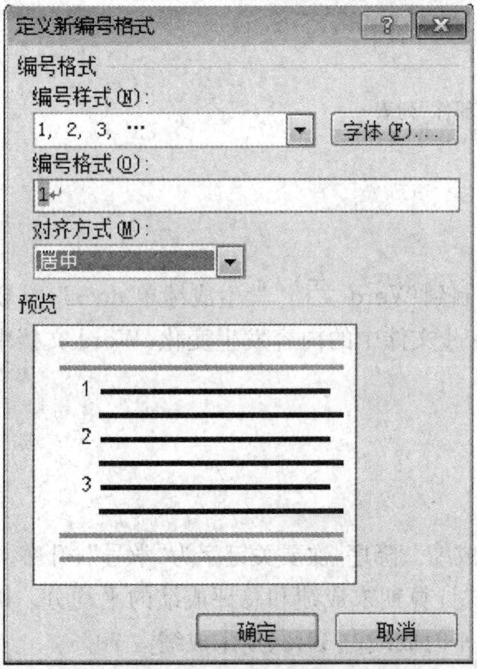

图 5.11　“定义新编号格式”对话框

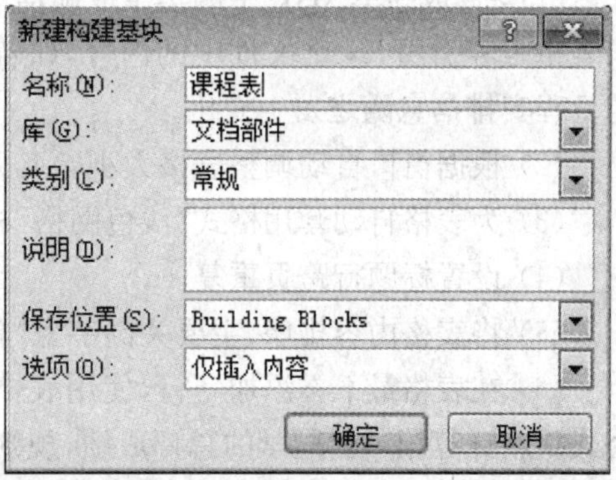

图 5.12　“新建构建基块”对话框

(11) 选中整个表格，在“插入”选项卡的“文本”组中，单击“文档部件”命令，在弹出的下拉列表中选择“将所选内容保存到文档部件库”命令。在打开的“新建构建基块”对话框(图 5.12)中将“名称”设置为“课程表”，单击“确定”按钮。

再次展开“文档部件”下拉列表，可以清楚地看到刚添加的“课程表”部件库(图5.13)，单击之就可以在当前文档中插入一个一模一样的课程表。

(12) 在“文件”选项卡中选择“另存为”命令，在弹出的“另存为”对话框中将文件以“五年级课程表.docx”为名保存在 EX5 文件夹下。

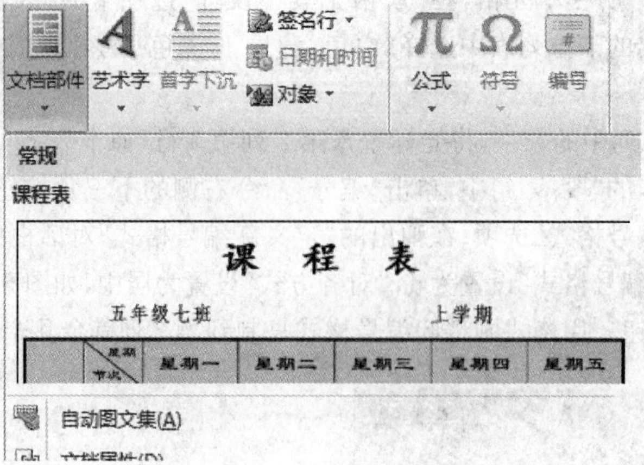

图 5.13 “文档部件”列表

任务 2 成绩分析

1. 任务要求

(1) 将“成绩单.xlsx”中的学生成绩信息复制到 Word 文档“学生成绩单.docx”中，要求表格内容引用 Excel 文件中的内容，如若 Excel 文件中的内容发生变化，Word 文档中的日程安排信息随之发生变化。

(2) 根据窗口自动调整表格大小。

(3) 为表格自动套用格式“浅色网格”样式。

(4) 设置标题行跨页重复。

(5) 将表格内容排序，主要关键字为“总评成绩”、降序，次要关键字为“学号”、升序。

(6) 在表格最下方添加一行，使用表格公式计算期末成绩和总评成绩的平均分。用公式重新计算第一位同学的总评成绩，规则为：平时成绩占 30%、期末成绩占 70%。

(7) 将 Excel 文档“成绩单.xlsx”中 H2:J7 区域的数据简单复制到当前 Word 文档末尾。

(8) 根据表格第 1、3 内容创建饼图，根据表格前两列内容创建饼图簇状柱形图，添加数据标签。

(9) 将文件以“五年级成绩分析.docx”为名保存在 EX5 文件夹下。

2. 操作步骤

(1) 打开 EX5 文件夹中的“成绩单.xlsx”文档，选中 A1:E43 的数据并复制到剪贴板。打开 Word 文档“学生成绩单.docx”，光标定位至文档末尾，在“开始”选项卡的“剪贴板”组中，单击“粘贴”命令下方箭头，在弹出的下拉列表中选择“链接与保留源格式”。

（2）自动调整表格大小

选中整张表格，在“表格工具”→“布局”选项卡的“单元格大小”组中，单击“自动调整”命令，在弹出的下拉列表中选择“根据窗口自动调整表格”，如图 5.14 所示。

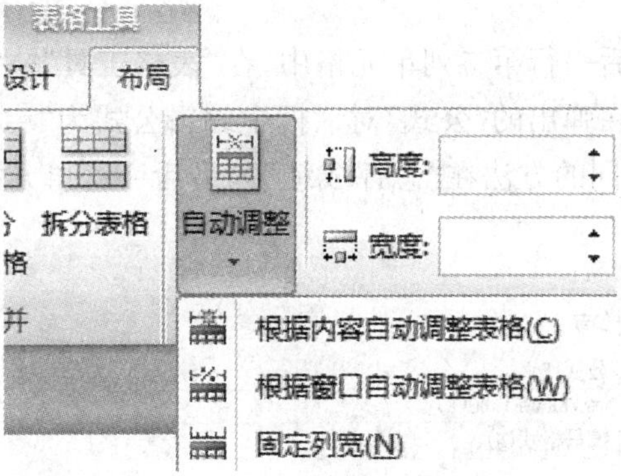

图 5.14　“表格自动调整”列表

（3）选中整张表格，在“表格工具”→“设计”选项卡的“表格样式”组中，选择合适的表格样式，此处选“浅色网格”样式。

（4）选中首行，或将鼠标指针定位在首行中，在“表格工具”→“布局”选项卡的“数据”组中，单击“重复标题行”命令。查看第二页中表格效果。

（5）在“表格工具”→“布局”选项卡的“数据”组中，单击“排序”命令，在弹出的“排序”对话框中选中“有标题行”选项，设置主要关键字为“总评成绩”、降序，次要关键字为“学号”、升序，如图 5.15 所示，单击“确定”。查看表格中数据顺序。

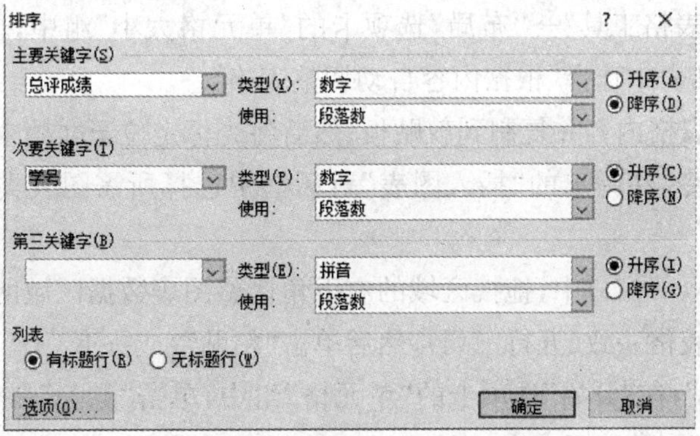

图 5.15　“表格自动调整”列表

（6）光标定位在表格最后一行最右侧（位于表格外）的段落回车符处，按下键盘上的回车键，即可在表格最下方添加一行。参考范文合并单元格、输入文字，设置文本对齐方式。

光标定位在表格第二行最后一列单元格中，在“表格工具”→“布局”选项卡的“数据”组中，单击“公式”命令，在弹出的“公式”对话框中编辑公式为“＝C2＊0.3＋D2＊0.7”并确定。

光标定位在表格最后一行第二列单元格中，在“表格工具”→“布局”选项卡的“数据”组中，单击“公式”命令，在弹出的“公式”对话框中编辑公式为“＝AVERAGE(ABOVE)”(图 5.16)并确定。用相同的方法在“总评成绩”列最后一行单元格中用公式算出总评成绩的平均分。

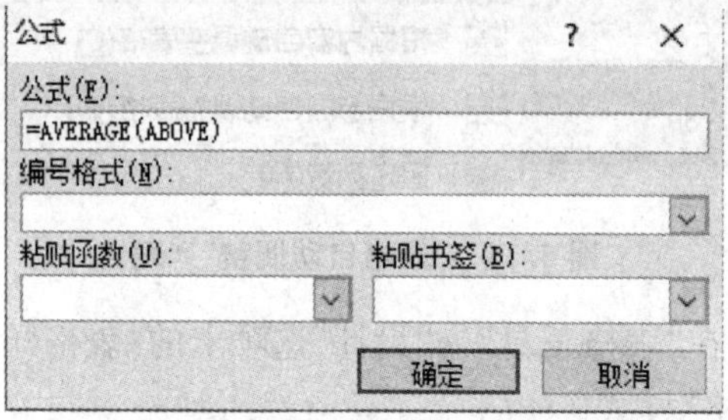

图 5.16　“公式”对话框

(7) 打开 EX5 文件夹中的 Excel 文档“成绩单.xlsx”，选中 H2:J6 区域的数据并复制到剪贴板。回到 Word 文档“学生成绩单.docx”中，将光标定位至文档末尾，连续按回车键增加几个空白段落后，在“开始”选项卡的“剪贴板”组中，直接单击“粘贴”命令。注意观察此次粘贴后的表格与上方的成绩表有何区别。

选中表格，在“表格工具”→“布局”选项卡的“单元格大小”组中，单击“自动调整”命令，在弹出的下拉列表中选择“根据内容自动调整表格”。

(8) 选中整个表格内容并复制到剪贴板；然后将光标定位至文档末尾，在“插入”选项卡中单击“图表”命令，在弹出的“插入图表”对话框中选择所需图表类型，此处选择饼图(图 5.17)后确定。

在弹出来的 Excel 窗口中，拖拽区域的右下角调整图表数据区域的大小，将行列数设为与 Word 文档中表格一致(五行三列)，然后单击“粘贴”(或按下 Ctrl＋V)。单击第二列上方的列号字母“B”，在“开始”选项卡的“单元格”组中，单击“删除”命令，将第二列删除。数据区域编辑完成后，关闭 Excel。

在创建好的图表中选中图表标题，将其改为“成绩等级分布”；在“图表工具”→“布局”选项卡的“标签”组，单击“数据标签”命令，在弹出的下拉列表中选择“数据标签外”。

用相似的方法为表格前两列数据创建“簇状柱形图”，设置图表标题为“各等级人数”，显示数据标签。修改后的饼图与柱形图如图 5.18、5.19 所示。

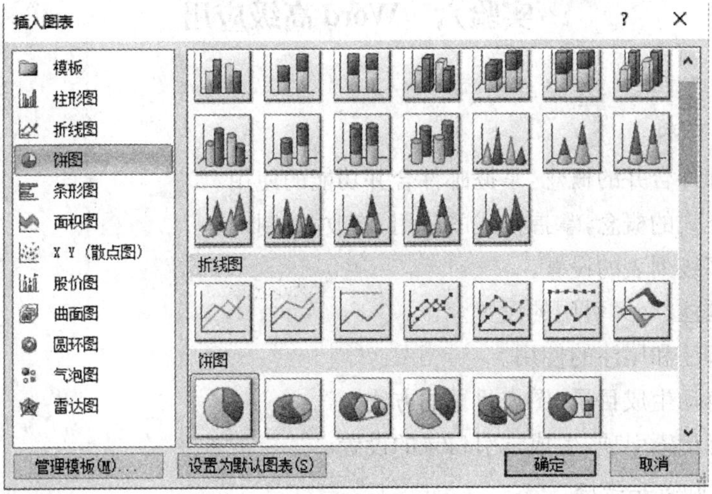

图 5.17　“插入图表”对话框

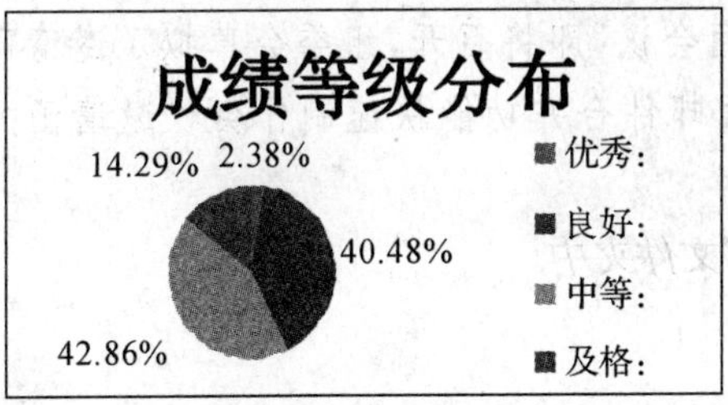

图 5.18　饼图

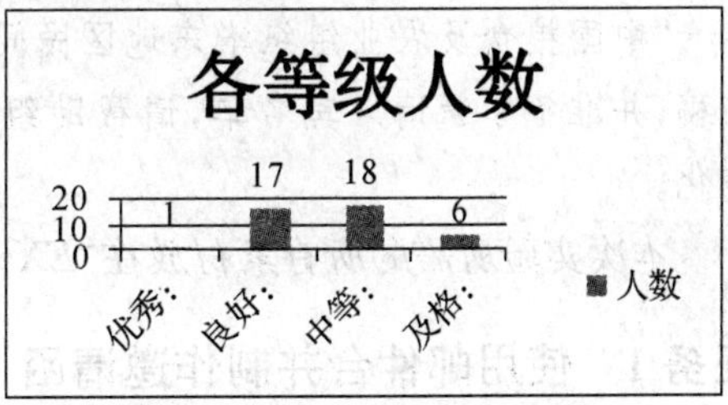

图 5.19　簇状柱形图

(9) 在“文件”选项卡中选择“另存为”命令，在弹出的“另存为”对话框中将文件以“五年级成绩分析.docx”为名保存在 EX5 文件夹下。

实验六 Word高级应用

【微信扫码】
看视频，学操作

一、实验要求

1. 了解邮件合并的概念，掌握邮件合并功能的使用。
2. 了解样式的概念，掌握样式的应用、修改、复制。
3. 掌握多级列表的设置。
4. 掌握题注、交叉引用的设置。
5. 掌握脚注和尾注的使用。
6. 掌握自动生成目录、图表目录的方法。
7. 掌握标记索引项、生成索引目录的设置。

二、实验内容和步骤

【案例1描述】

“中国粮食及农业组织华东地区民间组织磋商会议”即将召开，组委会草拟了邀请函文稿，并准备了邀请来宾名单，请帮助组委会使用邮件合并功能快速制作会议邀请函并美化。

本次实验所需的所有素材放在“EX6\案例1”文件夹中。

任务1 使用邮件合并制作邀请函

1. 任务要求

(1) 运用邮件合并功能制作内容相同、收件人不同(收件人从“邀请来宾名单.xlsx”中导入)的多份邀请函，并根据性别信息，在姓名后添加“先生”(性别为男)、“女士”(性别为女)。

(2) 为合并后的生成的多份邀请函添加背景图片。

(3) 保存合并主文档以“邀请函.docx”，合并后生成的可以单独编辑的多份邀请函保存为“会议邀请函.docx”。

2. 操作步骤

(1) 打开EX6文件夹中的“邀请函.docx”文件。在“邮件”选项卡的“开始邮件合并”组中，单击“开始邮件合并”按钮，在弹出的下拉列表中选择“邮件合并分步向导”(图6.1)后，在文档的右侧会显示“邮件合并”窗格(图6.2)。保持文档类型为默认值“信函”，单击“下一步：正在启动文档”，在“选择开始文档”中，使用默认值“使用当前文档”，如图6.3所示。

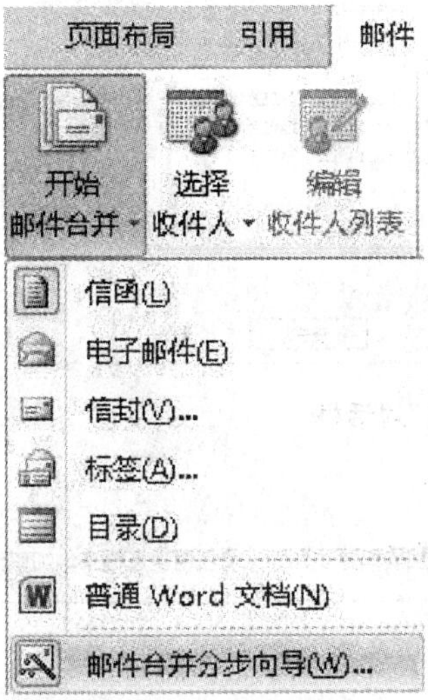

图 6.1　打开邮件合并分步向导

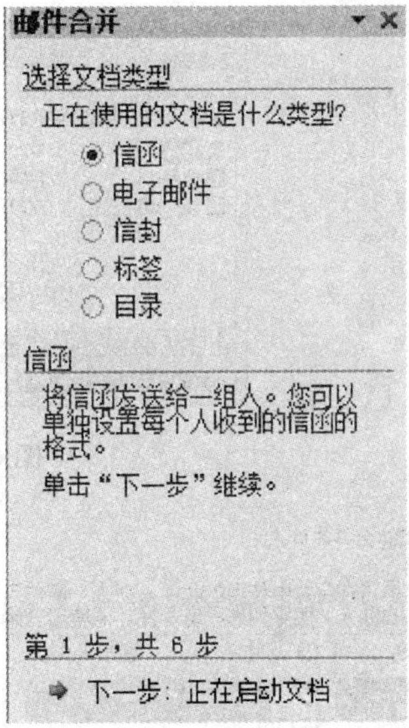

图 6.2　邮件合并第一步

(2) 再单击“下一步:选取收件人”,如图 6.4 所示,在“使用现有列表”中单击“浏览”,选择实验素材 EX6 文件夹中的“邀请来宾名单.xlsx”文件;在弹出的“选择表格”对话框(图 6.5)中选择“Sheet1”,单击“确定”后将弹出“邮件合并接收人”对话框(图 6.6),单击“确定”即可。

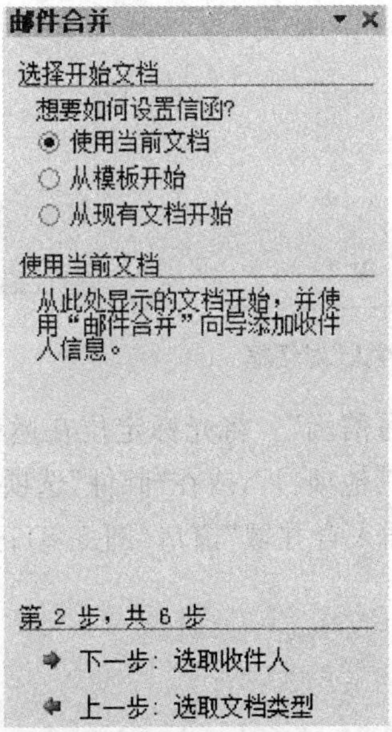

图 6.3　邮件合并第二步

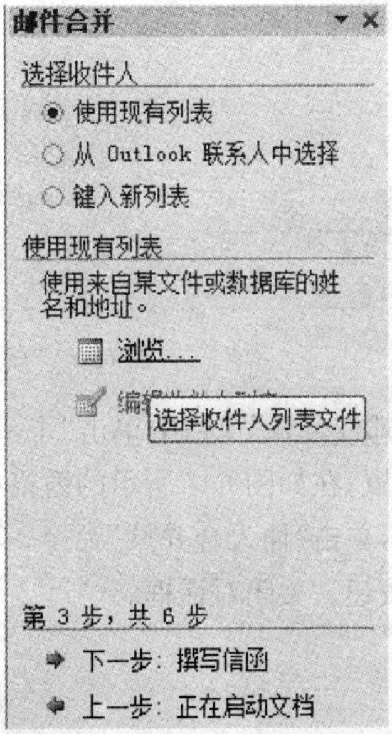

图 6.4　邮件合并第三步

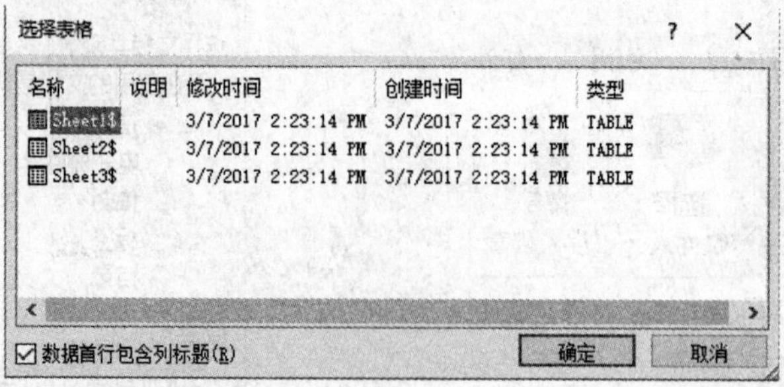

图 6.5 “选择表格”对话框

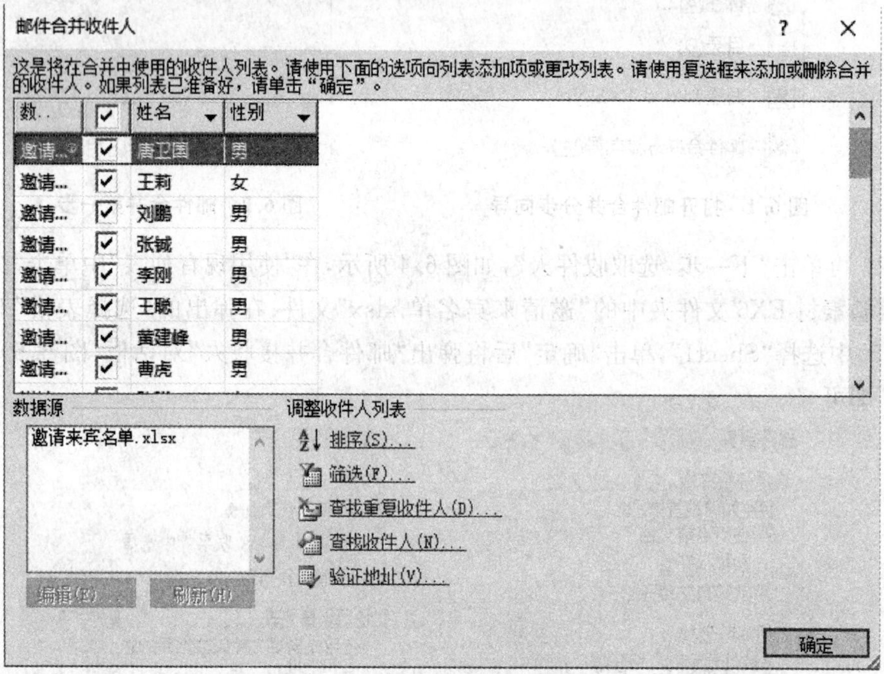

图 6.6 “邮件合并收件人”对话框

(3) 在“邮件合并”窗格中单击“下一步：撰写信函”。将光标定位在邀请函内容“尊敬的”后面位置；在如图 6.7 所示的窗格中单击“其他项目”，或在“邮件”选项卡的“编写和插入域”组中，单击“插入合并域”命令，会弹出“插入合并域”窗口(图 6.8)；选择“姓名”，单击“插入”按钮。关闭对话框。

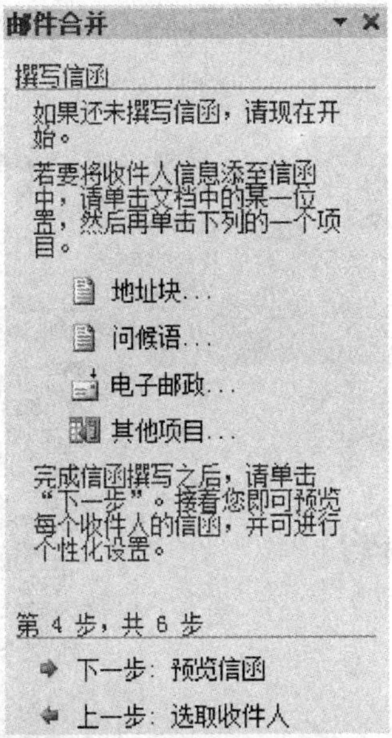

图 6.7　邮件合并第四步

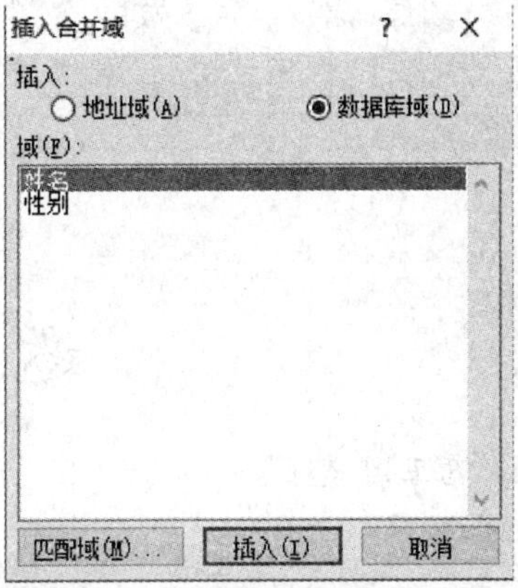

图 6.8　“插入合并域”对话框

(4) 在“邮件”选项卡的“编写和插入域”组中，单击“规则”命令，单击下拉列表中的“如果……那么……否则……”命令，打开“插入 Word 域：IF”对话框。

在“域名”下拉列表框中选择“性别”，在“比较条件”下拉列表框中选择“等于”，在“比较对象”文本框中输入“男”，在“则插入此文字”文本框中输入“先生”，在“否则插入此文字”文本框中输入“女士”，如图 6.9 所示。设置完毕后单击“确定”按钮。

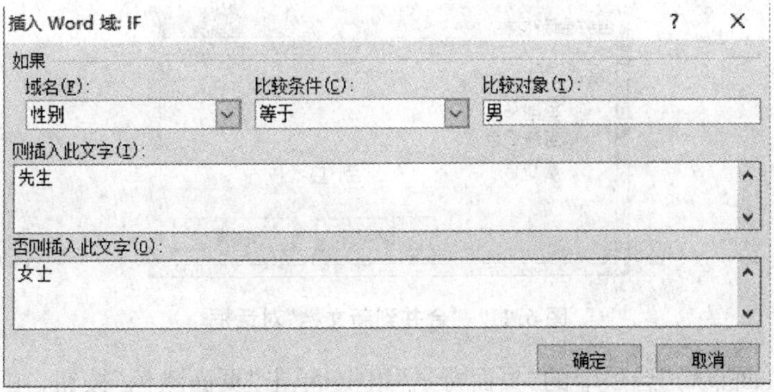

图 6.9　“插入 Word 域：IF”对话框

(5) 在“邮件合并”窗格中单击“下一步：预览信函”，这时，可以看到已经将嘉宾的姓名插入到相应位置(图 6.10)，在“邮件”选项卡的“预览结果”组中，单击▶按钮可以在文档中预览每张邀请函的内容。

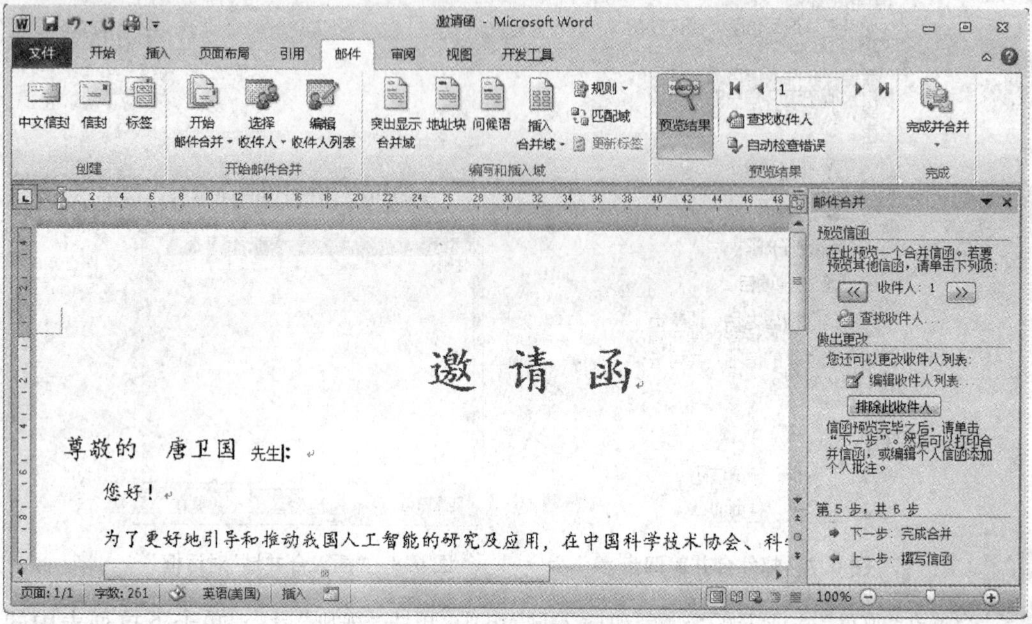

图 6.10 邮件合并第五步

(6) 最后，在“邮件合并”窗格中单击“下一步:完成合并”，单击“编辑单个信函合并到新文档”，将弹出“合并到新文档”对话框(图 6.11)，选中“全部”，单击“确定”按钮，即可自动生成所有邀请函文件。

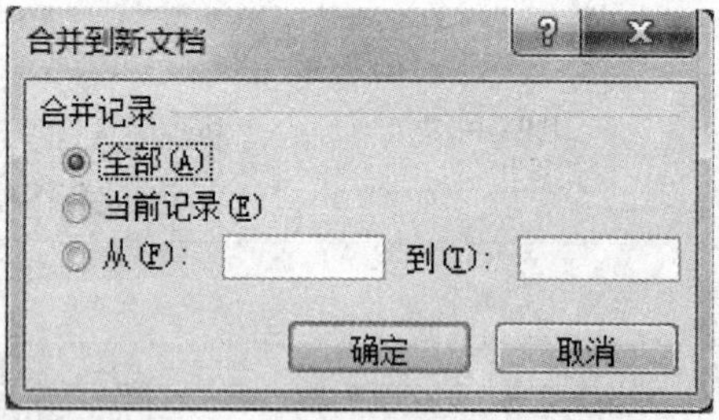

图 6.11 “合并到新文档”对话框

(7) 在“页面布局”选项卡的“页面背景”组中，单击“页面颜色”按钮，在下拉列表中选择“填充效果”，弹出“填充效果”对话框，单击“图片”选项卡中“选择图片”按钮，选取 EX6 文件夹下名为“背景图.jpg”的图片文件作为页面背景，如图 6.12 所示。

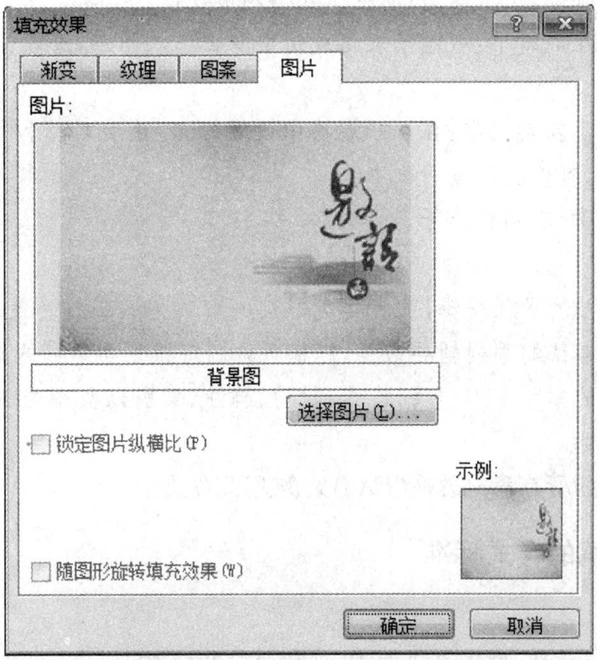

图 6.12　“填充效果”对话框

单击“确定”按钮。

(8) 单击“文件”→“另存为”命令，在弹出的“另存为”对话框中选择保存位置，在“文件名”后的文本框中输入“会议邀请函”，单击“保存”按钮。

提示：从字面上看邮件合并，好像发邮件才用得着，其实不然，它的主要作用在于文件合并。实际工作中，我们常需要编辑大量格式一致、数据字段相同，但数据内容不同、每条记录单独成文、单独填写的文件，如果一份一份地编辑打印，工作量较大。使用邮件合并功能可以减少这种枯燥、重复性的工作。

在 Office 中，先建立两个文档：一个是 Word 文档，包括所有文件共有内容的主文档(比如未填写的信封等)；另一个是包括变化信息的数据源 Excel 文档(填写的收件人、发件人、邮编等)，然后使用邮件合并功能在主文档中插入变化的信息。

邮件合并的应用领域：

◇ 批量打印信封：按统一的格式，将电子表格中的邮编、收件人地址和收件人打印出来。

◇ 批量打印信件、邀请函：主要是从电子表格中调用收件人，换一下称呼，信件内容基本固定不变。

◇ 批量打印工资条、个人简历:从电子表格调用数据。

◇ 批量打印学生成绩单:从电子表格成绩中取出个人信息,并设置评语字段,编写不同评语。

◇ 批量打印各类获奖证书:在电子表格中设置姓名、获奖名称和等级,在 Word 中设置打印格式,可以打印多种证书。

◇ 批量打印准考证、明信片等。

【案例 2 描述】

陈楠是某出版社的责任编辑,负责各类书稿的编辑排版工作。最近出版社将出版关于全国计算机等级考试的系列辅导教程,陈楠负责制定该系列书稿的样式标准和封面,并完成其中一本书稿的排版工作,包括格式、封面、脚注、索引以及图表目录等设置操作,请帮助她完成以下任务。

本次实验所需的所有素材放在"EX6\案例 2"文件夹中。

任务 2 制定书稿的样式标准

1. 任务要求

(1) 新建 Word 文档,按表 6.1 要求,新建要求的样式。

表 6.1 样式标准

样式名	格 式
标题 1	二号字、黑体、加粗,居中,段前 0.5 行、段后 0.5 行,行距最小值 12 磅
标题 2	小三号字、黑体、加粗,无缩进,行距最小值 12 磅
标题 3	四号字、宋体、加粗,无缩进,行距最小值 12 磅
正文	小四号字,首行缩进 2 字符、1.25 倍行距,两端对齐

(2) 按表 6.2 要求定义新的多级列表,并链接到相应的样式。

表 6.2 多级列表样式标准

样式名	多级列表	大纲级别
标题 1	第 1 章、第 2 章、…、第 n 章,对齐位置 0 厘米	1 级
标题 2	1.1、1.2、2.1、2.2、…、n.1、n.2,对齐位置 0.75 厘米,文本缩进位置与一级标题默认缩进位置相同	2 级
标题 3	1.1.1、1.1.2、…、n.1.1、n.1.2,对齐位置 0.75 厘米,文本缩进位置与二级标题缩进位置相同	3 级

(3) 将文件以“书稿样式标准.docx”文件名保存。

2. 操作步骤

(1) 打开 Word 2010，在“开始”选项卡的“样式”组中，右键单击样式“标题 1”，在弹出的快捷菜单中选择“修改”命令，打开“修改样式”对话框。单击“格式”→“字体”，在打开的“字体”对话框中设置字体格式为黑体，二号字，加粗样式，单击“格式”→“段落”，在打开的“段落”对话框中分别设置居中对齐，段落间距为段前 0.5 行，段后 0.5 行，行距选“最小值”，设置为 12 磅，单击“确定”按钮返回。

以同样的方法，按要求修改“标题 2”、“标题 3”和“正文”的样式格式。

(2) 在“开始”选项卡的“段落”组中，单击“多级列表”按钮，在下拉列表中选择“定义新的多级列表”，打开“定义新多级列表”对话框，如图 6.13 所示。

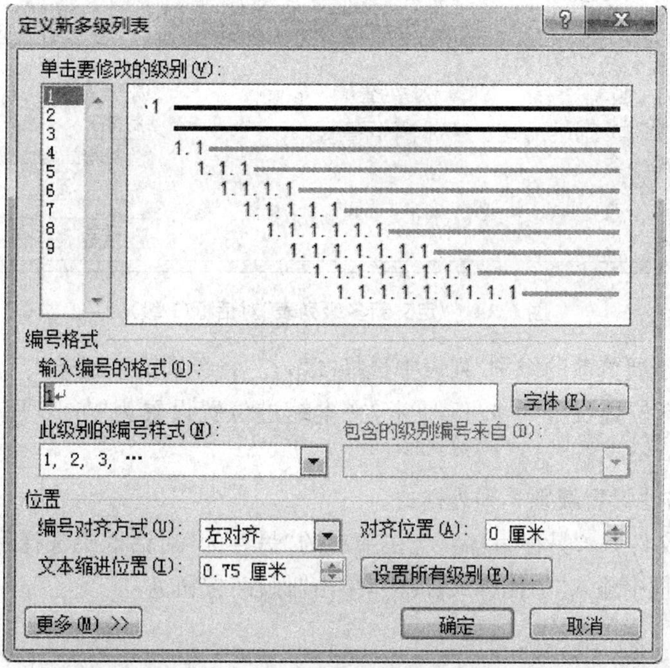

图 6.13　“定义新多级列表”对话框

单击“更多”按钮，展开更多选项设置。在“单击要修改的级别”列表中选择“1”，在“输入编号的格式”文本框中，在编号 1 之前和之后分别添加文字“第”和“章”，在“将级别链接到样式”下拉列表框中选择“标题 1”，对齐位置设置为 0 厘米，文本缩进位置取默认值“0.75厘米”，如图 6.14 所示。

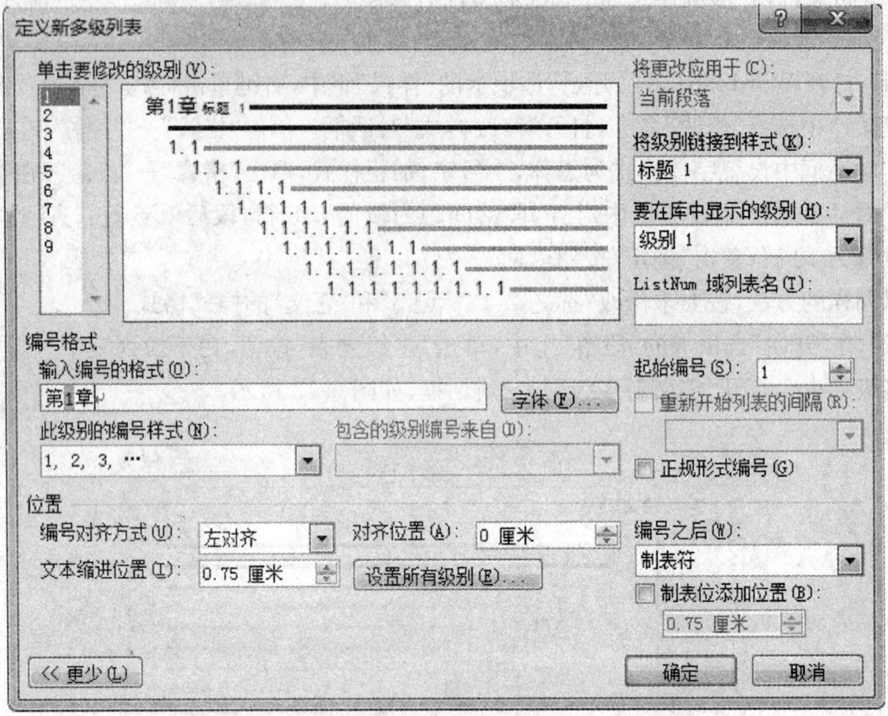

图 6.14 “定义新多级列表”对话框(1 级)

继续在“单击要修改的级别”列表中选择“2”,在“将级别链接到样式”下拉列表框中选择“标题 2”,对齐位置设置为 0.75 厘米,文本缩进位置设置为“0.75 厘米”,如图 6.15 所示。

以同样的方法设置级别 3 列表样式。

(3) 单击“文件”→“另存为”命令,在弹出的“另存为”对话框中选择保存位置,在“文件名”后的文本框中输入“书稿样式标准”,单击“保存”按钮。

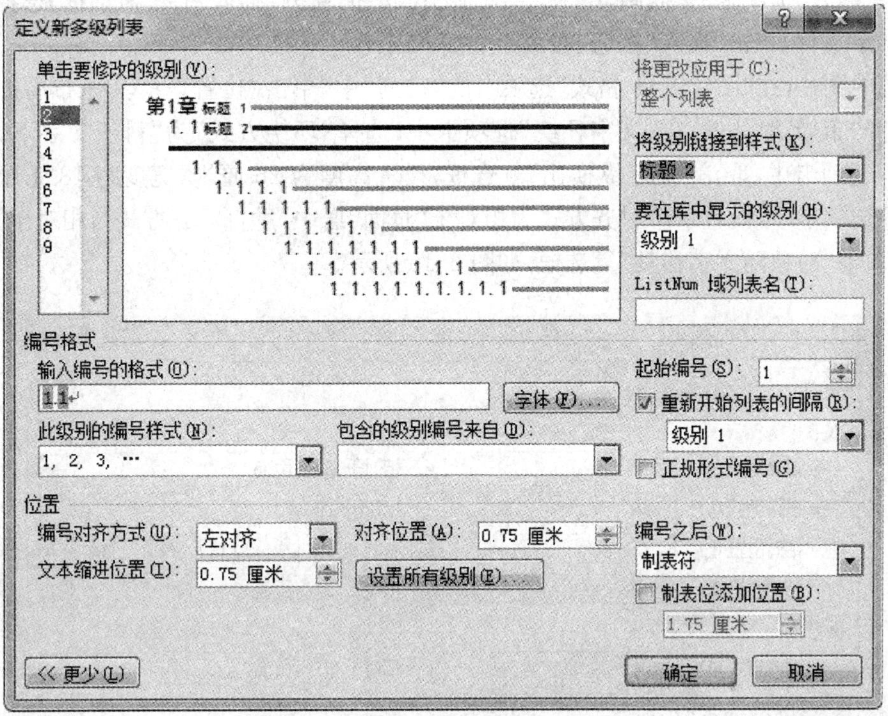

图 6.15　“定义新多级列表”对话框(2 级)

任务 3　书稿封面文档设计

1. 任务要求

(1) 新建 Word 文档,参照样张“教材封面.png”,为书稿设计一个封面,页面大小选择“16 开”,插入“封面背景.jpg”图片作为页面背景,设置图片衬于文字下方,调整图片大小使之正好覆盖 16 开页面,设置图片水平对齐方式相对于页面居中,垂直对齐方式相对于页面居中,图片不随文字移动。

(2) 在页面适当位置插入两个文本框用于分别输入文字“书名”和“作者”,要求文本框无填充色,无边框线,其中“书名”设置字体为华文新魏小初号粗体,颜色为“橙色,强调文字颜色 6,深色 50%”,“作者”设置字体为宋体黑色三号字。

(3) 将设计的封面保存到封面库中,命名为“等级考试系列”。

2. 操作步骤

(1) 打开 Word 2010,在“页面布局”选项卡的“页面设置”组中,单击“纸张大小”按钮,在列表中选择“16 开(18.4×26 厘米)”。

在“插入”选项卡的“插图”组中，单击“图片”按钮，打开“插入图片”对话框，选择“封面背景.jpg”文件，单击“插入”按钮，在页面上插入图片。

选中图片，在“图片工具 格式”选项卡的“排列”中，单击“位置”→“其他布局选项”命令，打开“布局”对话框，在“文字环绕”选项卡中，选择“环绕方式”为“衬于文字下方”；在“大小”选项卡中，取消“锁定纵横比”复选框，设置高度为 26 厘米，宽度为 18.4 厘米；在“位置”选项卡中，设置水平对齐方式为相对于“页面”居中，垂直对齐方式为相对于“页面”居中，取消“对象随文字移动”复选框，如图 6.16 所示。

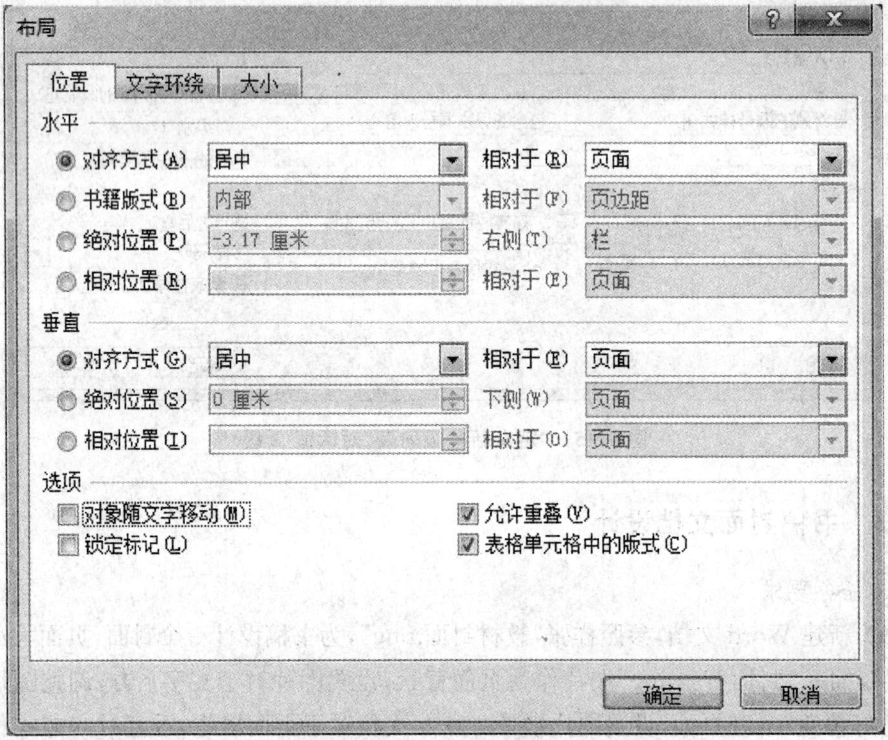

图 6.16 “布局”对话框

单击“确定”按钮。

(2) 在“插入”选项卡的“文本”组中，单击“文本框”→“绘制文本框”命令，拖动鼠标在页面适当位置绘制一个文本框，输入提示文字“书名”。选中文本框，右键单击文本框，在弹出的快捷菜单中选择“设置形状格式”命令，弹出“设置形状格式”对话框，设置“线条颜色”为“无线条”，“填充”效果为“无填充”，单击“关闭”按钮。

光标定位在文本框中，设置字体为华文新魏小初号粗体，颜色为“橙色，强调文字颜色 6，深色 50%”。

以同样方法，在页面适当位置绘制文本框，输入提示文字“作者”，并完成格式设置。

(3) 按 Ctrl＋A 键将页面内容全部选中，在“插入”选项卡的“页”组中，单击“封面”→“将所选内容保存到封面库”命令，打开“新建构建基块”对话框，在“名称”后的文本框中输入“等级考试系列”，如图 6.17 所示。

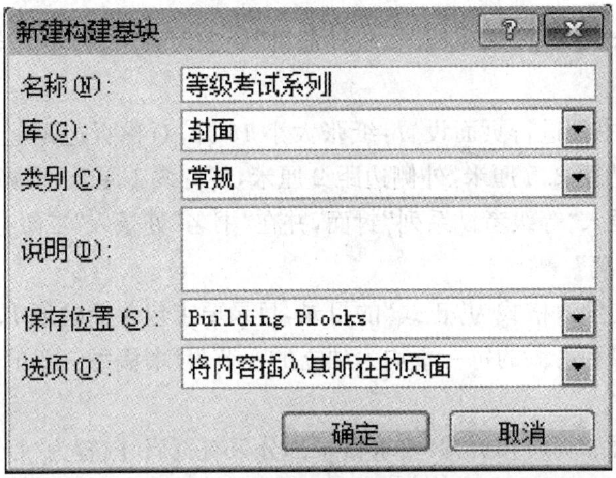

图 6.17　“新建构建基块”对话框

单击“确定”按钮。

提示：将自己设计好的封面保存到封面库中，在需要的时候可以多次使用，不需要重复设计。

任务 4　书稿格式排版

1. 任务要求

(1) 打开“原始书稿.docx”，复制“书稿样式标准.docx”的“标题 1”、“标题 2”、“标题 3”和“正文”样式到文档样式库中。

(2) 书稿中包含 3 个级别的标题，分别用“(一级标题)”、“(二级标题)”、“(三级标题)”字样标出，请将其分别应用“标题 1”、“标题 2”、“标题 3”样式。

(3) 样式应用结束后，将书稿中各级标题文字后面括号中的提示文字及括号“(一级标题)”、“(二级标题)”、“(三级标题)”全部删除。

(4) 书稿中有若干表格及图片，图片下方和表格上方的说明文字已用红色标出，分别在图片和表格的说明文字左侧添加如“图 1.1”、“图 2.1”、“表 1.1”、“表 2.1”的题注，其中连字符“－”前面的数字代表章号、“－”后面的数字代表图表的序号，各章节图和表分别连续编号。操作完成后将所有书稿文字设置为黑色。

(5) 将样式“题注”的格式修改为“宋体、五号字、居中”。

(6) 对书稿中出现“如图所示”或“如表所示”文字的地方，利用交叉引用功能，将“图”或“表”字替换为其对应的题注号，显示为类似“图 1.1”或“表 1.1”的样式。

(7) 设置表格“常用的流程图符号”内的文字为小五号居中显示，表格上方的题注与表格总在一页上。

(8) 在第 3.1 节第一段末尾词语“软件危机”处插入脚注，脚注内容参见“软件危机脚注.docx”文档。

(9) 按要求对书稿进行页面设置：纸张大小 16 开，对称页边距，上边距 2.5 厘米，下边距 2 厘米，内侧边距 2.5 厘米，外侧边距 2 厘米，装订线 1 厘米，页脚距边距 1.0 厘米。

(10) 为书稿插入“等级考试系列”封面，并在“书名”处录入“二级公共基础知识”，“作者”处录入“无名氏著”。

(11) 在正文前插入格式为“正式”的目录，目录要求包含标题第 1、2 级及对应页号。

(12) 设置目录和书稿的每一章均为独立的一节，且书稿每一章的页码均以奇数页为起始页码。

(13) 为书稿添加页眉和页脚，要求目录部分只有页眉，内容为“目录”，字体为黑体四号字居中，正文部分除每章首页没有页眉外，其余页面页眉区域自动显示当前页中样式为“标题 1”的文字，所有页面奇数页页码显示在页脚右侧，偶数页页码显示在页脚左侧，页码从 1 开始编号，各章节间连续编码。

(14) 将文中出现的“二叉树的基本性质”、“二叉树的遍历”、“关系运算”作为索引关键词标记索引项，并隐藏所有索引标记。

(15) 在目录和正文之间插入格式为“正式”的图目录和表目录，要求显示页码，添加标题为“图表目录”，并在图表目录下面插入索引目录，添加标题为“关键字索引目录”，设置标题格式为黑体三号字居中，要求图表和索引目录单独占用一节，不分栏。

(16) 更新文档目录。

(17) 将文档以“二级公共基础知识.docx”文件名保存。

2. 操作步骤

(1) 打开“原始书稿.docx”，在“开始”选项卡的“样式”组中，单击右下角的启动对话框按钮，打开“样式”任务窗格，如图 6.18 所示。

单击“样式”任务窗格底部的“管理样式”按钮，打开“管理样式”对话框，如图 6.19 所示。

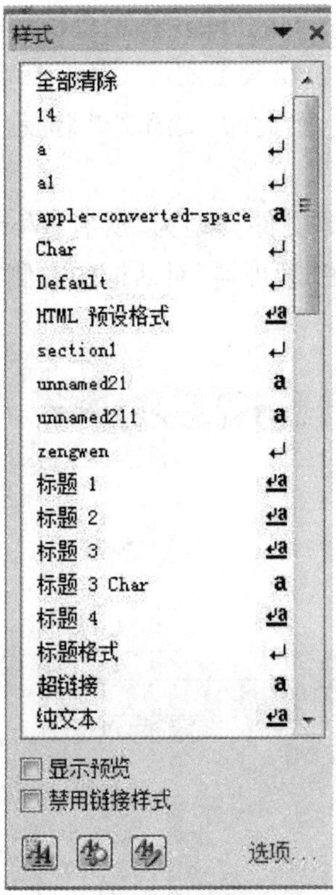

图 6.18　“样式”任务窗格

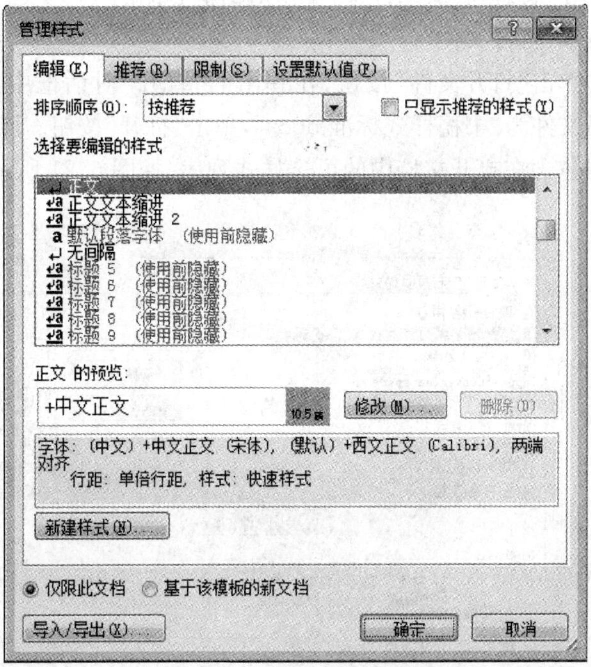

图 6.19　“管理样式”对话框

单击“导入/导出”按钮，打开“管理器”对话框，如图 6.20 所示。

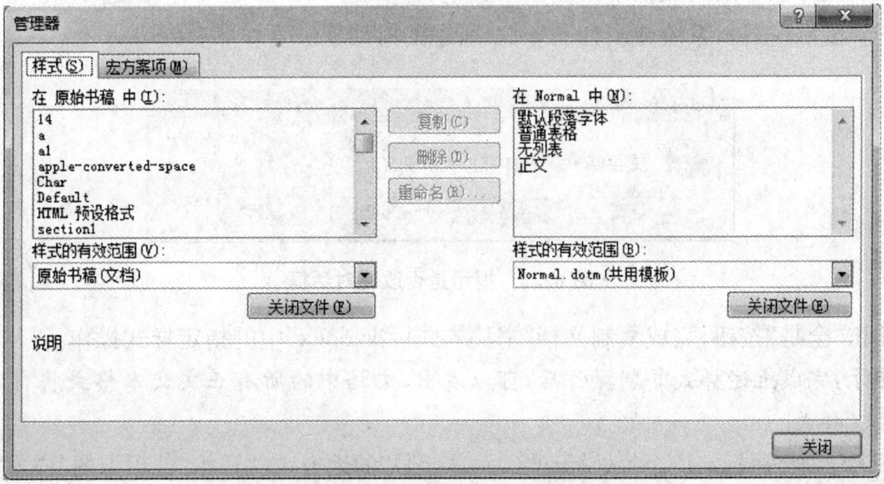

图 6.20　“管理器”对话框(1)

提示：默认情况下，“管理器”对话框右侧显示的是“Normal. dotm（共用模板）”的样式，如果需要复制其他文档中的样式，需要关闭默认文件，打开需要复制的文件。

在“管理器”对话框中，单击对话框右侧的“关闭文件”按钮，此时“关闭文件”提示信息将变成“打开文件”。

单击“打开文件”按钮，在弹出的“打开”对话框中，选择文件类型为“所有 Word 文档”，文件为“书稿样式标准.docx”，单击“打开”按钮。此时在“管理器”对话框的右侧将显示出包含在打开文档中的可选样式列表，如图 6.21 所示。

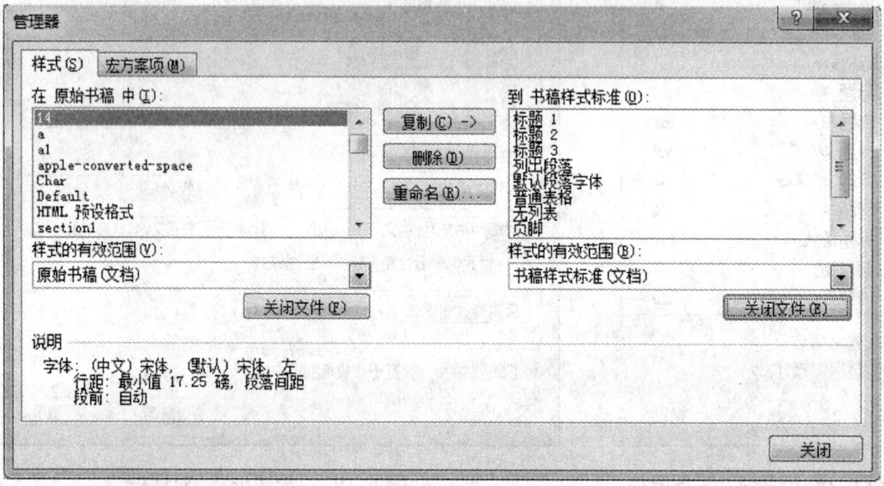

图 6.21 “管理器”对话框(2)

在右侧样式标准列表框中按住 Ctrl 键选择“标题 1”、“标题 2”、“标题 3”和“正文”样式，单击“复制”按钮，系统弹出如图 6.22 所示的对话框。

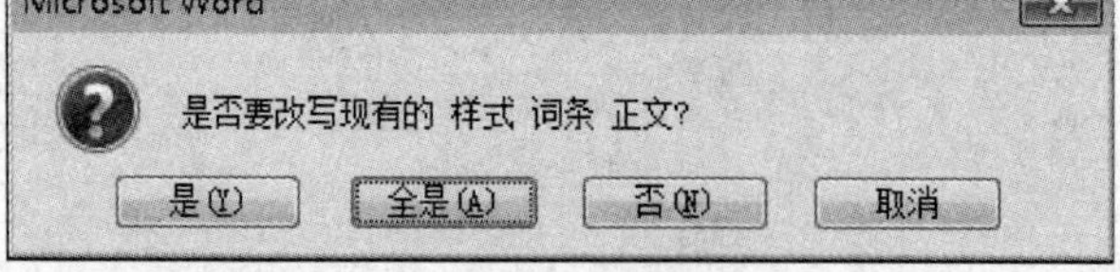

图 6.22 提示是否改写对话框

单击“全是”按钮，完成复制文档“书稿样式标准.docx”中的指定样式操作。

提示：完成上述样式复制操作后，可以看出，文档中的所有正文文本格式将自动应用新“正文”样式。

(2) 分别将鼠标定位至每处标记“(一级标题)”的地方，在“开始”选项卡的“样式”组中，单击“标题 1”样式按钮，即可将所有标记了“(一级标题)”的段落都设置为“标题 1”样式。

以同样的方法，将标记“（二级标题）”和“（三级标题）”的段落分别应用“标题 2”和“标题 3”样式。

提示：如果文档中所有具有相同标记的段落也具有相同的格式，则可以选择任一标记段落，在“开始”选项卡的“编辑”组中，单击“选择”→“选择格式相似的文本”，选中所有指定标记段落，统一设置样式。

（3）将光标定位在书稿正文的开始位置，在“开始”选项卡的“编辑”组中，单击“替换”命令，打开“查找和替换”对话框，在“替换”选项卡中的“查找内容”文本框中输入“（一级标题）”，“替换为”后的文本框不输入任何内容，保持为空状态，单击“全部替换”按钮，系统弹出对话框，提示完成相应的替换操作。单击“关闭”按钮返回。

以同样的方法，分别完成“（二级标题）”和“（三级标题）”文本的删除操作。

（4）分别将光标定位到文档所有图片下方说明文字左侧，在“引用”选项卡的“题注”组中，单击“插入题注”按钮，打开“题注”对话框，如图 6.23 所示。

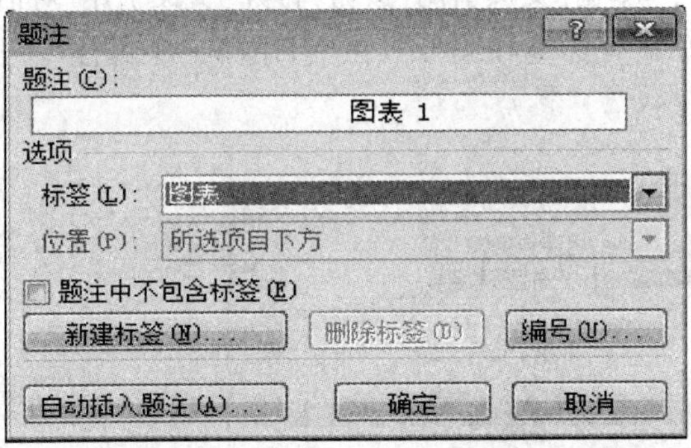

图 6.23　“题注”对话框

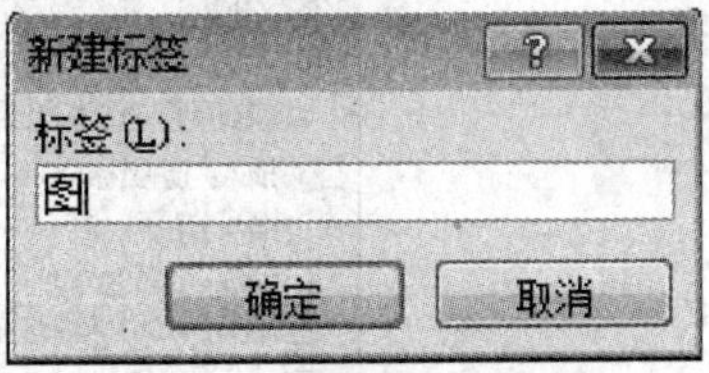

图 6.24　“新建标签”对话框

单击“新建标签”按钮，弹出“新建标签”对话框，在“标签”下的文本框中输入“图”，如图 6.24 所示。

单击“确定”按钮，返回“题注”对话框。

在“题注”对话框中单击“编号”按钮，打开“题注编号”对话框，选中“包含章节号”复选框，将“章节起始样式”设置为“标题 1”，“使用分隔符”设置为“—（连字符）”，如图 6.25 所示。

单击“确定”按钮，返回“题注”对话框，再次单击“确定”按钮。

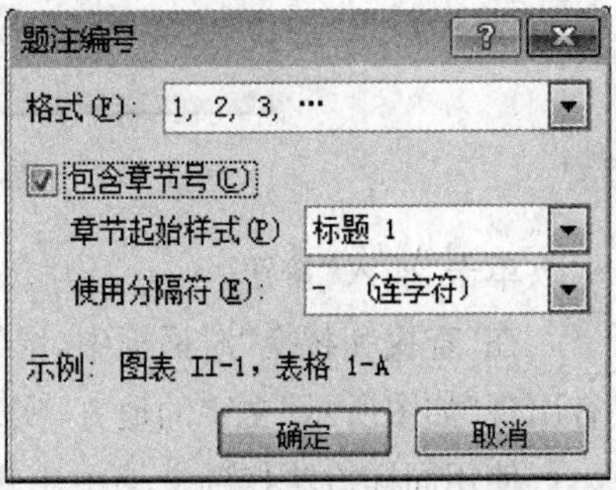

图 6.25　“题注编号”对话框

使用同样的方法，将光标定位在表格上方的说明文字左侧，在“题注”对话框中新建名为“表”的标签，设置编号格式，实现在表格上方的说明文字左侧插入题注。

按 Ctrl+A 组合键全选文档内容，在“开始”选项卡的“字体”组中，设置字体颜色为“黑色，文字 1”。

提示：题注是给文档中图片、表格、图表等项目添加的名称和编号，使用题注功能可以实现长文档中图片、表格等项目能够顺序地自动编号，如果插入或删除带题注的项目，Word 会自动更新其他题注的编号，且一旦某一项目带有题注，还可以在文档中对其进行交叉引用。

(5) 在“开始”选项卡的“样式”组中，展开样式库，找到“题注”样式，右键单击，在弹出的快捷菜单中选择“修改”命令，打开“修改样式”对话框，设置字体格式为“宋体，五号字，居中”，单击“确定”按钮返回。

(6) 将光标定位在书稿正文的开始位置，在“开始”选项卡的“编辑”组中，单击“查找”→“高级查找”，打开“查找和替换”对话框，在“查找内容”后的文本框中输入“如图所示”，单击“查找下一处”按钮，光标自动定位并选中第一个查找到的文字“如图所示”，选中文字“图”，在“引用”选项卡的“题注”组中，单击“交叉引用”按钮，打开“交叉引用”对话框。设置“引用类型”为“图”，“引用内容”为“只有标签和编号”，在“引用哪一个题注”下选择“图 1.1 线性链表”，如图 6.26 所示。

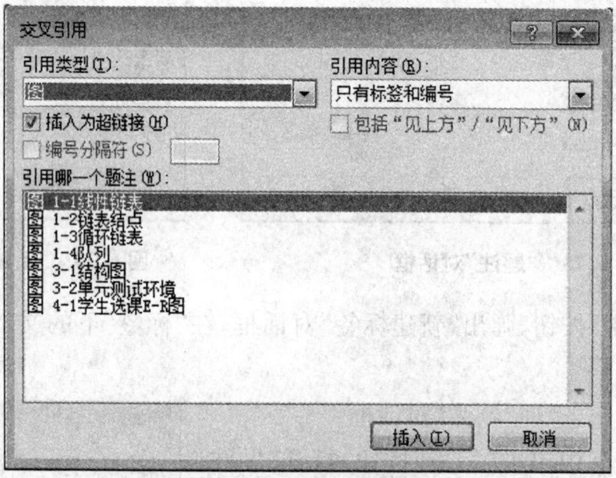

图 6.26 “交叉引用”对话框

单击“插入”按钮。

在“查找和替换”对话框中，继续单击“查找下一处”按钮，以同样的方法，将文档中所有出现“如图所示”文字的地方，实现自动引用其对应的题注号。

使用同样方法找到文档中出现“如表所示”的位置，选中文字“表”，利用交叉引用功能，实现表标签对应题注号的引用。

提示：交叉引用是对文档中其他位置内容的引用，可为标题、脚注、书签、题注、编号段落等创建交叉引用。创建交叉引用之后，即使引用的内容或编号发生变化，也可以方便地实现自动更新，不需用户手工逐一修改。

(7) 选中整个表格，在“开始”选项卡的“字体”组中，设置字号为小五号，在“段落”组中单击“居中”按钮。

将光标定位在表格上方的题注行，在“开始”选项卡的“段落”组中，单击右下角的启动对话框按钮，打开“段落”对话框。选择“换行和分页”选项卡，选中“与下段同页”复选框，如图 6.27 所示。

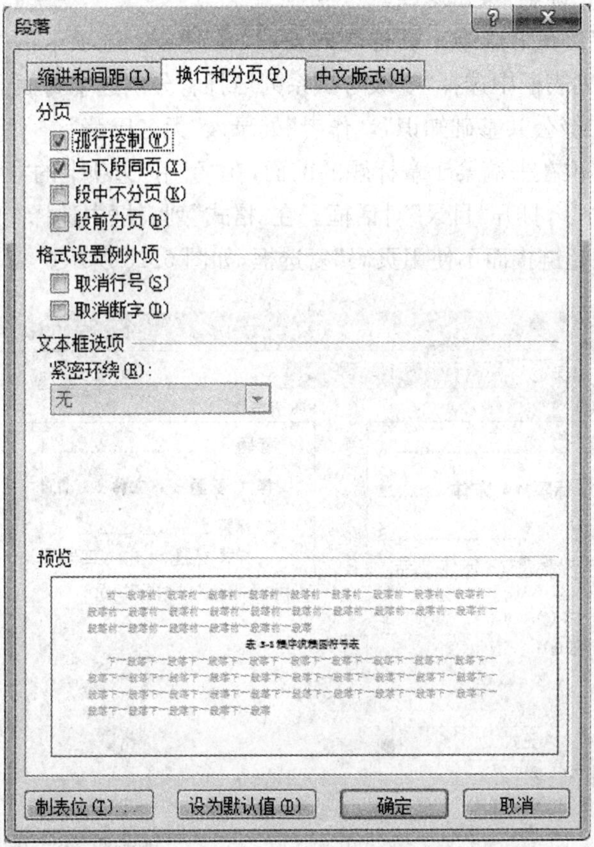

图 6.27　“换行和分页”段落设置

单击“确定”按钮。

(8) 将光标定位在第 3.1 节第一段末尾词语“软件危机”处，在“引用”选项卡的“脚注”组中，单击“插入脚注”按钮，此时光标自动定位在当前页下方，可以输入脚注内容。

脚注内容可以复制“软件危机脚注.docx”文档内容，操作不再赘述。

提示：脚注和尾注是对文本的补充说明。脚注一般位于页面的底部，可以作为文档某处内容的注释；尾注一般位于文档的末尾，列出引文的出处等。在“引用”选项卡的“脚注”组中，单击“插入尾注”按钮，即可在文档的末尾插入尾注。

(9) 在“页面布局”选项卡的“页面设置”组中，单击右下角的启动对话框按钮，打开“页面设置”对话框。在“页边距”选项卡中分别设置“多页”选项为“对称页边距”，上边距为 2.5 厘米，下边距 2 厘米，内侧边距 2.5 厘米，外侧边距 2 厘米，装订线 1 厘米；在“纸张”选项卡中选择“纸张大小”为“16 开(18.4×26 厘米)”；在“版式”选项卡中设置页脚距边界 1.0 厘米，单击“确定”按钮返回。

(10) 将光标定位在书稿第 1 章标题的前面，在“插入”选项卡的“页”组中，单击“封面”按钮，在弹出的列表框中选择“等级考试系列”封面，分别选中封面上原文本框的内容，在“书名”处录入“二级公共基础知识”，“作者”处录入“无名氏著”。

(11) 将光标定位在书稿第 1 章标题的前面，在“引用”选项卡的“目录”组中，单击“目录”→“插入目录”命令，打开“目录”对话框。在“格式”列表框中选择“正式”，设置“显示级别”为 2，取消“使用超链接而不使用页码”复选框，如图 6.28 所示。

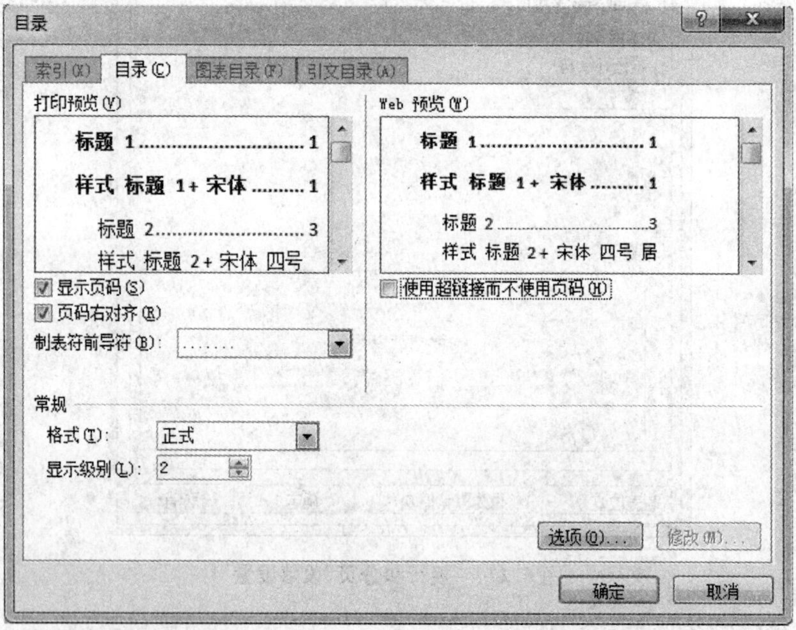

图 6.28 “目录”对话框

单击“确定”按钮。

(12) 将光标定位在目录的末尾,在"页面布局"选项卡的"页面设置"组中,单击"分隔符"→"分节符 下一页",在目录和正文之间插入下一页的分节符。

将光标定位在第 1 章内容的末尾,在"页面布局"选项卡的"页面设置"组中,单击"分隔符"→"分节符 奇数页",在第 1 章和第 2 章之间插入分节符,并设置第 2 章从下一个奇数页开始。

以同样的方法,分别在第 2 章、第 3 章的末尾插入奇数页的分节符。

(13) 将光标定位在目录页,在"插入"选项卡的"页眉和页脚"组中,单击"页眉"→"编辑页眉",即可进入页眉设置状态,此时菜单栏自动显示"页眉和页脚工具"选项卡。

将光标定位在目录的页眉部分,在页眉区输入"目录",选中页眉内容,在"开始"选项卡的"字体"组中,设置其字号为黑体四号,单击"段落"组的"居中"按钮,设置居中显示。

在"页眉和页脚工具"选项卡的"导航"组中,单击"下一节"按钮,光标定位在正文第 1 章的页眉区,单击"链接到前一条页眉"按钮,取消其选中状态,选中"首页不同"复选框和"奇偶页不同"复选框,此时光标在第 1 章首页,系统提示为"首页页眉",单击"下一节"按钮,进入到本章非首页的奇数页或偶数页页眉区,分别在奇数页和偶数页页眉区,单击"链接到前一条页眉"按钮,取消其选中状态,在"页眉和页脚工具"选项卡的"插入"组中,单击"文档部件"→"域",打开"域"对话框,在"类别"列表框中选择"链接和引用",在"域名"列表框中选择"StyleRef",在"样式名"列表框中选择"标题 1",如图 6.29 所示。

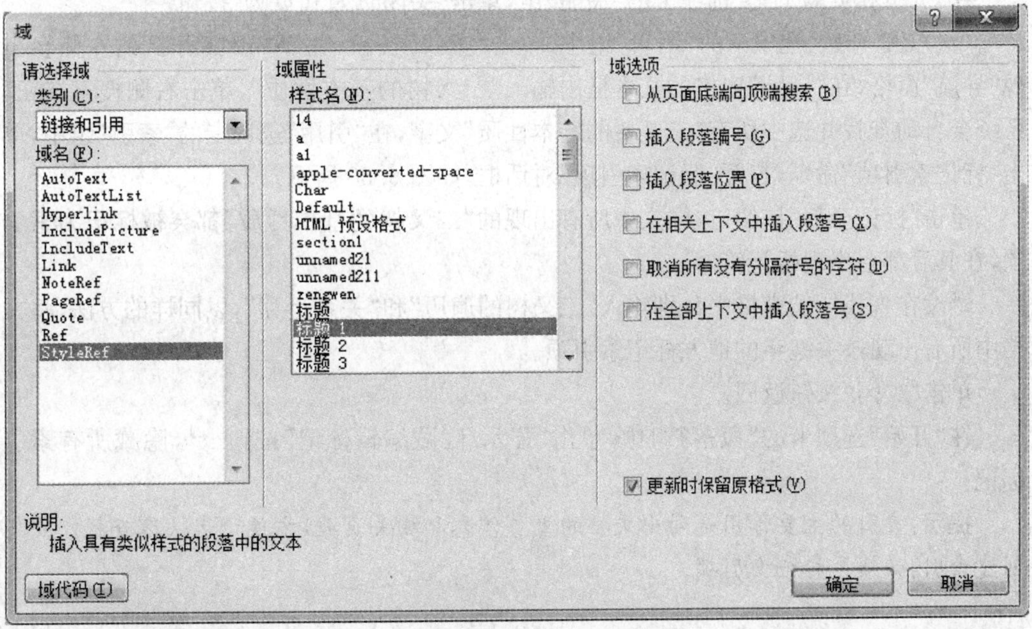

图 6.29 "域"对话框

单击“确定”按钮，则完成在书稿正文部分，每章除首页外，其余各页的页眉显示样式为“标题 1”的文字。

在“页眉和页脚工具”选项卡的“导航”组中，单击“转至页脚”按钮，将光标定位在第 1 章首页页脚，在“页眉页脚”组中，单击“页码”→“当前位置”→“普通数字”，则在光标位置插入当前页码数字，选中页码数字，单击“页码”→“设置页码格式”命令，打开“页码格式”对话框，设置“起始页码”从 1 开始。选中页码，在“开始”选项卡的“段落”组中，单击右对齐按钮，设置首页页码右对齐。

在“页眉和页脚工具”选项卡的“导航”组中，单击“下一节”按钮，进入到本章非首页的奇数页或偶数页页脚区，分别在奇数页和偶数页页脚区，单击“链接到前一条页眉”按钮，取消其选中状态，在“页眉页脚”组中，单击“页码”→“当前位置”→“普通数字”，则在光标位置插入当前页码数字。选中页码，在“开始”选项卡的“段落”组中，单击右对齐或左对齐按钮，分别设置奇数页的页码右对齐，偶数页的页码左对齐。

在“页眉和页脚工具”选项卡的“导航”组中，单击“下一节”按钮，进入第 2 章首页页脚区，单击“链接到前一条页眉”按钮，取消其选中状态，选中页码数字，单击“页码”→“设置页码格式”命令，打开“页码格式”对话框，设置页码编号为“续前节”，单击“确定”按钮。

单击“上一节”或“下一节”按钮，将光标定位在第 1 章首页的页眉处，在“开始”选项卡的“字体”组中，单击“清除格式”按钮，删除首页页眉处的下划线。

在“页眉和页脚工具”选项卡的“关闭”组，单击“关闭页眉和页脚”按钮。

(14) 在“开始”选项卡的“编辑”组中，单击“查找”按钮，在 Word 工作区的左侧会出现“导航”窗格，在“导航”窗格的文本框内输入“二叉树的基本性质”，单击右侧搜索按钮，系统会自动查找并选中所有“二叉树的基本性质”文字，在“引用”选项卡的“索引”组中，单击“标记索引项”命令，打开“标记索引项”对话框，如图 6.30 所示。

单击“标记全部”按钮，这样文中所有出现的“二叉树的基本性质”都会被标记为索引项，在其后都会出现标记符号。

继续在查找导航窗格中分别输入“二叉树的遍历”和“关系运算”，以同样的方法，将文档中所有出现该关键字的地方标记索引项。

单击“关闭”按钮返回。

在“开始”选项卡的“段落”组中，单击“显示/隐藏编辑标记”按钮 ↵，隐藏所有索引标记。

提示：索引的主要作用是列出文档的重要信息和相关页码，方便读者快速查找。要想创建索引，必须先标记索引项。

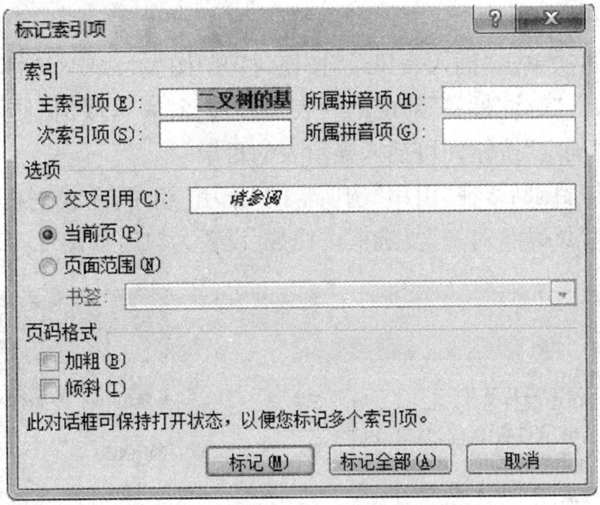

图 6.30　“标记索引项”对话框

(15) 将光标定位在书稿第 1 章标题的前面，单击回车键，插入一个空行，在“开始”选项卡的“样式”组中，单击“正文”按钮，设置该行文本为“正文”样式。

在“引用”选项卡的“题注”组中，单击“插入表目录”按钮，打开“图表目录”对话框，在“格式”对应的列表框中选择“正式”，“题注标签”对应的列表框中选择“图”，取消“使用超链接而不使用页码”复选框，如图 6.31 所示。

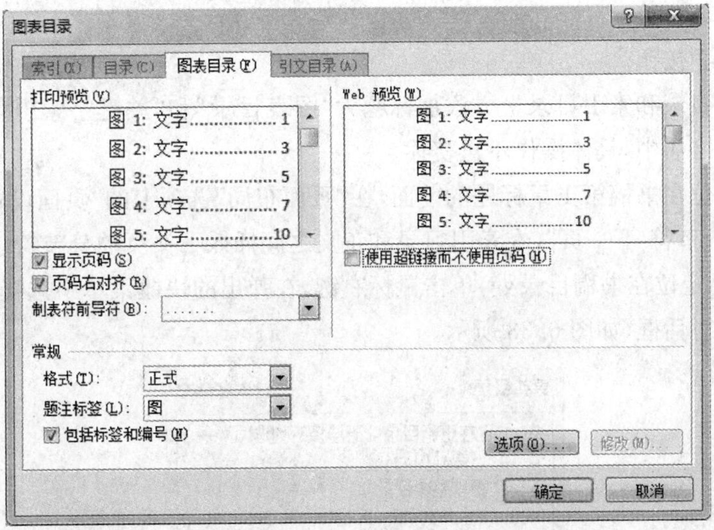

图 6.31　“图表目录”对话框

单击“确定”按钮。

以同样的方法再次单击“插入表目录”按钮，打开“图表目录”对话框，在“格式”对应的列表框中选择“正式”，“题注标签”对应的列表框中选择“表”，取消“使用超链接而不使用页码”复选框，单击“确定”按钮即可插入显示表的目录。

将光标定位在表目录后，在“引用”选项卡的“索引”组中，单击“插入索引”按钮，打开“索引”对话框，选中“页码右对齐”复选框，“栏数”设置为“1”，如图 6.32 所示。

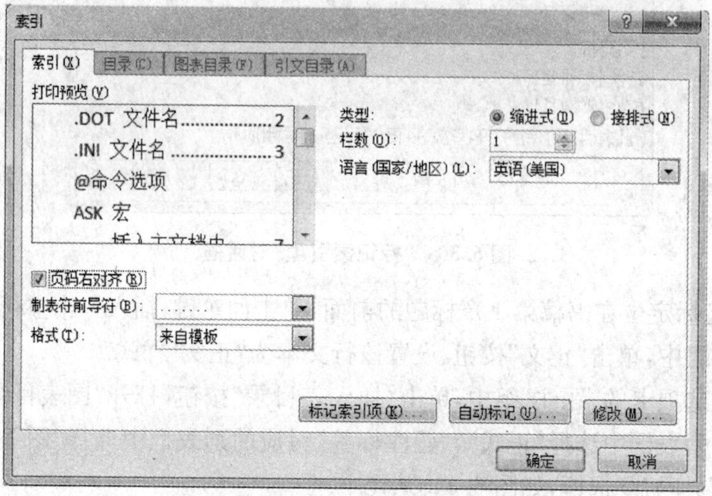

图 6.32 “索引”对话框

单击“确定”按钮。

分别在图目录和索引目录上方添加标题为“图表目录”和“关键字索引目录”，设置格式为黑体三号字居中，具体操作不再赘述。

将光标定位在书稿第 1 章标题的前面，在“页面布局”选项卡的“页面设置”组中，单击“分隔符”→“分节符 下一页”，在索引目录和正文之间插入下一页的分节符。

(16) 光标定位在书稿目录处，单击鼠标右键，在弹出的快捷菜单中选择“更新域”，弹出“更新目录”对话框，如图 6.33 所示。

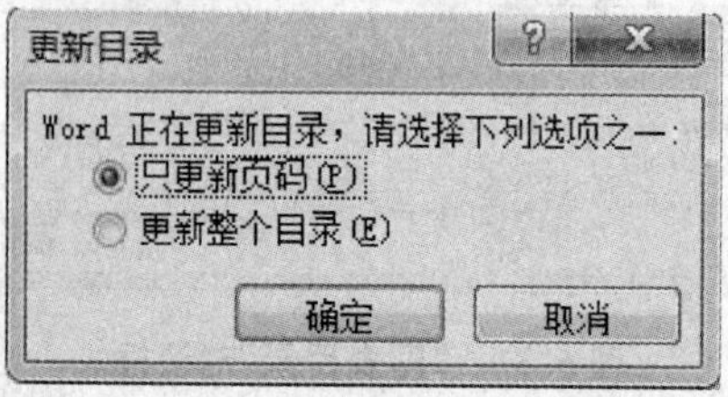

图 6.33 “更新目录”对话框

选中“只更新页码”，单击“确定”按钮。

提示：重新修改文章内容后，可能导致目录的页码与实际位置不符，此时需要及时更新目录。如果文章标题内容发生变化，还需要选择“更新整个目录”选项。

(17) 单击“文件”→“另存为”命令，在弹出的“另存为”对话框中选择保存位置，在“文件名”后的文本框中输入“二级公共基础知识”，单击“保存”按钮。

单元三　电子表格软件 Excel 2010

Excel 2010 是一款功能强大的电子表格应用软件，可以方便地进行表格的编辑以及数据管理和分析操作，应用非常广泛。

Excel 2010 中创建的文档称为工作簿，每个工作簿可包含多张工作表，默认是 3 张，最多可以包含 255 张。每张工作表由 1048576 行、16384 列组成，其中行号用数字 1、2、3 等标识，列标用字母 A、B、C 等标识。行列交叉处称为单元格，每个单元格按其所在的列标和行号命名，比如第 2 行第 4 列的单元格名称为 D2。工作簿文件默认扩展名为.xlsx。

Excel 2010 提供的主要功能：

(1) 数据输入和编辑

Excel 单元格中可以输入数值、日期、文本等各种类型数据。用户可以在当前单元格中直接录入，也可以在编辑栏进行较长数据和公式的输入修改，利用 Excel 的填充柄还可以实现系统预设序列和用户自定义序列的填充功能，提高数据的录入效率。

(2) 表格格式设置

Excel 提供了非常丰富的数据格式设置功能，包括各种类型数据的显示样式、字体、对齐方式、边框和底纹以及表格套用格式等的设置。

(3) 公式计算

Excel 2010 提供了几百个内部函数公式，可以实现强大的数据计算功能。用户可以在单元格或编辑栏中直接输入“=”，开始公式的输入，也可以选择“公式”选项卡中的“插入函数”，在“插入函数”对话框中完成公式的选择和插入操作。

(4) 数据管理和分析

利用 Excel 2010 提供的排序、筛选、分类汇总、数据透视表、图表等功能，可以方便地实现数据的管理统计和分析。

(5) 其他功能

Excel 2010 还提供其他丰富的功能，进一步提高了表格的数据展现和管理分析的能力。比如方便地嵌入其他类型的对象，通过宏编程实现数据的高级管理功能，使用单元格内嵌的迷你图显示一组数据的变化趋势，让用户获得更直观、快速的数据可视化显示等。

本单元从实际生活的案例出发，设计了 4 个实验项目，涵盖 Excel 中工作表的编辑和格式设置、公式计算、数据排序、筛选、分类汇总、数据透视表、合并计算等操作。通过本单元的学习，学生不仅可以掌握 Excel 常用的数值计算、数据管理和分析操作，还可以掌握 Excel 2010 的很多高级应用。

实验七　工作表的基本操作

【微信扫码】
看视频，学操作

一、实验要求

1. 掌握工作表的创建和编辑操作。

2. 掌握单元格格式的设置操作。

3. 掌握条件格式的设置操作。

4. 掌握工作表的重命名、复制、移动等操作。

5. 掌握简单公式的计算功能。

二、实验内容和步骤

【案例描述】

李明是市实验中学的一名教师，担任高三(1)班的班主任。期末考试结束后，他需要创建一张学生成绩表，用于保存全班所有同学各门课程的考试成绩信息。要求表格数据显示清晰、规范，样式美观，并能实现计算学生成绩的总分、平均分、班级最高分、最低分以及各门课的不及格率等操作。

李老师已经完成学生大部分数据的录入操作，请帮助他完成以下任务，实现成绩表的格式化和数据计算功能。

本次实验所需的所有素材放在 EX7 文件夹中。

任务 1　编辑学生成绩表

1. 任务要求

(1) 打开“成绩单.xlsx”工作簿文件，自动填充 Sheet1 表中“序号”列数据为 1 到 65。

(2) 在“学号”列中填充学生学号信息，数据从“0131001”到“0131065”，要求设置为文本数据。

(3) 在工作表最右侧依次插入“总分”和“平均分”。

(4) 在表格上方插入两个空行，在 A1 单元格输入标题“高三 1 班期末考试成绩表”，在 A2 单元格输入“制表人:李明”，G2 单元格输入日期“2016/3/20”。

(5) 将 Sheet1 表命名为“原始成绩单”。

2. 操作步骤

(1) 启动 Excel，打开“成绩单.xlsx”工作簿文件。在 A2 单元格输入“1”，A3 单元格输入“2”，选中 A2 和 A3 单元格，鼠标指向选中单元格区域右下角的黑色小方块(称为“填充柄”)，此时鼠标会变成黑色实心十字架形状。按住鼠标向下拖动到 A66 释放，序号列自动被 1 到 65 填充。

(2) 在 B2 中输入“'0131001”。选中 B2 单元格，双击右下角的填充柄，Excel 会自动填充该列剩下的单元格内容，从“0131001”到“0131065”。

提示：在数字 0131001 前需要先输入一个英文单引号“'”，将其指定为文本格式。Excel 中如果输入的是数字，默认是数值格式，前面的 0 将会被省略。在单元格数字前输入西文单引号，可将其格式设置为文本。

(3) 在单元格 I1 中输入“总分”，J1 中输入“平均分”。

(4) 鼠标单击行号“1”，选中第一行，在“开始”选项卡“单元格”组中，两次单击“插入”→“插入工作表行”，添加两个新的工作表行。单击 A1 单元格，输入“高三 1 班期末考试成绩表”，单击 A2 单元格，输入“制表人：李明”，单击 G2 单元格，输入“2016/3/20”。

(5) 右键单击 Sheet1 工作表标签，在弹出的快捷菜单中选择“重命名”，在工作表标签处输入“原始成绩单”。

任务 2　格式化学生成绩表

1. 任务要求

(1) 复制“原始成绩单”工作表，并重命名为“格式化成绩单”，工作表标签颜色设置为红色。

(2) 设置表格标题“高三 1 班期末考试成绩表”字体为黑体，28 号字，红色，加粗，行高 50，在表格上方合并居中显示。

(3) 合并 G2 到 J2 单元格，并设置日期格式为“2016 年 3 月 20 日”，11 号字，居右显示在表格上方。

(4) 设置表格第一行行高为 30，列宽为 8，其他行行高为 18，所有单元格对齐方式设置为水平垂直居中。

(5) 将表格的第一行和第一列设置图案颜色为“水绿色，强调文字颜色 5，淡色 60%”，图案样式为“25%灰色”，表格外框线为最粗黑色单线，内框线为最细黑色单线。

(6) 在 A70 单元格输入“成绩统计”，依次在 A71 到 A75 单元格输入“最高分”、“最低分”、“平均分”、“不及格人数”和“不及格率”。

(7) 设置“成绩统计”在 A70 到 J70 跨列居中，设置“最高分”、“最低分”、“平均分”、“不及格人数”和“不及格率”在指定行的 A 列到 C 列跨列居中，背景颜色为“橙色，强调文字颜色 6，淡色 80%”，设置 A70 单元格应用样式“40% 强调文字颜色 4”。

(8) 设置“成绩统计”区域第一行和最后一行的下框线为双线。

(9) 设置每门课程的前三名成绩用不同的填充色和字体颜色显示，不及格成绩红色加粗显示。

2. 操作步骤

(1) 右键单击“原始成绩单”标签，在弹出的快捷菜单中选择“移动或复制(M)”，打开“移动或复制工作表”对话框，如图 7.1 所示。

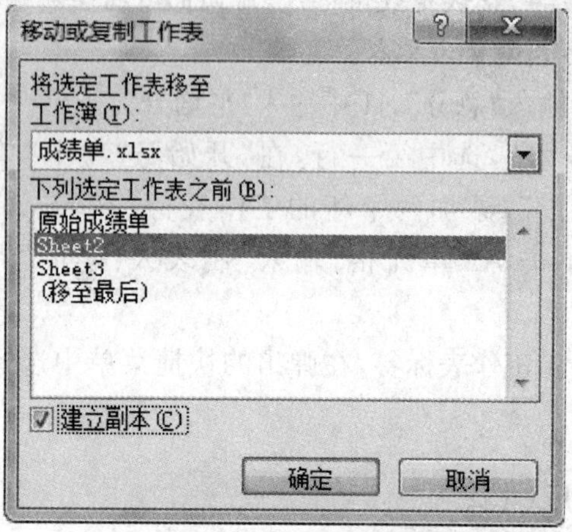

图 7.1 移动或复制工作表对话框

在“下列选定工作表之前”项中单击“Sheet2”，然后选中“建立副本”复选框，单击“确定”按钮，则在工作表 Sheet2 之前复制一张“原始成绩单”表，默认名称为“原始成绩单(2)”。右键单击“原始成绩单(2)”表，在弹出的快捷菜单中选择“重命名”，在工作表标签处输入“格式化成绩单”。

右键单击“格式化成绩单”，在弹出的快捷菜单中选择“工作表标签颜色”，设置标签颜色为红色。

(2) 选中 A1 到 J1 单元格，单击“开始”选项卡“对齐方式”组中的“合并后居中”按钮，设置标题在表格上方居中显示。在“字体”组中分别单击字体、字号、加粗、字体颜色按钮，设置标题字体为黑体，28 号字，红色，加粗。在“开始”选项卡“单元格”组中，单击“格式”→“行高”，在弹出的“行高”对话框中输入 50，单击“确定”按钮；

(3) 选中 G2 到 J2 单元格，在“开始”选项卡“单元格”组中，单击“格式”→“设置单元格格式”，打开“设置单元格格式”对话框。

单击“字体”选项卡，设置字号为 12；单击“对齐”选项卡，设置“水平对齐”方式为靠右，选中“合并单元格”复选框；单击“数字”选项卡，在“分类”中选择“日期”，在“类型(T)”中选择“2001 年 3 月 14 日”，如图 7.2 所示，单击“确定”按钮。

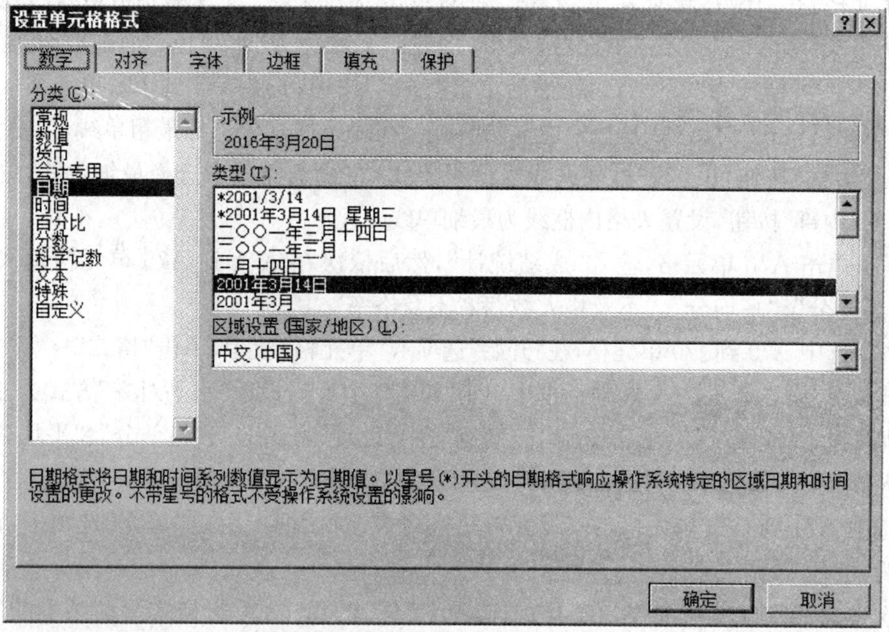

图 7.2 数字格式设置对话框

提示:Excel 单元格很多格式设置均可以在"设置单元格格式"对话框中完成,其中"数字"选项卡可以完成数值、文本、日期等数据的格式设置;"对齐"选项卡可以设置单元格的水平、垂直对齐方式以及文本控制选项;"字体"选项卡可以完成单元格字体格式设置;"边框"选项卡可以设置表格区域的边框线类型;"填充"选项卡可以设置单元格背景色和填充图案颜色;"保护"选项卡可以完成单元格锁定或公式隐藏等保护操作。除此方法以外,还可以选择"开始"选项卡下"字体"组、"对齐方式"组、"数字"组对应的工具栏按钮完成字体、对齐方式和数字格式设置。

(4) 选中 A3 到 J3 单元格,在"开始"选项卡"单元格"组中,单击"格式"→"行高",在弹出的"行高"对话框中输入 30,单击"确定"按钮;单击"格式"→"列宽",在弹出的"列宽"对话框中输入 8,单击"确定"按钮。

同样,选择表格除第一行以外的其他行,单击"格式"→"行高",在弹出的"行高"对话框中输入 18,单击"确定"按钮。

选中 A3 到 J75 单元格区域,在"开始"选项卡"单元格"组中,单击"格式"→"设置单元格格式",在"设置单元格格式"对话框中单击"对齐"选项卡,设置"水平对齐"为居中,"垂直对齐"为居中。

(5) 拖动鼠标选中 A3 到 J3 单元格,在按下 CTRL 键的同时,继续选中表格 A4 到

A68 单元格，在“开始”选项卡“单元格”组中，单击“格式”→“设置单元格格式”，在“设置单元格格式”对话框中单击“填充”选项卡，设置图案颜色为“水绿色，强调文字颜色 5，淡色 60%”，图案样式为“25%灰色”，然后单击“确定”按钮；选中 A3 到 J68 单元格区域，在“设置单元格格式”对话框中单击“边框”选项卡，在线条样式中选择最粗单线，单击“预置”中的“外边框”按钮，设置表格外框线为最粗单线，在线条样式中选择最细单线，单击“预置”中的“内部”按钮，设置表格内框线为最细单线。

(6) 单击 A70 单元格，输入“成绩统计”，然后依次在 A71 到 A75 单元格输入“最高分”、“最低分”、“平均分”、“不及格人数”和“不及格率”。

(7) 选中 A70 到 J70 单元格，在“开始”选项卡“单元格”组中，单击“格式”→“设置单元格格式”，在“设置单元格格式”对话框中单击“对齐”选项卡，设置“水平对齐”方式为“跨列居中”，即可设置“成绩统计”在 A70 到 J70 跨列居中；设置“最高分”、“最低分”、“平均分”、“不及格人数”和“不及格率”分别在 A 列到 C 列跨列居中的方法与此类似，不再赘述。

选中 A71 到 C75 单元格，在“设置单元格格式”对话框中单击“填充”选项卡，设置背景色为“橙色 强调文字颜色 6，淡色 80%”；

选中 A70 到 J70 单元格，在“开始”选项卡“样式”组中，单击样式滚动条上的“其他”按钮，在“主题单元格样式”中选择“40% 强调文字颜色 4”。

(8) 选中 A70 到 J70 单元格，按住 CTRL 键的同时，拖动鼠标选中 A75 到 J75 单元格区域，在“设置单元格格式”对话框中单击“边框”选项卡，在线条样式中选择双线，单击“边框”中的“下边框”按钮，单击“确定”按钮。

(9) 选中 D4 到 D68 单元格，在“开始”选项卡“样式”组中，单击“条件格式”→“项目选取规则”→“值最大的 10 项”，弹出“10 个最大的项”对话框，输入项目数为“3”，在右边列表框中选择“浅红填充色深红色文本”，如图 7.3 所示，可以设置语文前三名学生的成绩为浅红填充色深红色文本显示。

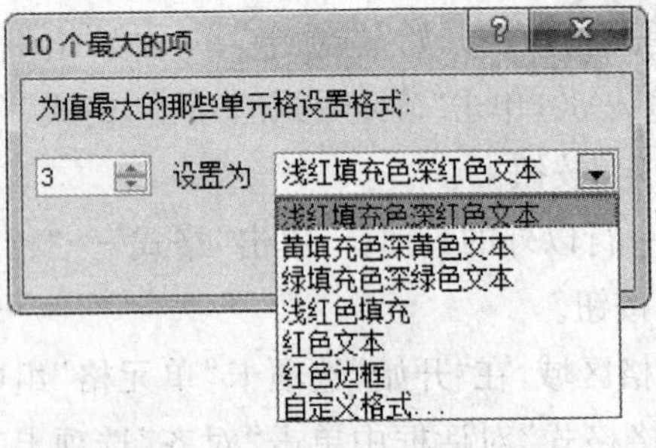

图 7.3 条件格式设置对话框

其他课程的前三名成绩显示样式设置与此类似。

如果右边列表中系统预设的填充色和文本颜色不符合要求，可以在列表框中选择“自定义格式”设置。以数学成绩前三名成绩设置为“水绿色填充红色文本”为例，在如图 7.3 所示的对话框中，选择“自定义格式”，打开“设置单元格格式”对话框，如图 7.4 所示。单击“填充”选项卡，选择背景色为“水绿色 强调文字颜色 5，淡色 60%”，单击“字体”选项卡，设置颜色为红色，单击“确定”按钮，可以完成自定义填充色和字体颜色设置。

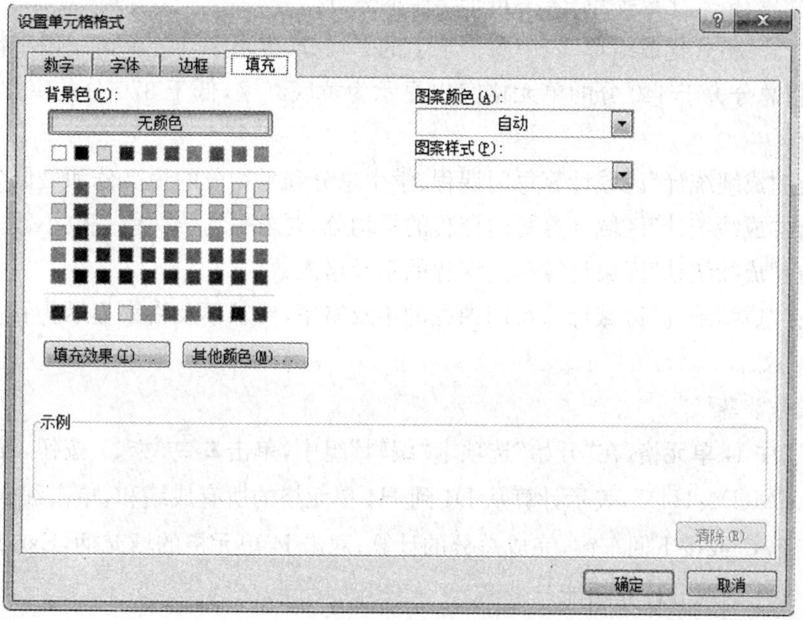

图 7.4　自定义条件格式对话框

选中 D4 到 H68 单元格区域，在“开始”选项卡“样式”组中，单击“条件格式”→“突出显示单元格规则”→“小于”，弹出“小于”对话框，如图 7.5 所示。

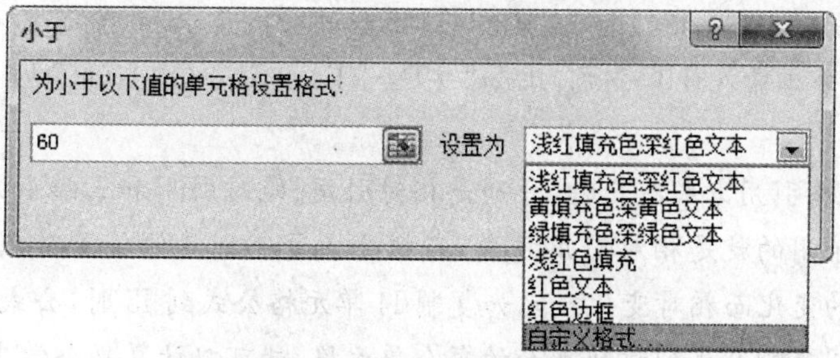

图 7.5　小于条件格式对话框

在左边文本框中输入 60，右边列表框中选择“自定义格式”，打开“设置单元格格式”

对话框，如图 7.4 所示。单击“字体”选项卡，设置颜色为红色，加粗显示，单击“确定”按钮，可以设置所有小于 60 分的成绩用红色加粗显示。

任务 3 计算学生成绩

1. 任务要求

(1) 计算“格式化成绩单”表中每个学生的总分。

(2) 计算“格式化成绩单”表中每个学生的平均分，要求平均分保留一位小数。

(3) 将总分大于 440 分的单元格突出显示为黄底红字，低于 370 分的突出显示为蓝底红字。

(4) 在“成绩统计”区域计算每门课程、学生总分和平均分的最高分和最低分。

(5) 在“成绩统计”区域计算每门课程的平均分，要求平均分保留一位小数。

(6) 在“成绩统计”区域计算每门课程的不及格人数。

(7) 在“成绩统计”区域计算每门课程的不及格率，要求不及格率显示为百分比格式，保留两位小数。

2. 操作步骤

(1) 选中 I4 单元格，在“开始”选项卡“编辑”组中，单击 Σ 自动求和 ▾ 按钮，编辑栏显示公式“=SUM(D4:H4)”，表示计算从 D4 到 H4 单元格的所有成绩和，单击编辑栏左边的“输入”按钮 ✓ 或按下回车键，完成总分的计算；双击 I4 单元格的填充柄，Excel 自动完成剩下所有学生的总分计算功能。

提示：在 Excel 单元格中输入公式可以完成计算功能，所有公式以“=”开头，通过单元格名称引用对应单元格数据参与运算。公式中引用单元格可以是范围，用“:”表示，比如上面“D4:H4”表示参与公式运算的单元格是 D4 到 H4 所有的单元格，还可以是多个单个单元格或单元格区域，每个之间用“,”分隔，比如公式“=SUM(D4:H4)”还可以写成“=SUM(D4,E4,F4,G4,H4)”。这里 SUM 函数的功能是求和，除了插入函数实现计算外，还可以自己手工输入计算公式，比如“=D4+E4+F4+G4+H4”也可以实现同样的计算总分操作。

Excel 单元格引用方式有三种，分别是相对引用、绝对引用和三维引用。这里单元格引用“D4:H4”采用的就是相对引用方式，当把公式复制到其他位置时，引用的单元格会因为目标位置的变化而相对变化。比如复制 I4 单元格公式到 I5 时，公式将变为“=SUM(D5:H5)”，所以复制公式到该列下面的每个单元格，就可以计算每个学生的总分。

Excel 提供了非常丰富的函数实现各种运算功能，常用函数的功能和用法请参见附录。

(2) 选中 J4 单元格，在“开始”选项卡“编辑”组中，单击 Σ 自动求和 ▾ 按钮的向下箭头，在弹出菜单中选择“平均值”，在编辑栏显示公式“＝AVERAGE(D4:I4)”，修改引用的单元格范围为“D4:H4”，单击“输入”按钮或按下回车键，完成平均分的计算；双击 J4 单元格的填充柄，Excel 自动完成剩下所有学生的平均分计算功能。

选中 J4 到 J68 单元格，在“开始”选项卡“单元格”组中，单击“格式”→“设置单元格格式”，在“设置单元格格式”对话框中单击“数字”选项卡，在左边分类中选择“数值”，设置小数位数为 1，单击“确定”按钮。

提示：这里 J4 单元格的公式还可以写成“＝I4/5”或者“＝(D4＋E4＋F4＋G4＋H4)/5”。

(3) 选中 I4 到 I68 单元格，在“开始”选项卡“样式”组中，单击“条件格式”→“管理规则”，弹出“条件格式规则管理器”对话框，单击“新建规则”按钮，弹出“新建格式规则”对话框，在“选择规则类型”中选择“只为包含以下内容的单元格设置格式”，在“编辑规则说明”区域选择条件是“大于”，在右边文本框中输入“440”，如图 7.6 所示。

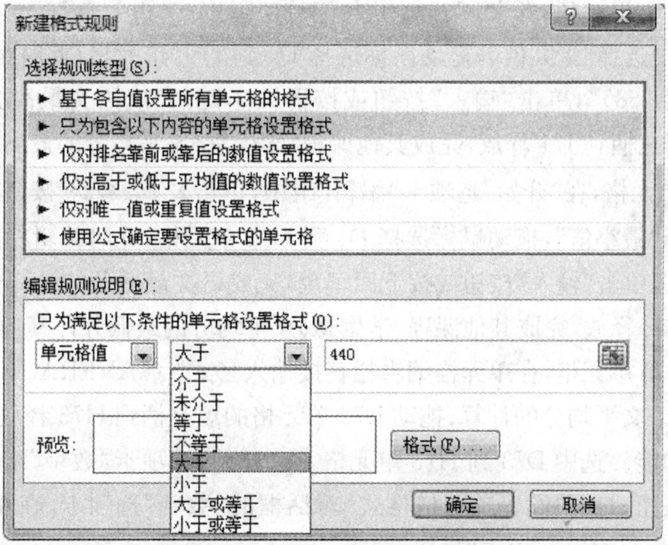

图 7.6　新建格式规则对话框

单击“格式”按钮，打开“设置单元格格式”对话框。单击“填充”选项卡，设置背景色为黄色，单击“字体”选项卡，设置颜色为红色，单击“确定”按钮，可以将总分大于 440 分的单元格设置为黄底红字显示。

单击“确定”按钮返回“条件格式规则管理器”对话框，再单击“新建规则”按钮，继续添加单元格值小于 370 的条件格式规则，最终条件格式设置如图 7.7 所示。

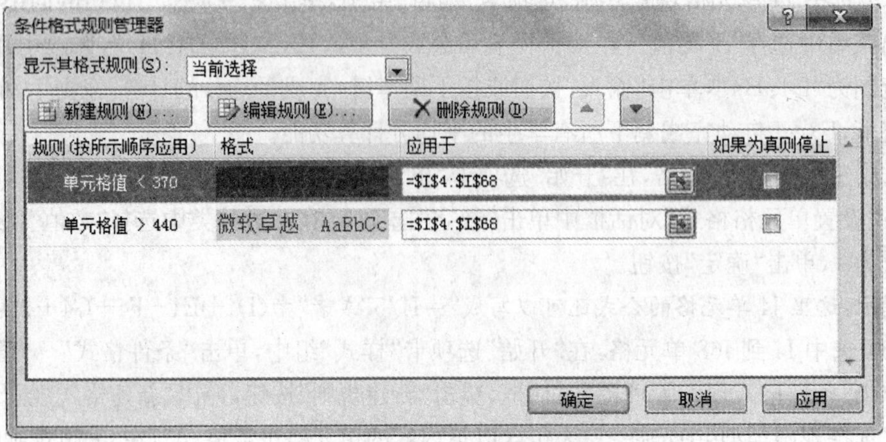

图 7.7 条件格式规则管理器对话框

(4) 选中 D71 单元格，在“开始”选项卡“编辑”组中，单击 **Σ 自动求和** 按钮的向下箭头，在弹出菜单中选择“最大值”，拖动鼠标选择 D4 到 D68 单元格，此时编辑栏显示公式为“＝MAX(D4:D68)”，单击“输入”按钮或按下回车键，完成语文最高分的计算；拖动 D71 单元格的填充柄到 J71 释放，完成其他课程、学生总分、平均分的最高分计算功能。

选中 D72 单元格，在“开始”选项卡“编辑”组中，单击 **Σ 自动求和** 按钮的向下箭头，在弹出菜单中选择“最小值”，拖动鼠标选择 D4 到 D68 单元格，此时编辑栏显示公式为“＝MIN(D4:D68)”，单击“输入”按钮或按下回车键，完成语文最低分的计算；拖动 D72 单元格的填充柄到 J72 释放，完成其他课程、学生总分、平均分的最低分计算功能。

(5) 选中 D73 单元格，在单元格编辑栏直接输入公式“＝AVERAGE(D4:D68)”，按下回车键，完成语文平均分的计算；拖动 D73 单元格的填充柄到 H73 释放，完成其他课程平均分的计算功能。选中 D73 到 H73 单元格，在“开始”选项卡“数字”组中，单击右下角的启动对话框按钮，打开“设置单元格格式”对话框的“数字”选项卡，在左边分类中选择“数值”，设置小数位数为 1，单击“确定”按钮。

(6) 选中 D74 单元格，在“公式”选项卡“函数库”组中，单击“其他函数”→“统计”→“COUNTIF”，弹出“函数参数”对话框，单击单元格范围参数 Range 后的收缩对话框按钮，拖动鼠标选中 D4 到 D68 单元格，再次单击收缩对话框按钮，回到“函数参数”对话框，在条件参数 Criteria 后的文本框中输入条件“＜60”，如图 7.8 所示。

单击“确定”按钮，完成语文成绩不及格人数的统计。拖动 D74 单元格填充柄到 H74 释放，完成其他课程成绩不及格人数的统计。

(7) 选中 D75 单元格，在编辑栏直接输入公式“＝D74/COUNT(D4:D68)”，按下回

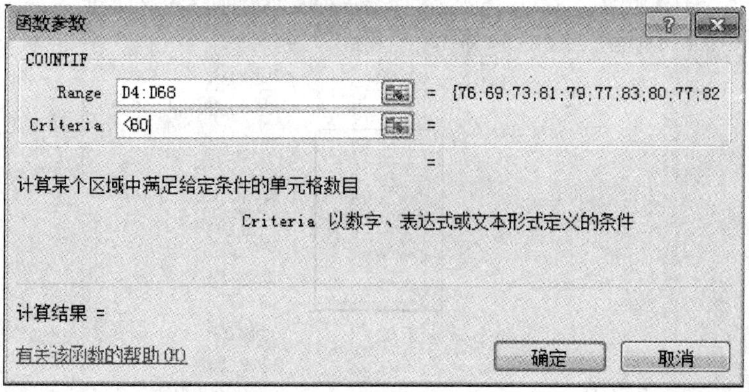

图 7.8　函数参数对话框

车键，完成语文不及格率的计算。拖动 D75 单元格填充柄到 H75 释放，完成其他课程成绩不及格率的计算操作。选中 D75 到 H75 单元格区域，在“开始”选项卡“数字”组中，单击右下角的启动对话框按钮，打开“设置单元格格式”对话框的“数字”选项卡，在左边分类中选择“百分比”，设置小数位数为 2，单击“确定”按钮。

提示：COUNT 函数用于统计单元格区域中包含数字的单元格个数，COUNTIF 函数用于统计单元格区域中满足条件的单元格个数。

任务 4　打印学生成绩表

1. 任务要求

(1) 设置页面上下边距为 2 厘米，左右边距为 1.5 厘米，表格水平居中打印。

(2) 设置页脚为“第 1 页，共? 页”。

(3) 设置表格标题行在每一页重复显示。

(4) 在打印预览中查看打印效果。

2. 操作步骤

(1) 在“页面布局”选项卡的“页面设置”组中，单击右下角的启动对话框按钮，打开“页面设置”对话框，单击“页边距”选项卡，设置页面上下边距为 2 厘米，左右边距为 1.5 厘米，选中“水平”复选框，如图 7.9 所示。

(2) 在“页面设置”对话框中，单击“页眉页脚”选项卡，在“页脚”对应的下拉列表框中选择“第 1 页，共　页”。

(3) 在“页面设置”对话框中，单击“工作表”选项卡，单击“顶端标题行”后的收缩对话框按钮，在工作表中用鼠标选中第 3 行，再次单击收缩对话框按钮回到“页面设置”对话框，如图 7.10 所示。最后单击“确定”按钮。

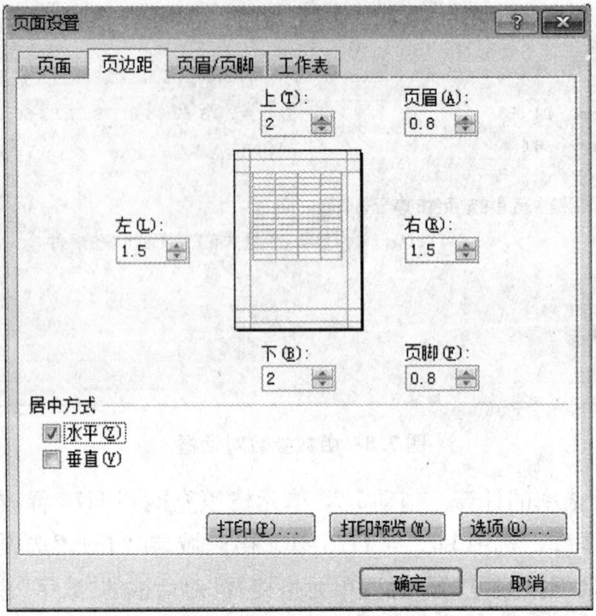

图 7.9 页边距设置对话框

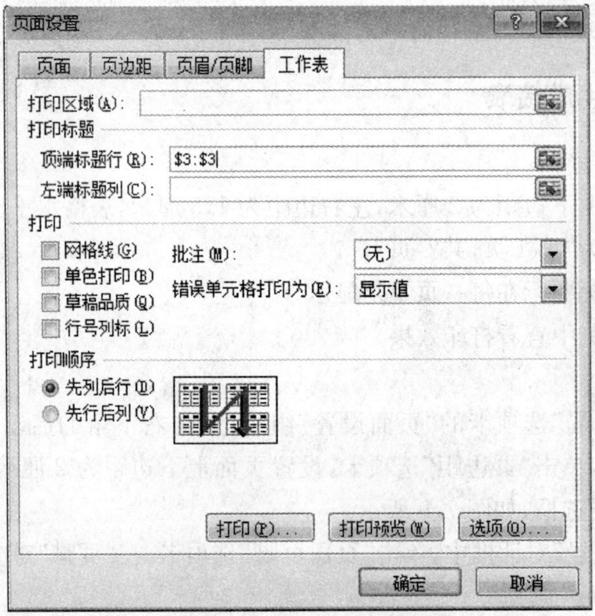

图 7.10 打印标题设置

(4) 在“页面设置”对话框中,单击“打印预览”按钮,查看工作表打印的效果。

实验八　公式计算

【微信扫码】
看视频，学操作

一、实验要求

1. 掌握单元格的相对引用、绝对引用和三维引用。

2. 掌握常用函数公式的功能和应用。

二、实验内容和步骤

【案例 1 描述】

黄兴是市实验中学高三年级组组长，期末考试结束后，他收到学生每门课的成绩表，各成绩表已按学号顺序记录所有学生对应科目的成绩。他已经创建“高三年级成绩单.xlsx”工作簿文件，包含一张“年级花名册”工作表和各科目成绩表。另有物理笔试成绩单保存在“物理.xlsx”工作簿中，物理实验成绩保存在“物理实验.txt”文件中。接下来他需要分别导入物理笔试和实验成绩表，统计单科成绩以及最终年级排名等信息。请帮助他完成以下任务。

没有特别说明，以下所有操作均在“高三年级成绩单.xlsx”工作簿中进行。

本次实验所需的所有素材放在 EX8\案例 1 文件夹中。

任务 1　导入学生成绩

1. 任务要求

(1) 复制“物理.xlsx”工作簿中“物理”工作表到“高三年级成绩单.xlsx”工作簿中。

(2) 导入“物理实验.txt”文件内容到“高三年级成绩单.xlsx”工作簿“物理实验”工作表中，同时删除外部连接。

(3) 在“物理”表中增加两列，分别是“实验成绩”和“总评成绩”，要求实验成绩列的内容引用“物理实验”表中对应列内容(此处假定所给素材中物理表和物理实验表的学生均按学号顺序排列且没有空缺)。

(4) 设置所有科目工作表标签颜色为蓝色，行高为 18。对“年级花名册”工作表自动套用格式“表样式中等深浅 2”，表包含标题。

2. 操作步骤

(1) 分别打开“高三年级成绩单.xlsx”和“物理.xlsx”工作簿文件，在“物理.xlsx”工作簿中，右键单击“物理”工作表标签，在弹出的快捷菜单中选择“移动或复制(M)”，打开“移动或复制工作表”对话框，在“将选定的工作表移至工作簿”下方选择“高三年级成绩单

.xlsx”，在“下列选定工作表之前”列表框中选择“移至最后”，选中“建立副本”复选框，如图8.1所示。

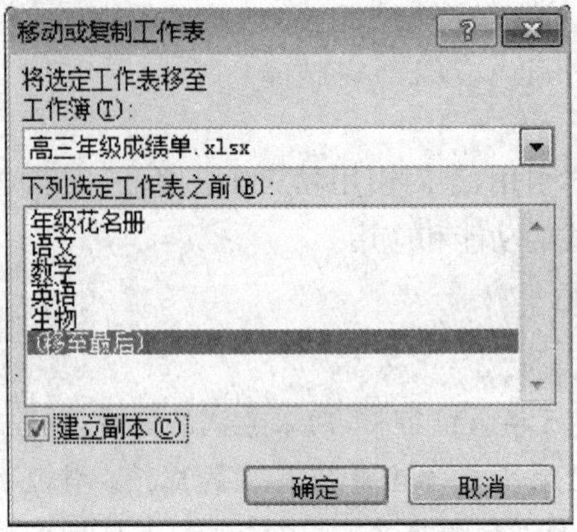

图 8.1　移动或复制工作表对话框

单击“确定”按钮，完成物理笔试成绩工作表的复制操作。

(2) 在“数据”选项卡的“获取外部数据”组中，单击“自文本”按钮，打开“导入文本文件”对话框，选择“物理实验.txt”文件，单击“导入”按钮，打开“文本导入向导”对话框，如图8.2所示。

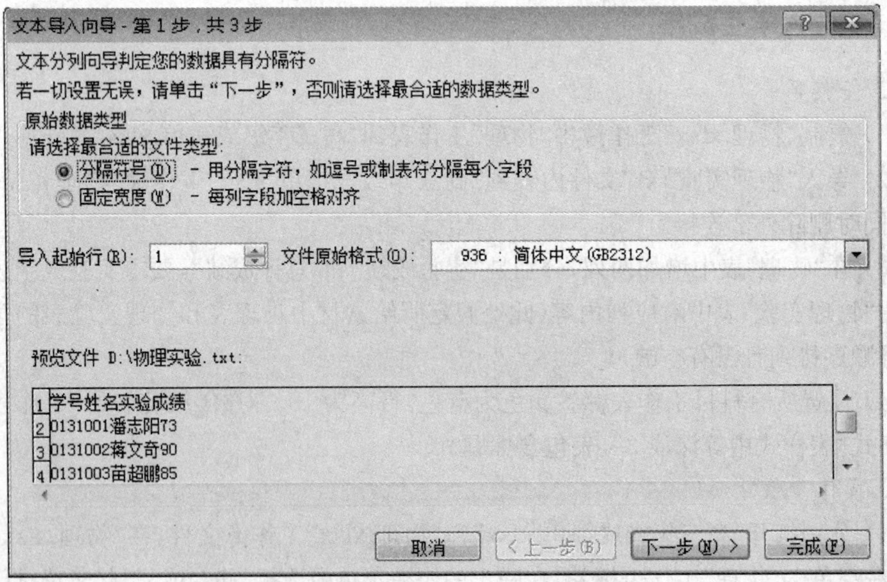

图 8.2　文本导入向导第 1 步对话框

设置“文件原始格式”为“简体中文(GB2312)”，单击“下一步”按钮，进入向导的第 2 步，设置数据的分隔符号，预览分列后的效果，如图 8.3 所示。

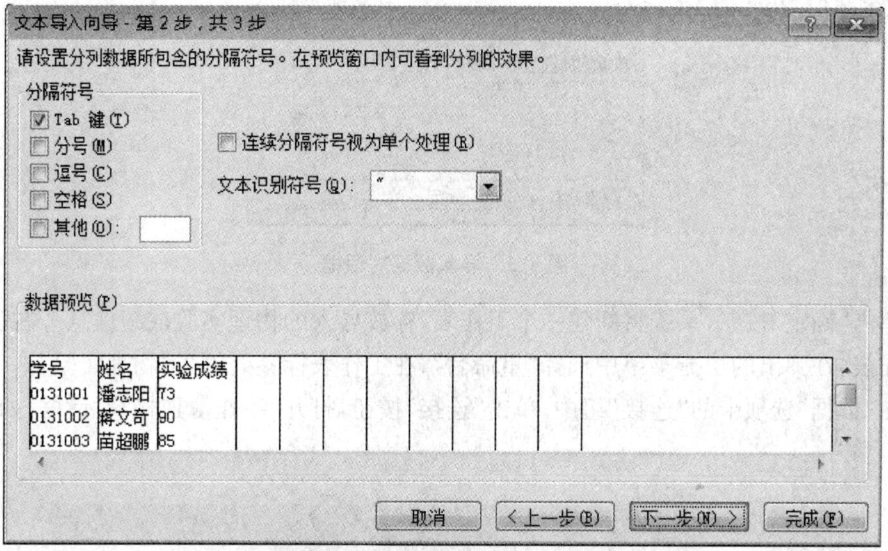

图 8.3　文本导入向导第 2 步对话框

单击“下一步”按钮，进入向导的第 3 步，为每列数据指定其数据格式，默认为“常规”，这里要单击“学号”列，设置其列数据格式为“文本”，否则将会以数字格式导入，如图 8.4 所示。

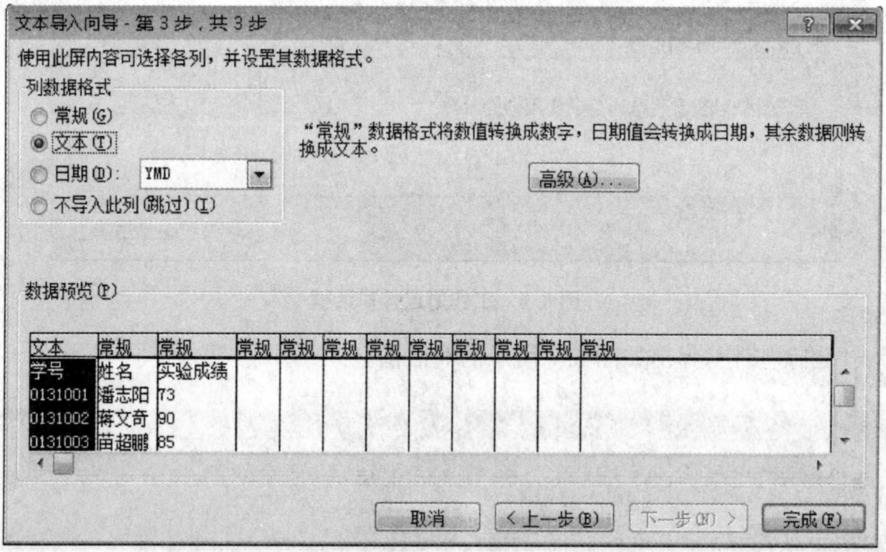

图 8.4　文本导入向导第 3 步对话框

单击“完成”按钮，弹出“导入数据”对话框，选择数据放置位置为“新工作表”，如图8.5所示。

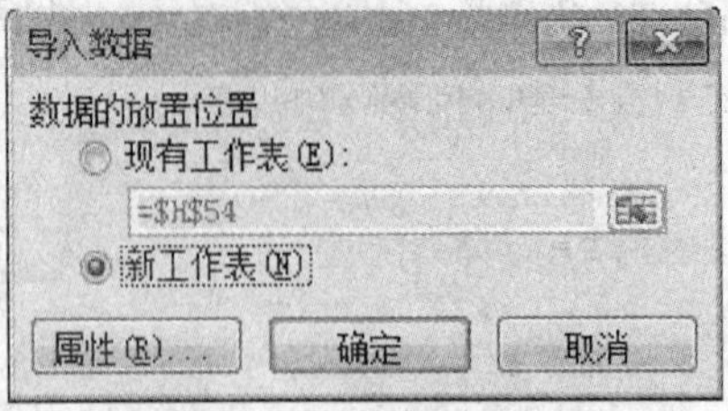

图 8.5　导入数据对话框

单击“确定”按钮，系统将新建一个工作表，存放导入的物理实验成绩信息。右键单击该工作表，在弹出的快捷菜单中选择“重命名”，在工作表标签处输入“物理实验”。

在“数据”选项卡的“连接”组中，单击“连接”按钮，打开“工作簿连接”对话框，如图8.6所示。

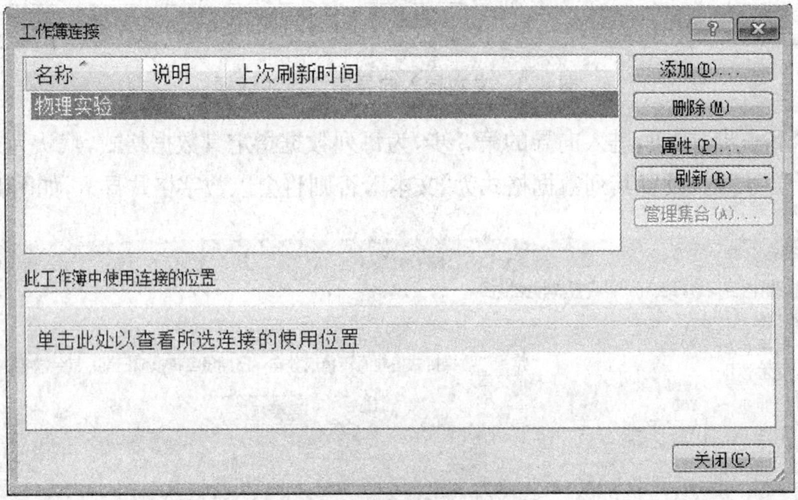

图 8.6　工作簿连接对话框

单击“删除”按钮，弹出如图 8.7 所示的对话框。

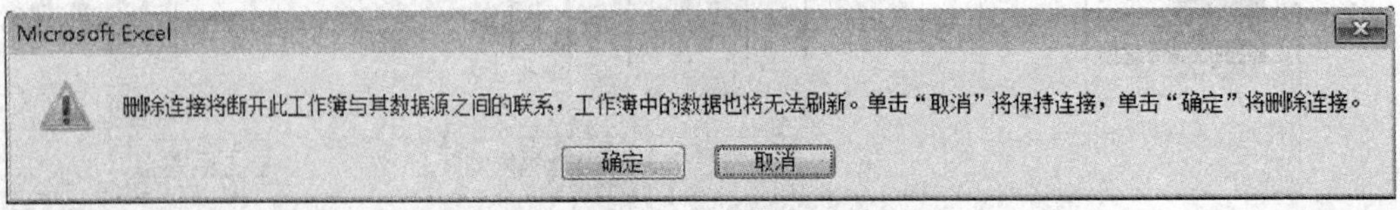

图 8.7　确认删除连接对话框

单击“确定”按钮，将删除“物理实验”表和外部文本文件“物理实验.txt”的连接关系。

提示：删除外部连接关系后，外部文件内容若发生变化，原来导入的工作表将不可以通过刷新获得修改后的数据。

(3) 在“物理”表中 D1 单元格中输入“实验成绩”，E1 单元格中输入“总评成绩”。选中 D2 单元格，输入“＝”，单击“物理实验”表，选中 C2 单元格，按下回车键，此时 D2 单元格编辑栏显示公式“＝物理实验！C2”，D2 单元格内容和“物理实验”表中 C2 单元格内容相同；双击 D2 单元格右下角的填充柄，Excel 复制公式完成剩下所有学生物理实验成绩的引用。

提示：公式中引用的单元格除了是当前工作表单元格外，还可以是其他工作表或工作簿中的单元格，这种单元格引用方式称为三维引用，格式是“[工作簿]工作表名！单元格”。

(4) 单击语文工作表标签，按住 Ctrl 键，分别单击每一张科目工作表标签，选中所有科目工作表，右键单击任一科目工作表标签，在弹出的快捷菜单中选择“工作表标签颜色”，设置标签颜色为蓝色；单击工作表工作区左上角的“全选”按钮，在“开始”选项卡“单元格”组中，单击“格式”→“行高”，在弹出的“行高”对话框中输入 18，设置所有选定工作表的行高为 18；单击“年级花名册”工作表标签，取消所有科目工作表的选中状态。

单击“年级花名册”工作表标签，选中工作表数据区域任一单元格，在“开始”选项卡“样式”组中，单击“套用表格格式”→“表样式中等深浅 2”，如图 8.8 所示，选中“表包含标题”，单击“确定”按钮。

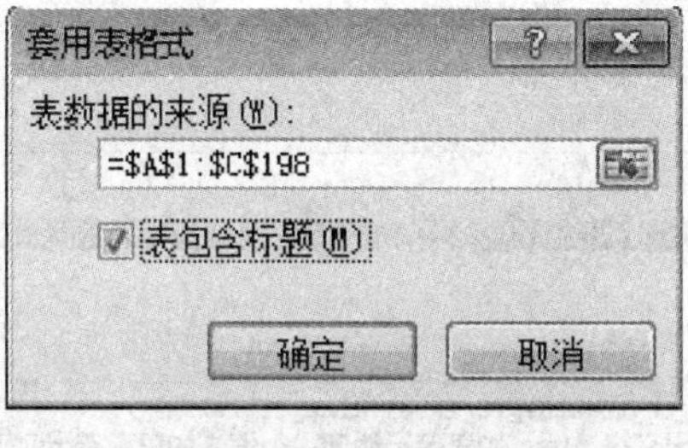

图 8.8　套用表格式对话框

任务 2　计算学生成绩等第

1. 任务要求

(1) 在“物理实验”表中，增加一列“总评”，计算成绩总评。总评计算规则是：成绩大于等于 60 是合格，小于 60 是不合格。

(2) 在“物理”表中，按实验成绩 30%，笔试成绩 70%，计算期末总评成绩，要求四舍五入取整。

(3) 新建一张工作表,命名为"年级成绩总表",按图 8.9 所示输入表头信息。

	A	B	C	D	E	F	G	H	I	J	K	L
1	班级	学号	姓名	语文	数学	英语	物理		生物		总分	名次
2							成绩	等第	成绩	等第		
3												
4												

图 8.9 "年级成绩总表"结构

(4) 从各成绩表中获取学生信息和各科目成绩数据,填充"年级成绩总表"对应列内容。

(5) 根据物理和生物成绩,计算对应的等第。等第计算的规则是:成绩大于等于 90 分为 A,小于 90 分大于等于 75 分为 B,小于 75 分大于等于 60 分为 C,小于 60 分为 D。

(6) 在"年级成绩总表"中计算每个学生的总分。

(7) 在"年级成绩总表"中按总分计算年级名次,要求名次显示为"第 XX 名"的样式。

2. 操作步骤

(1) 在"物理实验"表中,单击 D1 单元格,输入"总评";单击 D2 单元格,在"公式"选项卡"函数库"组中,单击"插入函数"按钮,弹出"插入函数"对话框,在"选择类别"对应的下拉列表框中选择"逻辑",在"选择函数"对应的列表框中选择"IF",如图 8.10 所示。

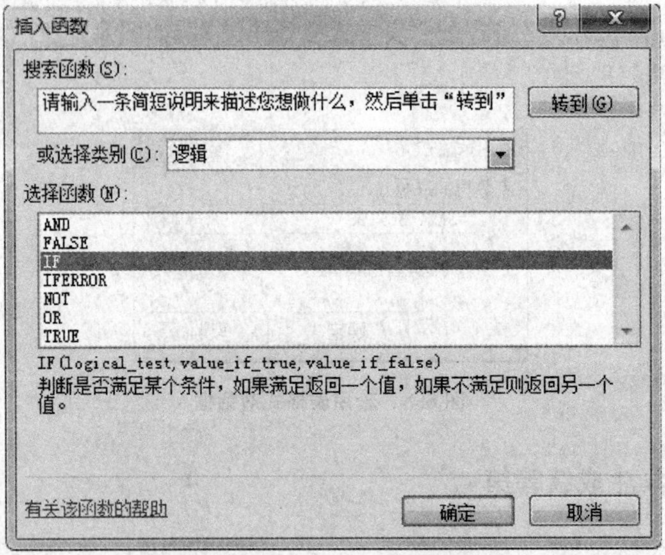

图 8.10 插入函数对话框

单击"确定"按钮,打开 IF 函数参数对话框。在 Logical_test 参数处输入条件"C2>=60",在 Value_if_true 参数处输入"合格",在 Value_if_false 参数处输入"不合格",如图 8.11 所示。

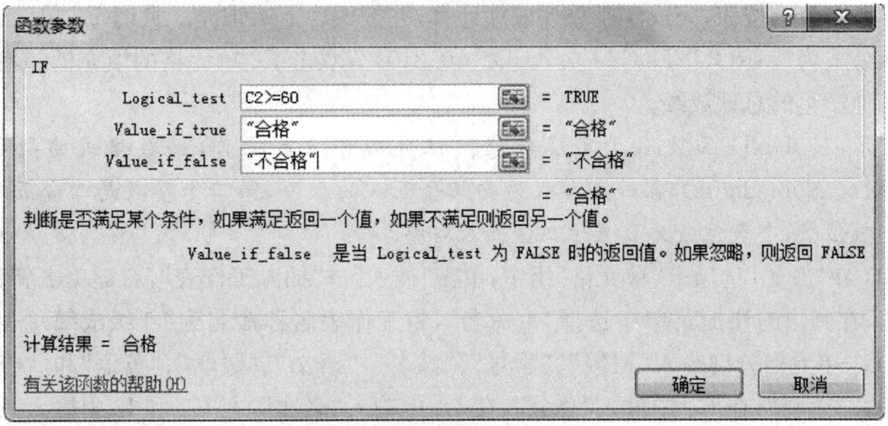

图 8.11　IF 函数参数对话框

单击"确定"按钮。双击 D2 单元格的填充柄，复制公式计算其他学生的总评。

提示：IF 函数用于逻辑判断，函数带 3 个参数，第一个参数 Logical_test 是判断条件，第二个参数是条件成立时函数的返回值，第三个参数是条件不成立时函数的返回值。这里单元格 D2 编辑栏显示公式为"＝IF(C2＞＝60,"合格","不合格")"。

对一些复杂条件的判断，可通过 IF 函数的嵌套完成。在 Excel 2010 中，最多可以使用 64 个 IF 函数嵌套。

(2) 在"物理"工作表中，单击 E2 单元格，在"公式"选项卡"函数库"组中，单击"插入函数"按钮，弹出"插入函数"对话框，在"选择类别"对应的下拉列表框中选择"数学与三角函数"，在"选择函数"对应的列表框中选择"ROUND"，弹出 ROUND 函数参数对话框，在 Number 参数处输入"C2＊0.7＋D2＊0.3"，在 Num_digits 参数处输入"0"，如图 8.12 所示。

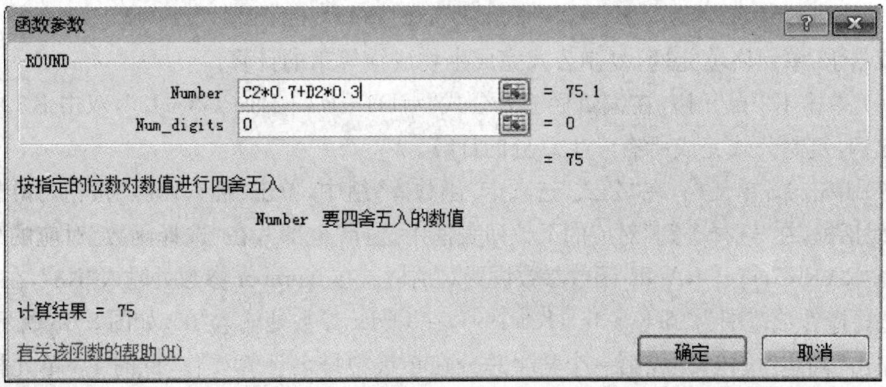

图 8.12　ROUND 函数参数对话框

单击“确定”按钮，完成学生总评成绩计算，并按四舍五入取整。此时 E2 单元格编辑栏显示公式为“=ROUND(C2 * 0.7+D2 * 0.3,0)”，双击 E2 单元格的填充柄，复制公式计算其他学生的总评成绩。

提示：ROUND 函数用于实现数值按位数四舍五入操作，函数格式为：ROUND (Number, Num_digits)，第一个参数为要四舍五入的数字，第二个参数是四舍五入后保留的小数位数，小数位数为 0 表示四舍五入取整。

(3) 在“开始”选项卡“单元格”组中，单击“插入”→“插入工作表”，右键单击新建工作表标签，在弹出的快捷菜单中选择“重命名”，将工作表名称命名为“年级成绩总表”。在 A1 到 G1 单元格分别输入“班级”、“学号”、“姓名”、“语文”、“数学”、“英语”和“物理”，在 I1 中输入“生物”，在 K1 中输入“总分”，在 L1 中输入“名次”，在 G2 和 I2 中输入“成绩”，在 H2 和 J2 中输入“等第”，并按图 8.9 所示要求，完成各个单元格合并操作。

(4) 在“年级花名册”工作表中，单击 A2 单元格，按住 Shift 键，再单击 C198 单元格，选中 A2 到 C198 单元格，在“开始”选项卡“剪贴板”组中，单击“复制”按钮；在“年级成绩总表”中，单击 A3 单元格，在“开始”选项卡“剪贴板”组中，单击“粘贴”→“粘贴链接”，实现从年级花名册表中引用学生信息的操作。

在“年级成绩总表”中，单击 D3 单元格，输入“=”，单击“语文”表，选中 C2 单元格，按下回车键，此时 D3 单元格编辑栏显示公式“=语文！C2”，双击 D3 单元格填充柄，复制公式完成其他学生语文成绩的引用。同样，完成数学、英语、物理和生物成绩的引用操作。

(5) 单击 H3 单元格，在编辑栏输入公式：

“=IF(G3>=90,"A",IF(G3>=75,"B",IF(G3>=60,"C","D")))”

双击 H3 单元格填充柄，复制公式完成所有学生物理成绩等第的计算。

单击 J3 单元格，在编辑栏输入公式：

“=IF(I3>=90,"A",IF(I3>=75,"B",IF(I3>=60,"C","D")))”

双击 J3 单元格填充柄，复制公式完成生物成绩等第的计算。

(6) 单击 K3 单元格，在编辑栏输入公式“=D3+E3+F3+G3+I3”，双击 K3 单元格的填充柄，复制公式完成所有学生总分的计算。

(7) 单击 L3 单元格，在“公式”选项卡“函数库”组中，单击“插入函数”按钮，弹出“插入函数”对话框，在“选择类别”对应的下拉列表框中选择“全部”，在“选择函数”对应的列表框中选择“RANK”，打开 RANK 函数参数设置对话框。在 Number 参数处输入“K3”，在 Ref 参数处选择操作数范围为“$K$3：$K$199”，在 Order 参数处输入“0”，如图 8.13 所示。

单击“确定”按钮，完成第一个学生总分在年级中排名计算操作，此时 L3 单元格编辑栏显示公式为“=RANK(K3，$K$3：$K$199,0)”，单击 L3 单元格编辑栏，修改公式为：

“="第" & RANK(K3，$K$3：$K$199,0) & "名"”

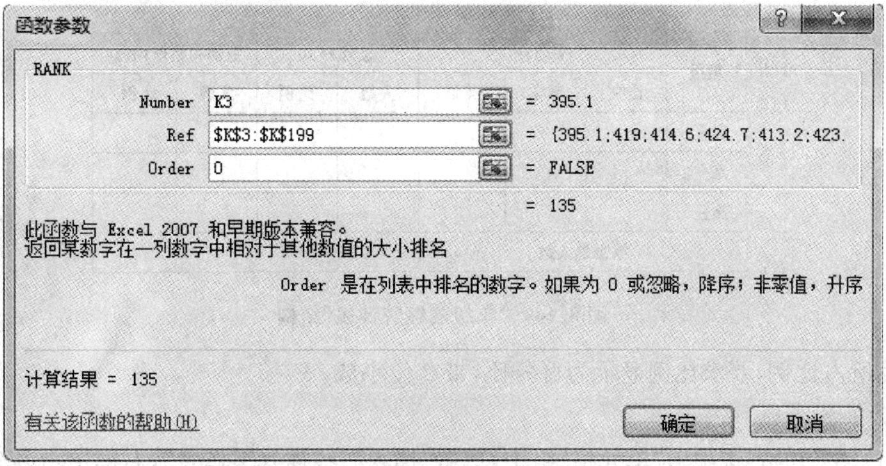

图 8.13　RANK 函数参数对话框

双击 L3 单元格填充柄，复制公式完成所有学生排名的计算，并按“第 XX 名”样式显示结果。

提示：RANK 函数功能是返回一个数值在指定数值列表中的排名。第 1 个参数 Number 是参与排名的数值，比如学生的成绩总分，第 2 个参数是用于排名的数值范围，比如所有学生的总分数据，第 3 个参数 Order 决定排名按降序还是升序，默认为 0，表示是降序名次。

这里所有学生的总分数值范围是 K3 到 K199 的单元格区域，但不能写成 K3:K199，这种引用方式是相对引用，复制公式到其他位置时，引用范围会相对变化。计算成绩排名时，用于排名计算的数值范围应该是固定的，必须采用单元格的绝对引用方式。绝对引用是在引用的地址前插入符号“$”，表示为“$列标$行号”。这里的总分数值范围就是 $K$3:$K$199。

“&”是文本连接运算符，可以将多个内容连接在一起，构成新的文本串。

任务 3　学生成绩统计

1. 任务要求

创建一张工作表，命名为“年级成绩统计表”，表结构如图 8.14 所示。

以下几个操作均在“年级成绩统计表”中进行。

(1) 按要求分别计算每个班级各门科目的平均分，并保留一位小数。

(2) 统计每个班级总分≥430 分的学生人数。

(3) 统计每个班级生物和物理等成绩均为 A 的学生人数。

(4) 统计年级总人数，并分别计算每班总分大于 430 分以及生物和物理成绩均为 A

	A	B	C	D	E	F	G	H
1	班级	平均分			总分>430		生物和物理均为A	
2		语文	数学	英语	人数	比例	人数	比例
3	高三1							
4	高三2							
5	高三3							
6	年级总人数							

图 8.14 “年级成绩统计表”结构

的学生所占比例,要求比例显示为百分比,带 2 位小数。

2. 操作步骤

(1) 在“开始”选项卡“单元格”组中,单击“插入”→“插入工作表”,右键单击新建工作表标签,在弹出的快捷菜单中选择“重命名”,将工作表名称命名为“年级成绩统计表”,按图 8.14 所示,输入表内容,并按要求合并相应单元格,设置表格框线。

(2) 在“年级成绩统计表”中单击 B3 单元格,在“公式”选项卡“函数库”组中,单击“插入函数”按钮,弹出“插入函数”对话框,在“选择类别”对应的下拉列表框中选择“全部”,在“选择函数”对应的列表框中选择“AVERAGEIF”,打开 AVERAGEIF 函数参数设置对话框,在 Range 参数处输入“年级成绩总表!$A$3:$A$199”,在 Criteria 参数处输入“$A$3”,在 Average_range 参数处输入“年级成绩总表!D3:D199”,如图 8.15 所示。

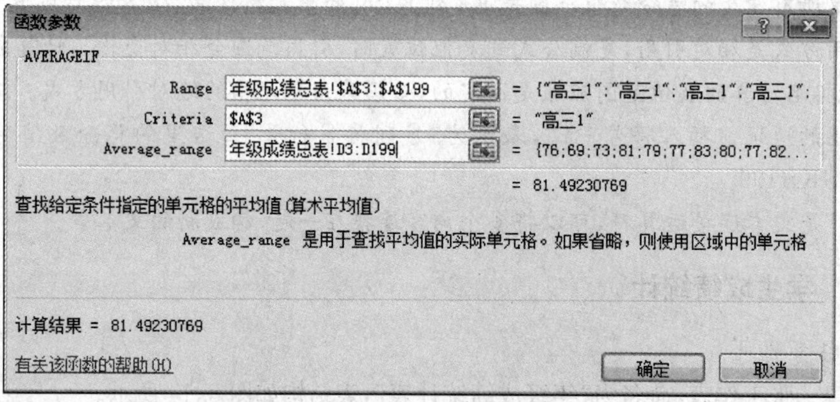

图 8.15 AVERAGEIF 函数参数对话框

单击“确定”按钮,此时 B3 单元格编辑栏显示公式为“=AVERAGEIF(年级成绩总表!$A$3:$A$199,$A$3,年级成绩总表! D3:D199)”。拖动 B3 单元格的填充柄到 D3 释放,完成高三(1)班语文、数学、英语成绩平均值的计算操作。

单击 B4 单元格,在编辑栏输入公式“=AVERAGEIF(年级成绩总表!$A$3:$A

$199,$A$4,年级成绩总表! D3:D199)”。拖动 B4 单元格的填充柄到 D4 释放,完成高三(2)班语文、数学、英语成绩平均值的计算操作。

单击 B5 单元格,在编辑栏输入公式“=AVERAGEIF(年级成绩总表! $A$3:$A$199,$A$5,年级成绩总表! D3:D199)”。拖动 B5 单元格的填充柄到 D5 释放,完成高三(3)班语文、数学、英语成绩平均值的计算操作。

选中 B3 到 D5 单元格,在“开始”选项卡“数字”组中,单击右下角的启动对话框按钮,打开“设置单元格格式”对话框的“数字”选项卡,在左边分类中选择“数值”,设置小数位数为 1,单击“确定”按钮。

提示:AVERAGEIF 函数功能是求指定区域中满足给定条件的所有单元格数值的平均值,函数格式为 AVERAGEIF(Range,Criteria,[Average_range]),其中 Range 参数用于指定条件判断的单元格区域,Criteria 参数设置求平均值的条件,Average_range 参数为可选参数,用于设置参与求平均值的单元格区域,如果省略,Excel 对 Range 参数中指定的单元格区域求平均。

(3) 单击 E3 单元格,在“公式”选项卡“函数库”组中,单击“插入函数”按钮,弹出“插入函数”对话框,在“选择类别”对应的下拉列表框中选择“全部”,在“选择函数”对应的列表框中选择“COUNTIFS”,打开 COUNTIFS 函数参数设置对话框,在 Criteria_range1 参数处输入“年级成绩总表! $A$3:$A$199”,在 Criteria1 参数处输入“A3”,在 Criteria_range2 参数处输入“年级成绩总表! $K$3:$K$199”,在 Criteria2 参数处输入“>430”,如图 8.16 所示。

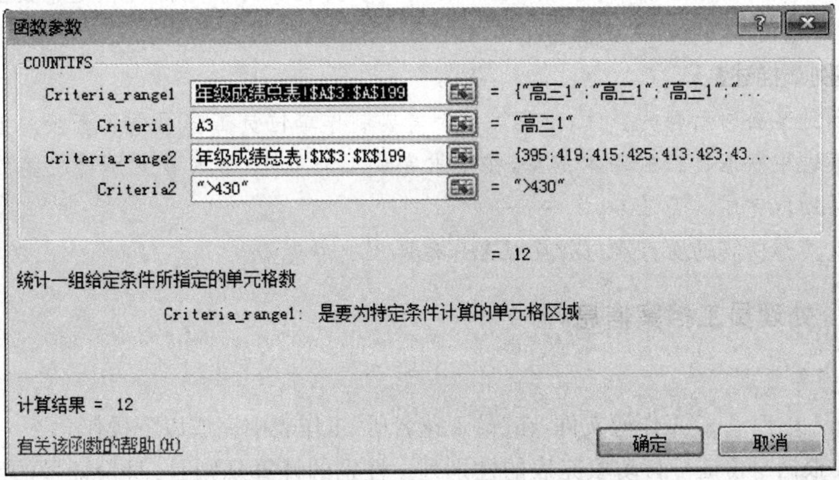

图 8.16 COUNTIFS 函数参数对话框

单击“确定”按钮，此时 E3 单元格编辑栏显示公式为“=COUNTIFS(年级成绩总表! $A$3:$A$199,A3,年级成绩总表!$K$3:$K$199,">430")”。拖动 E3 单元格的填充柄到 E5 释放，完成每班总分大于 430 分的人数统计操作。

提示：和 COUNTIF 函数相比，COUNTIFS 函数用于统计多个区域中满足条件单元格的个数，可以带多个条件范围和对应的条件参数。

(4) 单击 G3 单元格，在编辑栏输入公式“=COUNTIFS(年级成绩总表!$A$3:$A$199,A3,年级成绩总表!$H$3:$H$199,"A",年级成绩总表!$J$3:$J$199,"A")”，按下回车键，拖动 G3 单元格填充柄到 G5 释放，完成每班生物和物理均为 A 的人数统计操作。

(5) 单击 E6 单元格，在编辑栏输入公式“=COUNTA(年级成绩总表! C3:C199)”，按下回车键，完成年级总人数的统计。

单击 F3 单元格，在编辑栏输入公式“=E3/$E$6”，按下回车键，拖动 F3 单元格填充柄到 F5 释放。

单击 H3 单元格，在编辑栏输入公式“=G3/$E$6”，按下回车键，拖动 H3 单元格填充柄到 H5 释放。

分别选中 F3 到 F5 以及 H3 到 H5 单元格区域，在“开始”选项卡“数字”组中，单击右下角的启动对话框按钮，打开“设置单元格格式”对话框的“数字”选项卡，在左边分类中选择“百分比”，设置小数位数为 2，单击“确定”按钮。

提示：COUNTA 函数可以计算单元格区域中非空单元格的个数。一般用 COUNT 函数统计指定区域中包含数值的单元格个数，如果要统计的单元格内容是非数值的文本数据，则必须用 COUNTA 函数。

【案例 2 描述】

张明是某公司新聘的会计，上班第一天需要制作单位员工当月的工资表。他需要从员工档案表中获取员工的基本信息，按要求完成工龄工资、个人收入所得税等的计算操作。请帮助他完成以下任务。

本次实验所需的所有素材放在“EX8\案例 2”文件夹中。

任务 4 处理员工档案信息

1. 任务要求

打开“员工.xlsx”工作簿文件，在“员工花名册”工作表中完成以下操作。

(1) 根据身份证号自动填充表的性别列。性别的计算规则是：身份证号的倒数第 2 位是奇数的为男性，偶数的为女性。

(2) 根据身份证号自动填充员工的出生日期列，并按“XXXX 年 XX 月 XX 日”形式显示。出生日期的计算规则是:身份证号的第 7～14 位分别代表出生的年月日。

(3) 根据员工的出生日期,自动计算其年龄填充年龄列,要求年龄按周岁计算,满 1 年才算 1 岁。

(4) 根据员工工号自动填充所在部门列。工号和部门之间的对应关系是:工号最左边两位编号对应不同部门,11 表示财务处,12 表示销售一部,13 表示销售二部,14 表示销售三部,15 表示办公室。

2. 操作步骤

(1) 选中 C2 单元格,在编辑栏输入公式"＝IF(MOD(MID(F2,17,1),2)＝0,"女","男")",单击回车键,Excel 会根据公式自动填充所有性别列内容。

提示:MID 函数格式为:MID(字符串,截取的起始位置,字符个数),功能是从字符串截取的起始位置开始,截取指定个数的字符组成子串,这里 MID(F2,17,1)函数实现的是截取身份证号的第 17 位上的 1 个字符,即身份证号的倒数第 2 位字符。

MOD 函数格式为:MOD(被除数,除数),功能是返回两数相除的余数。表达式 MOD(n,2)就是获得 n 除以 2 的余数。

所以公式"＝IF(MOD(MID(F2,17,1),2)＝0,"女","男")"功能是判断身份证号的倒数第 2 位是否能够被 2 整除,即是否是偶数,如果是,则公式返回值为"女",否则返回值为"男"。

由于员工花名册表应用了表格套用格式,默认情况下,在表格每列的任一单元格输入公式后,无须复制,Excel 会自动应用公式到该列的其他单元格中。

(2) 选中 D2 单元格,在编辑栏输入公式:

＝MID(F2,7,4) &"年"&MID(F2,11,2)&"月"&MID(F2,13,2)&"日"

单击回车键,Excel 会根据公式自动填充所有出生日期列内容。

提示:MID(F2,7,4)可以获得身份证号的第 7 位开始的 4 个字符,即出生年份,MID(F2,11,2)可以获得出生日期的月份,MID(F2,13,2)可以获得出生日期所在的天数。

(3) 选中 E2 单元格,在编辑栏输入公式"＝ROUNDDOWN((TODAY()－D2)/365,0)",单击回车键,Excel 会根据公式自动填充所有年龄列内容。

提示:TODAY()函数可以获得系统当前日期,日期相减可以获得两个日期相隔的天数。ROUNDDOWN()函数的功能类似于前面的 ROUND 函数,但是 ROUND 函数是四舍五入取整,而 ROUNDDOWN()函数的作用是直接进行截尾取整。

(4) 选中 G2 单元格,在编辑栏输入公式:

＝IF(LEFT(A2,2)＝"11","财务处",IF(LEFT(A2,2)＝"12","销售一部",IF(LEFT(A2,2)＝"13","销售二部",IF(LEFT(A2,2)＝"14","销售三部",IF(LEFT(A2,2)＝"15","办公室")))))

单击回车键,Excel 会根据公式自动填充所有部门列内容。

提示:LEFT 函数的格式为 LEFT(字符串,字符个数),功能是从字符串左边截取指定个数的字符组成子串。这里 LEFT(A2,2)可以获得工号左边的两个字符。

这里公式还可以写成:

=LOOKUP(LEFT(A2,2),{"11","12","13","14","15"},{"财务处","销售一部","销售二部","销售三部","办公室"})

任务5 计算员工工资

1. 任务要求

在“3月工资”工作表中完成以下操作。

(1) 根据员工工号,在“员工花名册”表中查找对应的姓名、性别和部门,填充姓名、性别和部门列内容。

(2) 按公式计算应发合计和扣款合计,其中应发合计计算公式为:基本工资+奖金+住房补贴,扣款合计计算公式为:住房公积金+养老保险。

(3) 在表格最右端添加一列“应纳税所得额”,按公式“应发合计-扣款合计-3500”计算应纳税所得额,并将该列隐藏。

(4) 按公式计算个人收入调节税,并保留两位小数。个人收入调节税的计算公式为:应纳税所得额*税率-速算扣除数,税率和对应的速算扣除数见表 8.1 所示。

表 8.1 税率和速算扣除数(前 4 级)

级数	应纳税所得额	税率(%)	速算扣除数(元)
1	不超过 500 元的部分	5	0
2	超过 500 元至 2 000 元的部分	10	25
3	超过 2 000 元至 5 000 元的部分	15	125
4	超过 5 000 元至 20 000 元的部分	20	375

为简单起见,这里只按 4 级计算,超过 20 000 元全部统一归入第 4 级。

(5) 按公式计算实发工资,要求设置为货币格式,带两位小数。实发工资计算公式为:应发合计-扣款合计-个人收入调节税。

2. 操作步骤

(1) 选中 B4 单元格,在编辑栏输入公式“=VLOOKUP(A4,员工花名册!$A$2:$B$86,2,FALSE)”,单击回车键,Excel 会根据公式自动填充姓名列内容。

选中 C4 单元格,在编辑栏输入公式“=VLOOKUP(A4,员工花名册!$A$2:$C

$86,3,FALSE)”,单击回车键,Excel 会根据公式自动填充性别列内容。

选中 D4 单元格,在编辑栏输入公式“＝VLOOKUP(A4,员工花名册!$A$2:$G$86,7,FALSE)”,单击回车键,Excel 会根据公式自动填充部门列内容。

提示:VLOOKUP 是按列查找函数,可以从一个数组或表格范围的最左列中查找指定值,找到后返回该值对应列的内容,函数格式为:

VLOOKUP(lookup_value,table_array,col_index_num,[range_lookup])

其中 lookup_value 参数是要搜索的值;table_array 是要搜索的范围,其中要搜索的值必须在第 1 列;col_index_num 是在 table_array 中搜索到值后需返回数值所在的列号;range_lookup 为可选参数,缺省或为 TRUE 时,则返回近似匹配值,但要求 table_array 第 1 列中的值必须按升序排序,否则无法返回正确的值,如果 range_lookup 为 FALSE,则返回精确匹配值,如果找不到精确匹配值,则返回错误值 N/A。一般 range_lookup 选 FALSE。

公式“＝VLOOKUP(A4,员工花名册!$A$2:$B$86,2,FALSE)”功能是在员工花名册中 A2:B86 单元格区域的第 1 列中查找 A4 单元格内容(即工号),如果找到,返回匹配行第 2 列的内容(即工号对应的姓名)。

(2) 选中 H4 单元格,输入公式“＝E4＋F4＋G4”计算应发合计。选中 K4 单元格,输入公式“＝I4＋J4”计算扣款合计。

(3) 在 N3 单元格中输入“应纳税所得额”,在 N4 单元格中输入公式“＝H4－K4－3500”,完成应纳税所得额列的计算。光标选中该列任一单元格,在“开始”选项卡“单元格”组中,单击“格式”→“隐藏和取消隐藏”→“隐藏列”,设置该列为隐藏状态。

(4) 选中 L4 单元格,输入公式:

＝ROUND(IF(N4＜＝0,0,IF(N4＜＝500,N4＊0.05,IF(N4＜＝2000,N4＊0.1－25,IF(N4＜＝5000,N4＊0.15－125,N4＊0.2－375)))),2)

完成个人收入调节税的计算。

(5) 选中 M4 单元格,输入公式“＝H4－K4－L4”,完成实发工资的计算。选中实发工资列,在“开始”选项卡“单元格”组中,单击“格式”→“设置单元格格式”,在“设置单元格格式”对话框中单击“数字”选项卡,在左边分类中选择“货币”,设置小数位数为 2,货币符号为“￥”,单击“确定”按钮。

任务 6　工资统计

1. 任务要求

在“工资统计”工作表中完成以下操作:

(1) 统计财务处实发工资的总和,填入 B3 单元格中。

(2) 统计办公室实发工资的总和,填入 B4 单元格中。

(3) 统计销售部所有男职工实发工资的总和,填入 B5 单元格中。

(4) 统计销售部所有女职工实发工资的总和,填入 B6 单元格中。

2. 操作步骤

(1) 选中 B3 单元格,在"公式"选项卡"函数库"组中,单击"插入函数"按钮,弹出"插入函数"对话框,在"选择类别"对应的下拉列表框中选择"全部",在"选择函数"对应的列表框中选择"SUMIF",打开 SUMIF 函数参数设置对话框,在 Range 参数处输入"'3 月工资 '!$D$4:$D$88",在 Criteria 参数处输入"财务处",在 Sum_range 参数处输入"'3 月工资 '!$M$4:$M$88",如图 8.17 所示。

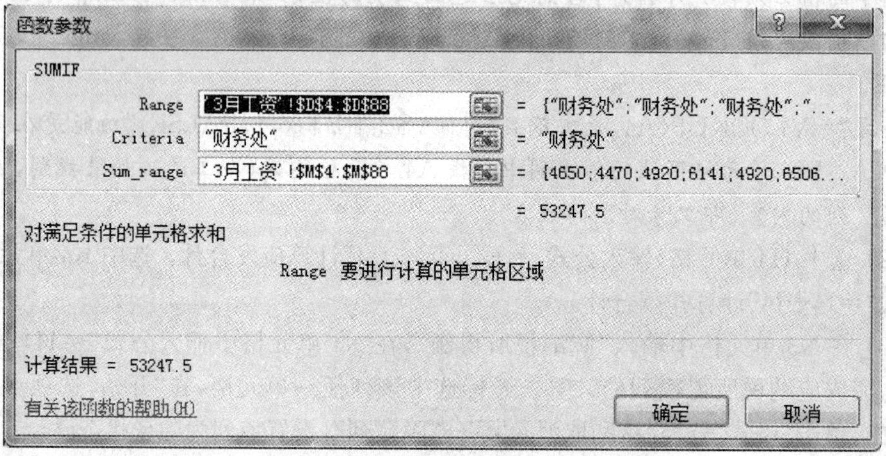

图 8.17 SUMIF 函数参数对话框

单击"确定"按钮,完成所有财务处人员实发工资总和的计算,此时 B3 单元格编辑栏显示公式为"=SUMIF('3 月工资 '!$D$4:$D$88,"财务处",'3 月工资 '!$M$4:$M$88)"。

提示:SUMIF 函数功能是求指定区域中满足给定条件的所有单元格数值的和,函数格式为 SUMIF(Range,Criteria,[Sum_range]),其中 Range 参数用于条件判断的单元格区域,Criteria 参数设置满足的条件,Sum_range 参数为可选参数,用于设置参与求和的单元格区域,如果省略,Excel 对 Range 参数中指定的单元格区域求和。

(2) 选中 B4 单元格,在编辑栏输入公式"=SUMIF('3 月工资 '!$D$4:$D$88,"办公室",'3 月工资 '!$M$4:$M$88)",完成所有办公室人员实发工资总和的计算。

(3) 选中 B5 单元格,在"公式"选项卡"函数库"组中,单击"插入函数"按钮,弹出"插入函数"对话框,在"选择类别"对应的下拉列表框中选择"全部",在"选择函数"对应的列表框中选择“SUMIFS”，打开 SUMIFS 函数参数设置对话框，在 Sum_range 参数处输入“'3 月工资 '! $M$4: $M$88”，在 Criteria_range1 参数处输入“'3 月工资 '! $C$4: $C$88”，在 Criterial 参数处输入“男”，在 Criteria_range2 参数处输入“'3 月工资 '! $D$4: $D$88”，在 Criteria2 参数处输入“销售＊”，如图 8.18 所示。

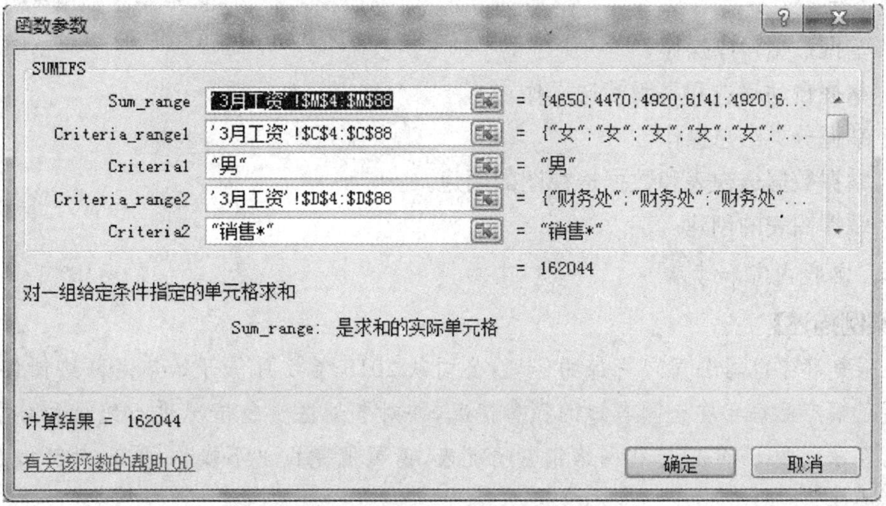

图 8.18　SUMIFS 函数参数对话框

单击“确定”按钮，完成所有销售部男职工实发工资总和的计算，此时 B5 单元格编辑栏显示公式为“＝SUMIFS('3 月工资 '! $M$4: $M$88,'3 月工资 '! $C$4: $C$88,"男",'3 月工资 '! $D$4: $D$88,"销售＊")”。

提示：SUMIFS 函数用于实现多条件求和操作，函数格式为 SUMIFS(Sum_range, Criteria_range1, Criteria1[, Criteria_range2, Criteria2, ……])，其中 Sum_range 参数设置参与求和的单元格区域，Criteria_range1 参数用于设置第 1 个条件判断的单元格区域，Criteria1 参数设置满足的第 1 个条件，Criteria_range2 参数用于设置第 2 个条件判断的单元格区域，Criteria2 参数设置满足的第 2 个条件，以此类推，最多可设置 127 个条件。

条件判断支持通配符，实现模糊匹配。常用通配符有＊和?，其中＊代表任意多个字符，? 代表任意 1 个字符。

(4) 选中 B6 单元格，在编辑栏输入公式“＝SUMIFS('3 月工资 '! $M$4: $M$88,'3 月工资 '! $C$4: $C$88,"女",'3 月工资 '! $D$4: $D$88,"销售＊")”，完成所有销售部女职工实发工资总和的计算。

实验九　数据管理与分析

【微信扫码】
看视频，学操作

一、实验要求

1. 掌握数据排序操作。

2. 掌握自动筛选和高级筛选操作。

3. 掌握分类汇总操作。

4. 掌握数据透视表和数据透视图的创建。

5. 掌握图表的创建。

二、实验内容和步骤

【案例描述】

王强是环宇电器公司市场部的经理，公司从 2015 年 5 月份开始涉足网络销售业务，他需要了解产品每年在全国各地的销售情况，并对各地区销售情况进行统计和分析。现在他已经拿到 2015 年门店和网络销售情况表，请帮他完成以下操作，实现对销售数据的分析和处理。

没有特别说明，以下所有操作均在“2015 销售情况表.xlsx”工作簿中进行。

本次实验所需的所有素材放在 EX9 文件夹中。

任务 1　数据排序和分类汇总

1. 任务要求

(1) 利用合并计算统计 2015 年每类商品销售数量总和，存放在“合并统计”工作表 A2 开始的单元格区域。

(2) 利用合并计算统计 2015 年每个区域的销售额总和，存放在“合并统计”工作表 D2 开始的单元格区域。

(3) 利用合并计算统计 2015 年每个部门的销售额总和，存放在“合并统计”工作表 A19 开始的单元格区域。

(4) 复制“门店销售表”，命名为“商品分类汇总表”，并按商品名称升序排序。

(5) 在“商品分类汇总表”中分类汇总各个商品的销售数量和销售额。

(6) 在“门店销售表”中，对部门按“销售一部”、“销售二部”和“销售三部”顺序排序，如果部门相同，再按订单编号从小到大排序。

(7) 在“门店销售表”中，按部门分类汇总销售额，并统计各部门销售额的最大值。

(8) 在“门店销售表”中复制汇总数据到“合并统计”工作表 D19 开始的单元格区域。

(9) 在“门店销售表”中删除汇总信息，恢复原始数据。

2. 操作步骤

(1) 在“合并统计”表中单击 A2 单元格，在“数据”选项卡“数据工具”组中，单击“合并计算”按钮，弹出合并计算对话框，如图 9.1 所示。

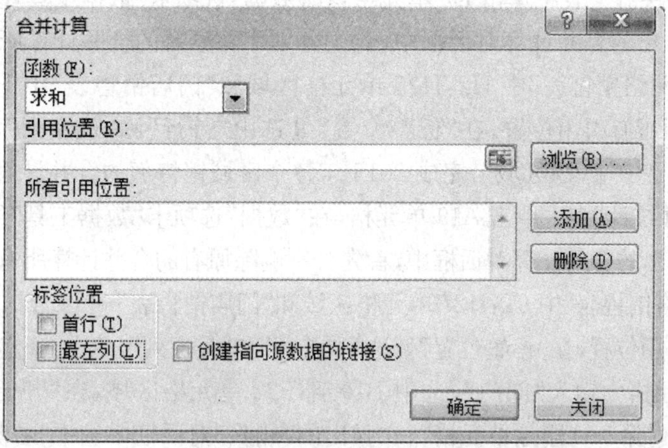

图 9.1　合并计算对话框(1)

在引用位置处选择“网络销售表”中 D2 到 F127 单元格区域，单击“添加”按钮，继续在引用位置处选择“门店销售表”中 D2 到 F354 单元格区域，单击“添加”按钮，在“标签位置”处选中“首行”和“最左列”，如图 9.2 所示。

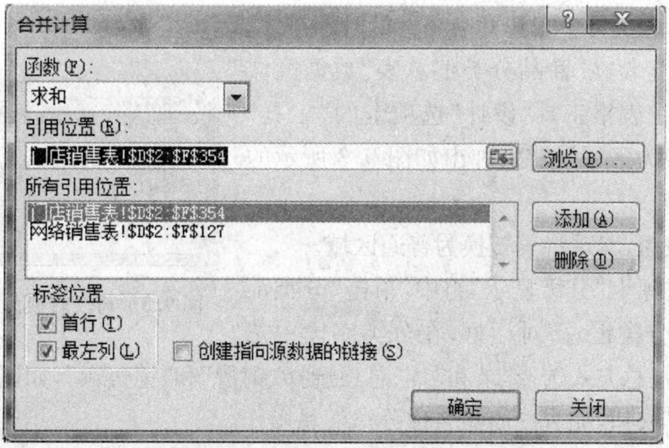

图 9.2　合并计算对话框(2)

单击“确定”按钮,完成2015年网络销售和门店销售记录中各种商品销量的合并计算操作。

在A2单元格中输入“商品名称”,选中B2到B15单元格区域,在“开始”选项卡“单元格”组中,单击“删除”→“删除单元格”,在弹出的“删除”对话框中选中“右侧单元格左移”,单击“确定”按钮。

(2) 在“合并统计”表中单击D2单元格,在“数据”选项卡“数据工具”组中,单击“合并计算”按钮,在弹出的合并计算对话框中,首先分别删除原有的合并计算所有的引用位置,然后分别选择“网络销售表”中H2:I127单元格区域和“门店销售表”中H2到I354单元格区域并添加到所有引用位置,在“标签位置”处选中“首行”和“最左列”,单击“确定”按钮。在D2单元格中输入“区域”,完成2015年各个区域销售额的合并计算。

(3) 在“合并统计”表中单击A19单元格,在“数据”选项卡“数据工具”组中,单击“合并计算”按钮,在弹出的合并计算对话框中,首先分别删除原有的合并计算所有的引用位置,然后分别选择“网络销售表”中C2:I127单元格区域和“门店销售表”中C2到I354单元格区域并添加到所有引用位置,在“标签位置”处选中“首行”和“最左列”,单击“确定”按钮。

在A19单元格中输入“部门”,选中B19到F22单元格区域,在“开始”选项卡“单元格”组中,单击“删除”→“删除单元格”,在弹出的“删除”对话框中选中“右侧单元格左移”,单击“确定”按钮。

(4) 单击“门店销售表”标签,按住CTRL键同时拖动选中的工作表到新位置释放,便复制一张与“门店销售表”完全相同的新工作表“门店销售表(2)”,双击工作表标签,将工作表名称重命名为“商品分类汇总表”。

光标定位在“商品名称”列的任一单元格,在“开始”选项卡“编辑”组中,单击“排序和筛选”→“升序”,完成订单表按商品名称的升序排序。

(5) 将光标定位在“商品分类汇总表”数据区域的任一单元格,在表格工具“设计”选项卡的“工具”组中,单击“转换为区域”按钮,弹出如图9.3所示的对话框。

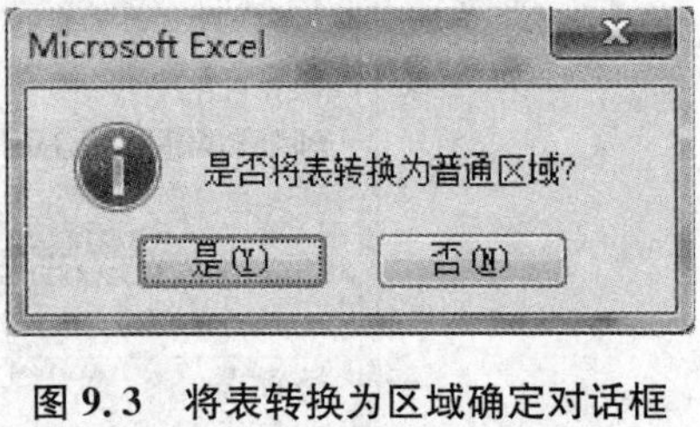

图9.3 将表转换为区域确定对话框

单击“是”按钮,实现将表转换为普通区域。

在“数据”选项卡“分级显示”组中,单击“分类汇总”按钮,弹出“分类汇总”对话框,在分类字段中选择“商品名称”,汇总方式选择“求和”,汇总项选择“销量”和“销售额”,如图9.4所示。

单击“确定”按钮,完成按商品名称分类汇总操作。

提示:本题中“商品分类汇总表”套用了表格格式,Excel 2010在套用表格格式的同时会将其创建成表(相当于2003中的列表),由于表不能进行分类汇总,所以必须先把表转

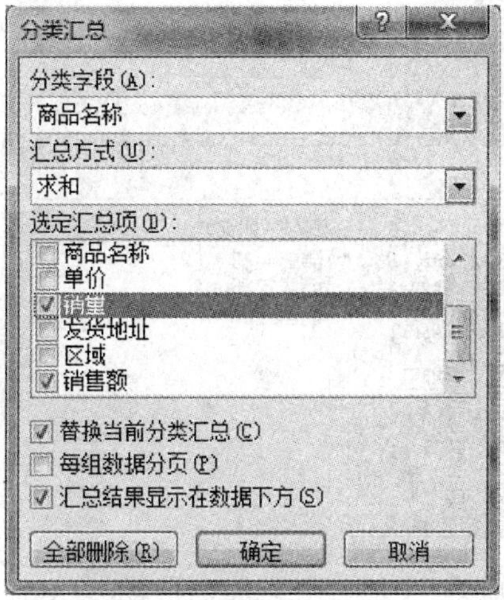

图 9.4　分类汇总对话框(1)

化为普通的数据区域才可以执行分类汇总。

执行分类汇总操作前，必须保证数据已按分类字段排序，否则无法实现分类汇总。

在分类汇总表中，可以通过单击左边的分级显示按钮显示不同级别的分类汇总数据。

(6) 将光标定位在“门店销售表”数据区域的任一单元格，在“数据”选项卡“排序和筛选”组中，单击“排序”按钮，打开“排序”对话框，选择主要关键字为部门，在“次序”对应的列表框中选择“自定义序列”，如图 9.5 所示。

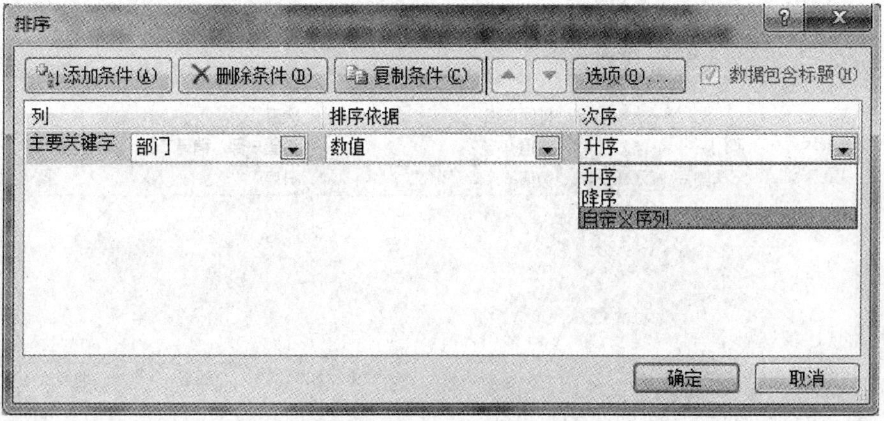

图 9.5　排序对话框(1)

打开“自定义序列”对话框，在右边的“输入序列”文本框中输入三列文本，分别是“销售一部”、“销售二部”和“销售三部”，单击“添加”按钮，将新序列“销售一部，销售二部，销售三部"添加到自定义序列中,如图 9.6 所示。

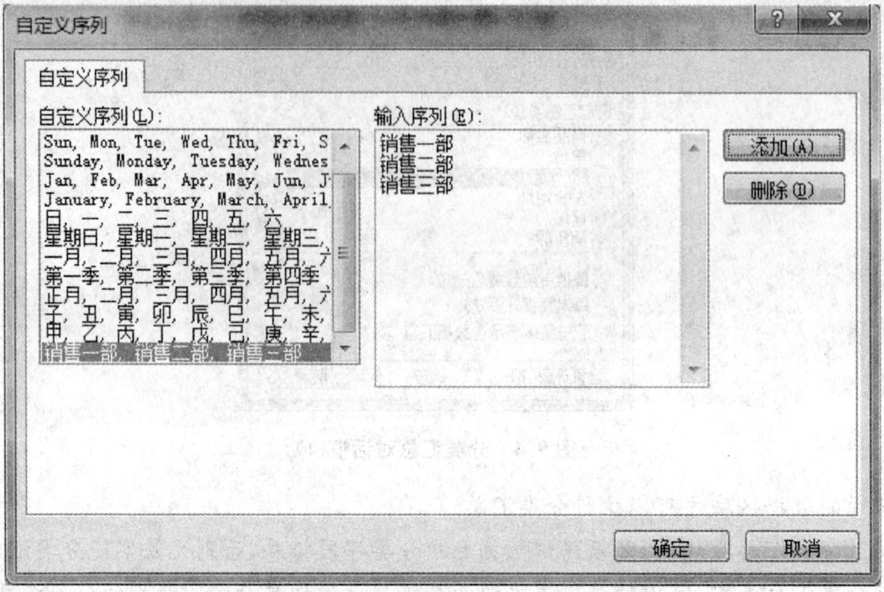

图 9.6　自定义序列对话框

单击"确定"按钮,回到"排序"对话框中,单击"添加条件"按钮,在"次要关键字"列表框中选择"订单编号",在"次序"列表框中选择"升序",如图 9.7 所示。

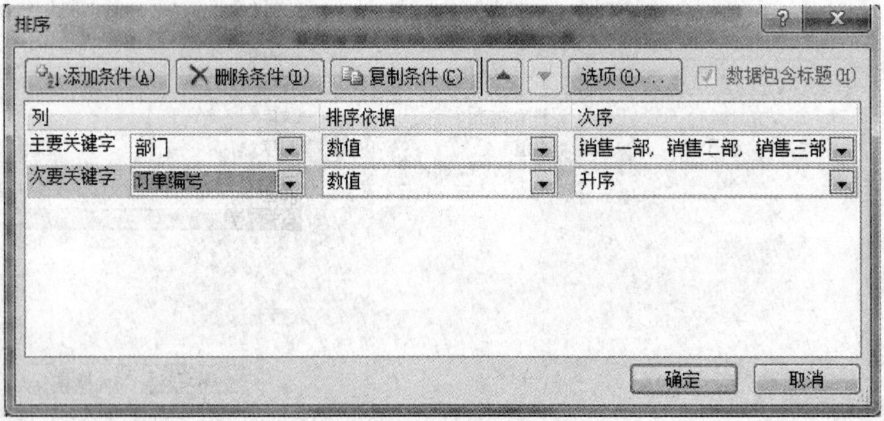

图 9.7　排序对话框(2)

单击"确定"按钮,完成将订单数据按部门排序,部门相同,再按订单编号升序排序。

(7) 选中"门店销售表"数据区域的任一单元格,在表格工具"设计"选项卡的"工具"

组中，单击“转换为区域”按钮，在弹出的对话框中单击“是”按钮，将表转换为普通区域。

在“数据”选项卡“分级显示”组中，单击“分类汇总”按钮，弹出“分类汇总”对话框，在分类字段中选择“部门”，汇总方式选择“最大值”，汇总项选择“销售额”，如图 9.8 所示。

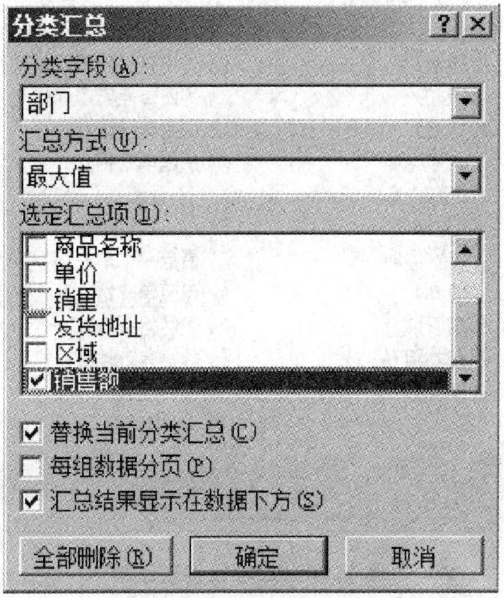

图 9.8　分类汇总对话框(2)

单击“确定”按钮，完成每个部门销售额最大值的分类汇总操作。

(8) 单击“门店销售表”左边的分级显示按钮 2，显示每个部门销售额最大值的汇总数据，如图 9.9 所示。

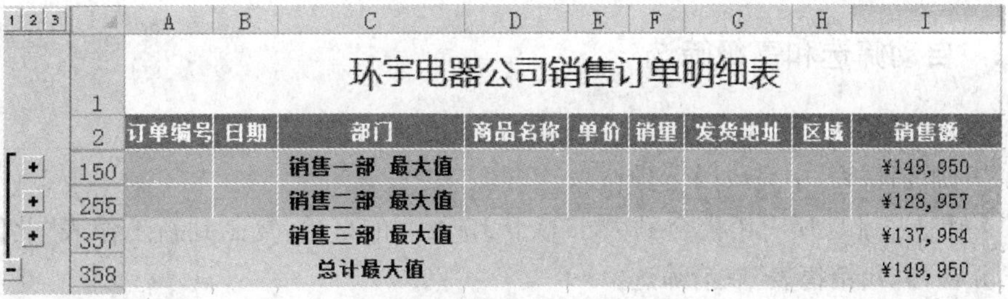
环宇电器公司销售订单明细表
订单编号 日期 部门 商品名称 单价 销量 发货地址 区域 销售额
150 销售一部 最大值 ¥149,950
255 销售二部 最大值 ¥128,957
357 销售三部 最大值 ¥137,954
358 总计最大值 ¥149,950

图 9.9　分类汇总结果显示

选中部门和销售额列内容，在“开始”选项卡“编辑”组中，单击“查找和选择”→“定位条件”，弹出“定位条件”对话框，选中“可见单元格”选项，如图 9.10 所示。

单击“确定”按钮，再单击“开始”选项卡“剪贴板”组的“复制”按钮。在“合并统计”工作表中,选中 D19 单元格,单击“开始”选项卡“剪贴板”组的“粘贴”按钮,完成汇总数据的复制操作。

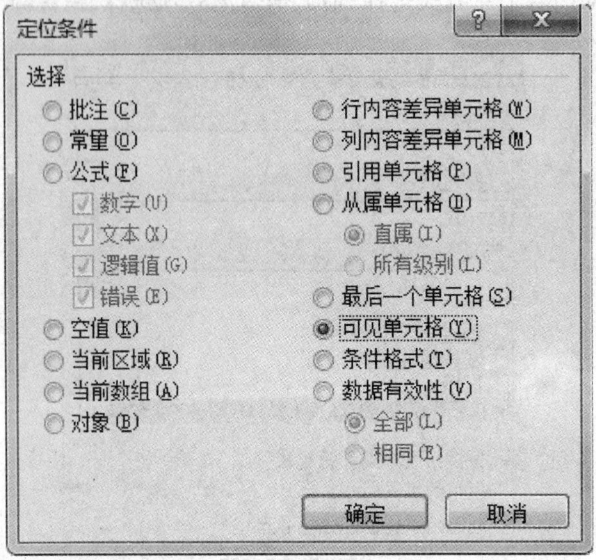

图 9.10 定位条件对话框

提示:这里复制汇总数据时若未设置选择对象为“可见单元格”,会将所有明细数据也一并粘贴到目标单元格中。

(9) 在“门店销售表”中,单击“数据”选项卡“分级显示”组中的“分类汇总”按钮,在弹出的“分类汇总”对话框中,单击“全部删除”按钮,则在“门店销售表”中删除所有汇总数据,恢复表格原有数据。

任务 2 自动筛选和高级筛选

1. 任务要求

在“门店销售表”中完成以下操作。

(1) 筛选出北区所有销售金额大于等于 10 万元的订单,复制到新工作表“北区≥10万”中,并在“门店销售表”取消筛选。

(2) 筛选出所有“格力空调”2015 年第一季度在东区的销售订单,复制到新工作表“格力空调一季度东区销售”中,并在“门店销售表”取消筛选。

(3) 筛选出销售一部在东区销量大于 45,其他地区销量大于 40 的所有订单信息,复制筛选结果到新工作表“高级筛选(1)”中,并在“门店销售表”中取消筛选。

(4) 筛选出 2015 年第二季度在东区销售空调和在北区销售微波炉的所有订单,复制筛选结果到新工作表“高级筛选(2)”中，并在“门店销售表”中取消筛选。

2. 操作步骤

(1) 在“数据”选项卡“排序和筛选”组中，单击“筛选”按钮。在“区域”列的下拉列表中选择“北区”，在“销售额”列的下拉列表中选择“数字筛选”→“大于或等于”，弹出“自定义自动筛选方式”对话框，在文本框中输入“100000”，如图 9.11 所示。

图 9.11　自定义自动筛选方式对话框(1)

单击“确定”按钮。

在“开始”选项卡“单元格”组中，单击“插入”→“插入工作表”，新建一张新工作表。双击新建工作表标签，将工作表重命名为“北区≥10 万”。

在“门店销售表”中选中所有筛选数据，按 CTRL＋C 复制，在“北区≥10 万”表中选中 A1 单元格，按 CTRL＋V 粘贴，复制筛选结果数据。

在“门店销售表”中，再次单击“数据”选项卡“排序和筛选”组中的“筛选”按钮，则取消筛选状态，恢复原始数据。

(2) 在“门店销售表”中，单击“数据”选项卡“排序和筛选”组中的“筛选”按钮。在“所属区域”列的下拉列表中选择“东区”；在“商品名称”列的下拉列表中选择“文本筛选”→“开头是”，弹出“自定义自动筛选方式”对话框，在文本框中输入“格力空调”，单击“确定”按钮；在“日期”列的下拉列表中选择“日期筛选”→“介于”，弹出“自定义自动筛选方式”对话框，在对应文本框中输入需要筛选日期的开始和结束时间，如图 9.12 所示。

单击“确定”按钮。

在“开始”选项卡“单元格”组中，单击“插入”→“插入工作表”，新建一张新工作表。双击新建工作表标签，将工作表重命名为“格力空调一季度东区销售”。

在“门店销售表”中选中所有筛选数据，按 CTRL＋C 复制，在“格力空调一季度东区销售”表中选中 A1 单元格，按 CTRL＋V 粘贴，复制筛选结果数据。

在“门店销售表”中，再次单击“数据”选项卡“排序和筛选”组中的“筛选”按钮，则取消

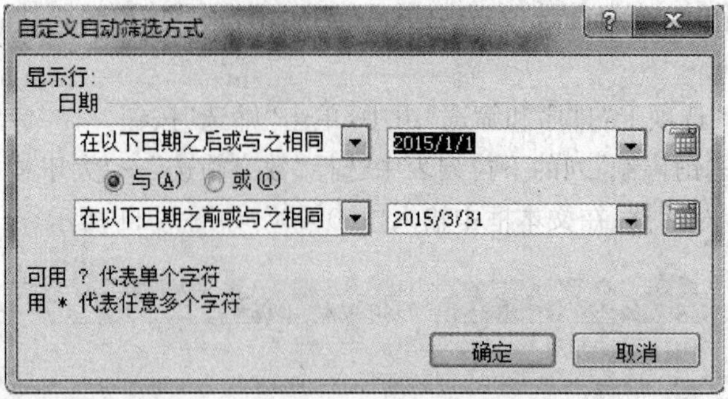

图 9.12 自定义自动筛选方式对话框(2)

筛选状态,恢复原始数据。

(3) 选中“门店销售表”第 1 行到第 4 行,在“开始”选项卡“单元格”组中,单击“插入”→“插入工作表行”,则在原表前插入 4 个空行作为高级筛选条件区域,分别复制“部门”、“销量”和“区域”列名称到 A1、B1 和 C1 单元格中,按图 9.13 所示输入条件。

	A	B	C
1	部门	销量	区域
2	销售一部	>45	东区
3	销售一部	>40	<>东区

图 9.13 高级筛选条件区域(1)

单击“数据”选项卡“排序和筛选”组中的“高级”按钮,弹出“高级筛选”对话框,在列表区域输入销售数据所在区域“$A$6:$I$358”,条件区域输入“门店销售表! $A$1:$C$3”,如图 9.14 所示。

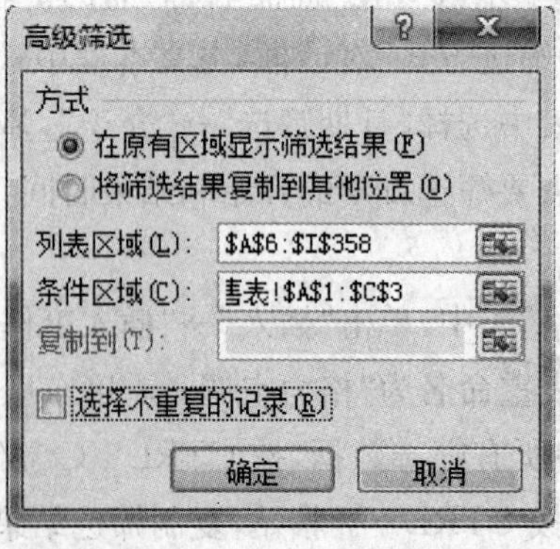

图 9.14 高级筛选对话框

单击“确定”按钮。

在“开始”选项卡“单元格”组中，单击“插入”→“插入工作表”，新建一张新工作表。双击新建工作表标签，将工作表重命名为“高级筛选(1)”。

在“门店销售表”中选中所有筛选数据，按 CTRL＋C 复制，在“高级筛选(1)”表中选中 A1 单元格，按 CTRL＋V 粘贴，复制筛选结果数据。

在“门店销售表”中，单击“数据”选项卡“排序和筛选”组中的“清除”按钮，则取消高级筛选结果，恢复原始数据。

提示：由于自动筛选对多列条件只能实现“与”操作，不能实现“或”操作，所以复杂条件的筛选必须采用高级筛选。高级筛选通过条件区域设置筛选条件，其中条件区域必须有列标题，且与包含在数据列表中的列标题一致，表示“与”条件的多个条件必须位于同一行，表示“或”条件的多个条件必须位于不同行。

(4) 在“门店销售表”原高级筛选条件区域中，按图 9.15 所示重新输入条件。

	A	B	C	D
1	日期	日期	商品名称	区域
2	>=2015/4/1	<=2015/6/30	*空调*	东区
3	>=2015/4/1	<=2015/6/30	*微波炉*	北区
4				

图 9.15　高级筛选条件区域(2)

单击“数据”选项卡“排序和筛选”组中的“高级”按钮，弹出“高级筛选”对话框，在列表区域输入销售数据所在区域“$A$6:$I$358”，条件区域输入“销售表!$A$1:$D$3”，单击“确定”按钮。

在“开始”选项卡“单元格”组中，单击“插入”→“插入工作表”，新建一张新工作表。双击新建工作表标签，将工作表重命名为“高级筛选(2)”。

在“门店销售表”中选中所有筛选数据，按 CTRL＋C 复制，在“高级筛选(2)”表中选中 A1 单元格，按 CTRL＋V 粘贴，复制筛选结果数据。

在“门店销售表”中，单击“数据”选项卡“排序和筛选”组中的“清除”按钮，则取消高级筛选结果，恢复原始数据。

任务 3　图表和数据透视表创建

1. 任务要求

(1) 在“合并统计”工作表中，根据“2015 年各个区域销售额统计表”数据，创建一个二维饼图，要求图表放在 G1:N15 单元格区域中，标题为“2015 区域销售统计图”，底部显示图例，数据标签显示值和百分比，并放置在最佳位置。

(2) 根据“门店销售表”的销售数据创建数据透视表，统计各部门在不同地区销售各种商品的最大数量，要求部门作为筛选字段，商品名称作为行标签，区域作为列标签，销量作为数值字段，汇总方式为“最大值”。将完成后的数据透视表放置在新工作表中，并将工作表命名为“数据透视表”。

(3) 在“数据透视表”A22 单元格处插入一个数据透视图，统计不同部门在不同地区的销售额总和，要求部门作为行标签，区域作为列标签，销售额作为数值字段，汇总方式为“求和”，要求部门按“销售一部”、“销售二部”和“销售三部”顺序显示，图表类型为三维簇状柱形图，在图表上方显示标题“2015 年销售情况图”。

2. 操作步骤

(1) 在“合并统计”工作表中选中 D2:E6 单元格区域，在“插入”选项卡“图表”组中，单击“饼图”→“二维饼图”，将生成的图表拖放到 G1:N15 单元格区域中。单击图表标题文本框，将其修改为“2015 区域销售统计图”；选中图表，在“图表工具”的“布局”选项卡上的“标签”组中，单击“图例”→“在底部显示图例”，设置图例显示位置在底部；在“图表工具”的“布局”选项卡上的“标签”组中，单击“数据标签”→“最佳匹配”，再单击“数据标签”→“其他数据标签选项”，弹出“设置数据标签格式”对话框，选中“值”和“百分比”复选框，单击“关闭”按钮。

(2) 光标定位在“门店销售表”数据区域的任一单元格，在“插入”选项卡的“表格”组中，单击“数据透视表”按钮，打开“创建数据透视表”对话框，选择门店销售表数据区域范围作为要分析的数据，选择“新工作表”作为放置数据透视表的位置，如图 9.16 所示。

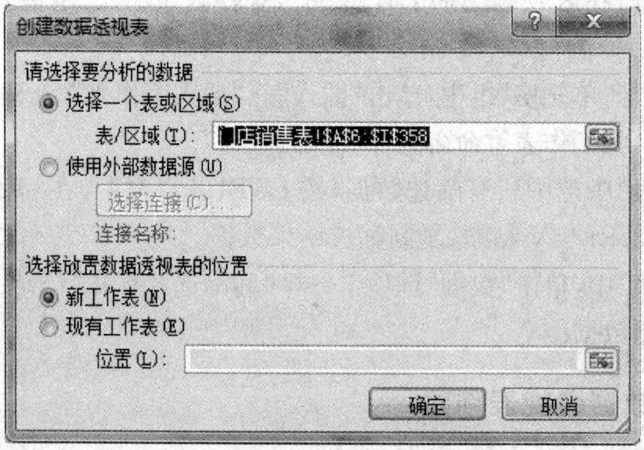

图 9.16 创建数据透视表对话框

单击“确定”按钮，Excel 会将空的数据透视表添加到新建工作表中，并在右侧显示“数据透视表字段列表”窗口，如图 9.17 所示。

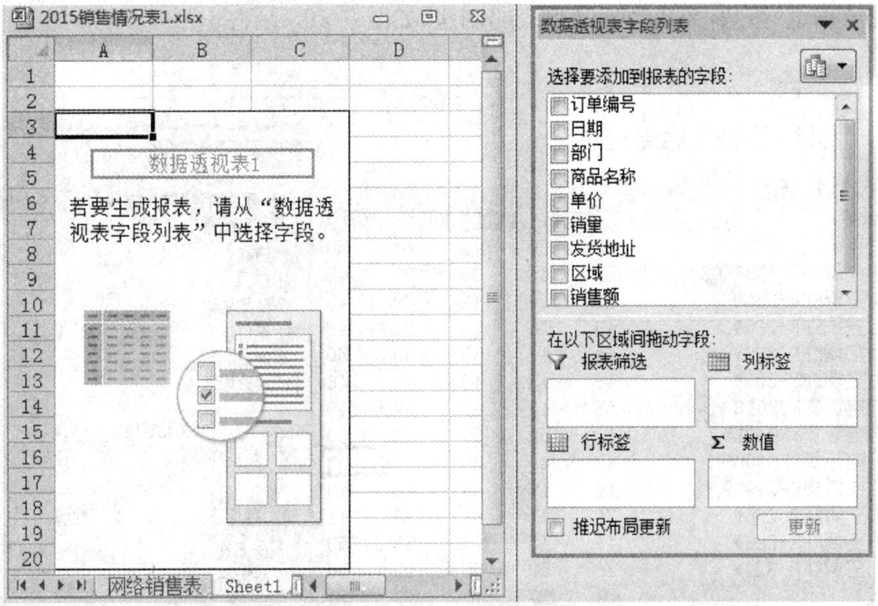

图 9.17　数据透视表操作窗口

双击新建工作表标签，将其重命名为“数据透视表”。在“数据透视表字段列表”窗口中，将“部门”字段拖动到“报表筛选”区域，“商品名称”字段拖动到“行标签”区域，“区域”字段拖动到“列标签”区域，“销量”字段拖动到“数值”区域。

在“数值”区域单击“销量”字段，在弹出的快捷菜单中选择“值字段设置”，弹出“值字段设置”对话框，在“值汇总方式”列表框中选择“最大值”，如图 9.18 所示。

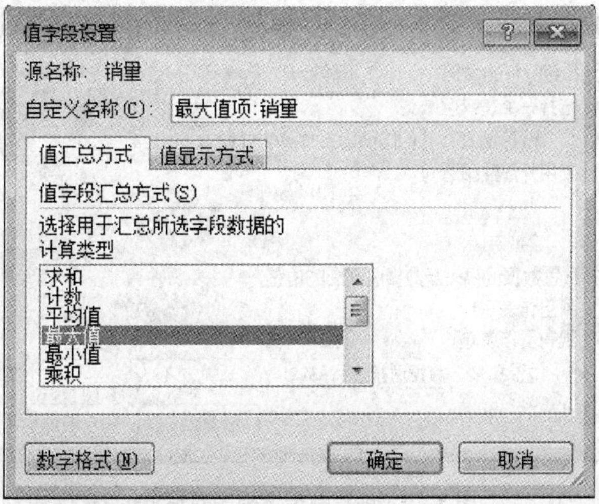

图 9.18　值字段设置对话框

单击“确定”按钮，完成数据透视表的创建，如图 9.19 所示。

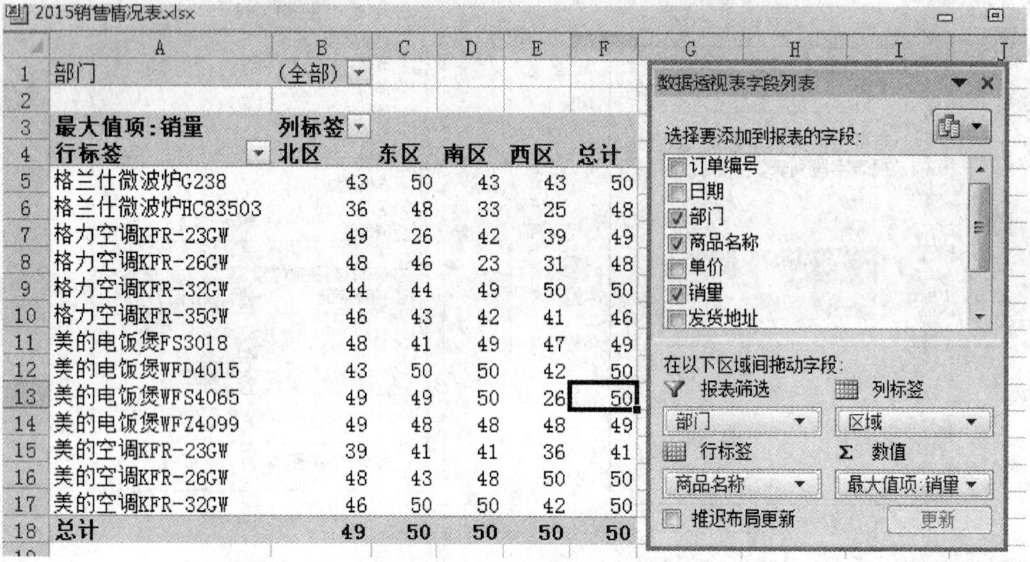

图 9.19　数据透视表操作结果窗口

(3) 选中“数据透视表”A22 单元格，在“插入”选项卡的“表格”组中，单击“数据透视表”→“数据透视图”，打开“创建数据透视表”对话框，选择门店销售表数据区域范围作为要分析的数据，默认已将现有工作表＄A＄22 单元格作为放置数据透视表和数据透视图的位置，如图 9.20 所示。

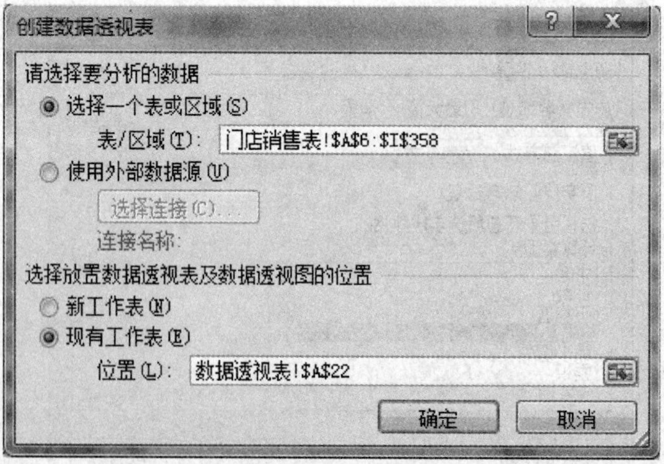

图 9.20　创建数据透视图对话框

单击“确定”按钮。

在“数据透视表字段列表”窗口中，将“部门”字段拖动到“轴字段(分类)”区域，“区域”字段拖动到“图例字段(系列)”区域，“销售额”字段拖动到“数值”区域，完成数据透视表和数据透视图的创建。

直接在数据透视表中用鼠标拖动行标签中部门字段，使其按“销售一部”、“销售二部”和“销售三部”顺序显示。

选中数据透视图，在“数据透视图工具”的“设计”选项卡的“类型”组中，单击“更改图表类型”按钮，弹出“更改图表类型”对话框，选择“柱形图”下的“三维簇状柱形图”。

在“数据透视图工具”的“布局”选项卡的“标签”组中，单击“图表标题”→“图表上方”，在图表标题处输入“2015 年销售情况图”。

实验十　Excel 高级应用

【微信扫码】
看视频，学操作

一、实验要求

1. 掌握 Excel 常用函数的使用。
2. 掌握 Excel 常用数据管理操作。
3. 掌握名称的创建和使用。
4. 掌握迷你图的创建。
5. 掌握切片器的创建。
6. 掌握分列操作。
7. 掌握数据有效性的控制操作。

二、实验内容和步骤

【案例描述】

根据市场部提供的 2014～2015 年销售情况表，请完成以下操作，帮助市场部经理王强对销售数据进行统计和分析。

没有特别说明，以下所有操作均在“销售情况表.xlsx”工作簿中进行。

本次实验所需的所有素材放在 EX10 文件夹中。

任务 1　数据计算

1. 任务要求

(1) 在“销售明细”表中删除订单编号重复的记录，只保留第一次出现的那条记录。

(2) 将“城市对照”表中 A 列内容按“省市”和“销售区域”分成两列。

(3) 根据“商品定价”表中内容填充“销售明细”表“单价”列内容。

(4) 根据“城市对照”表中内容填充“销售明细”表“区域”列内容。

(5) 在“销售明细”表中按单价 * 数量计算销售额。

(6) 在“销售明细”表中将整个数据列表区域定义名称为“销售订单”，将每个列标题转换为名称。

2. 操作步骤

(1) 选择“销售明细”表，在“表格工具”的“设计”选项卡的“工具”组中，单击“删除重复项”按钮，弹出“删除重复项”对话框，选择“订单编号”列，如图 10.1 所示。

单击“确定”按钮，Excel 将自动删除所有订单编号重复的记录，保留第一条出现的记录。

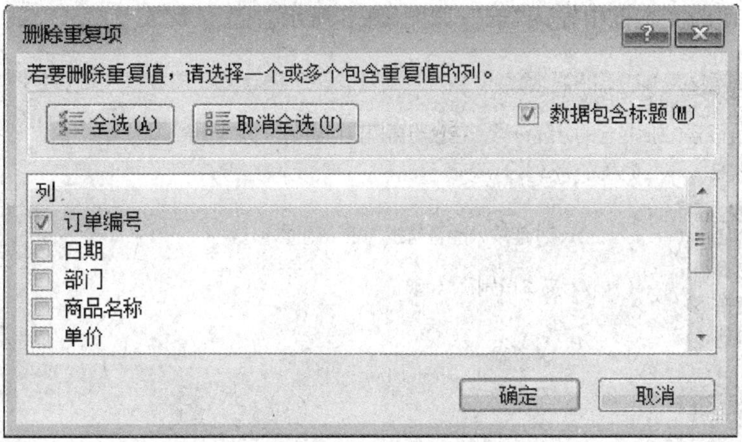

图 10.1　删除重复项对话框

(2) 在“城市对照”表中，选中 A 列，在“数据”选项卡“数据工具”组中，单击“分列”按钮，打开“文本分列向导—第 1 步，共 3 步”对话框，选择“分隔符号”单选按钮，如图 10.2 所示。

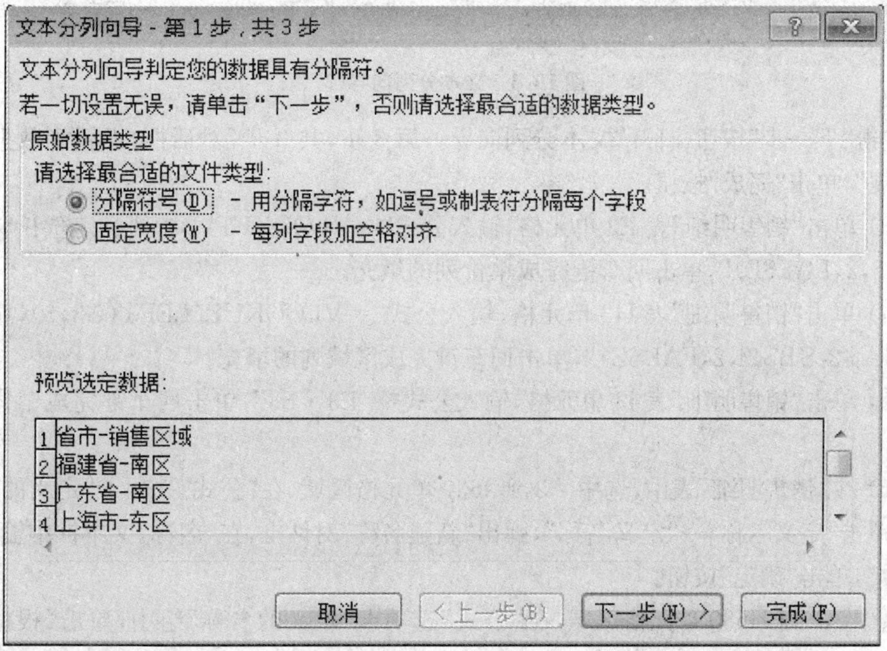

图 10.2　文本分列向导(1)

单击“下一步”按钮，打开“文本分列向导—第 2 步，共 3 步”对话框，设置分隔符号为

“其他”,在后面的文本框中输入“—”,如图 10.3 所示。

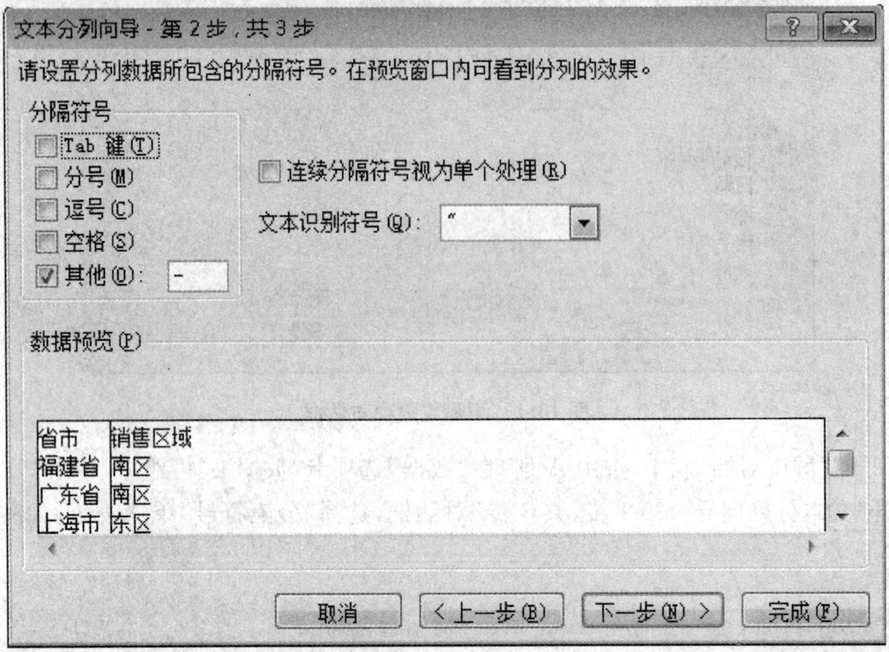

图 10.3 文本分列向导(2)

单击“下一步”按钮,打开“文本分列向导—第 3 步,共 3 步”对话框,设置列数据格式为“常规”,单击“完成”按钮。

(3) 单击“销售明细”表 E3 单元格,输入公式“＝VLOOKUP(D3,商品定价! $A$3:$B$15,2,FALSE)”,单击回车键完成单价列的填充。

(4) 单击“销售明细”表 H3 单元格,输入公式“＝VLOOKUP(LEFT(G3,3),城市对照! $A$2:$B$24,2,FALSE)”,单击回车键完成区域列的填充。

(5) 单击“销售明细”表 I3 单元格,输入公式“＝E3 * F3”,单击回车键完成销售额的计算。

(6) 在“销售明细”表中,选中 A3 到 I630 单元格区域,在“公式”选项卡“定义的名称”组中,单击“定义名称”→“定义名称”,弹出“新建名称”对话框,在“名称”文本框中输入“销售订单”,单击“确定”按钮。

选中 A2 到 H630 单元格区域,在“公式”选项卡“定义的名称”组中,单击“根据所选内容创建”按钮,弹出“以选定区域创建名称”对话框,选中“首行”复选框,如图 10.4 所示。

单击“确定”按钮,实现将表格所有列的标题转换为名称。

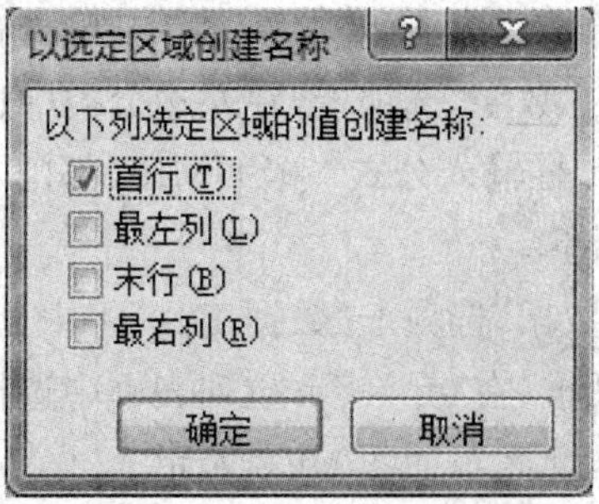

图 10.4　创建名称对话框

任务 2　数据统计

1. 任务要求

在“统计报告”表中完成以下操作。

(1) 统计 2015 年第一季度所有商品订单的销售额。

(2) 统计格力空调 2014 年在东区的总销售额。

(3) 统计销售一部在 2015 年第 3 季度(7 月 1 日一 9 月 30 日)的总销售额。

(4) 统计销售一部在 2015 年每月平均销售额,保留 2 位小数。

(5) 统计销售一部销售额占公司销售总额的百分比,保留 2 位小数。

(6) 在 D8 和 E8 单元格录入要查询的年份和部门,要求设置年份录入只能是 2014 或 2015,部门只能在“销售一部”、“销售二部”和“销售三部”中选择。

(7) 根据条件区域录入的年份和部门,统计该部门在指定年份的销售额,填入 B8 单元格。

2. 操作步骤

(1) 选中 B3 单元格,在编辑栏输入公式“＝SUMIFS(销售额,日期,"＞＝2015/1/1",日期,"＜＝2015/3/31")”,单击回车键完成计算。

提示:由于“销售明细”表中每列数据都已经按列标题定义了名称,所以在公式中引用对应列数据时可以直接用名称引用。比如这里名称“销售额”代表“销售明细”表中$I$3到$I$630 单元格区域。

(2) 选中 B4 单元格,在编辑栏输入公式“＝SUMIFS(销售额,商品名称,"＊格力空调＊",日期,"＞＝2014/1/1",日期,"＜＝2014/12/31",区域,"东区")”,单击回车键完成计算。

(3) 选中 B5 单元格,在编辑栏输入公式“＝SUMIFS(销售额,部门,"销售一部",日期,"＞＝2015/7/1",日期,"＜＝2015/9/30")”,单击回车键完成计算。

(4) 选中 B6 单元格,在编辑栏输入公式“＝ROUND(SUMIFS(销售额,部门,"销售一部",日期,"＞＝2015/1/1",日期,"＜＝2015/12/31")/12,2)”,单击回车键完成计算。

(5) 选中 B7 单元格，在“开始”选项卡“数字”组中，单击右下角的启动对话框按钮，打开“设置单元格格式”对话框的“数字”选项卡，在左边分类中选择“百分比”，设置小数位数为 2，单击“确定”按钮。在编辑栏输入公式“=SUMIF(部门,"销售一部",销售额)/SUM(销售额)”，单击回车键完成计算。

(6) 选中 D8 单元格，在“数据”选项卡“数据工具”组中，单击“数据有效性”→“数据有效性”，弹出“数据有效性”对话框，在“允许”下拉列表框中选择“序列”，在“来源”对应的文本框中输入“东区,西区,南区,北区”，如图 10.5 所示。

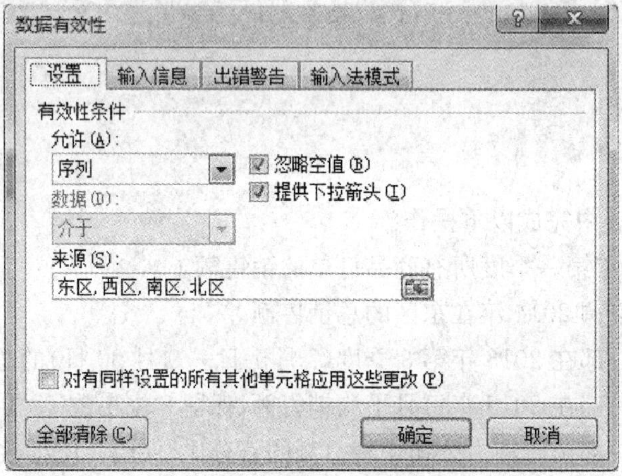

图 10.5 数据有效性对话框

单击“确定”按钮。

选中 E8 单元格，在“数据”选项卡“数据工具”组中，单击“数据有效性”→“数据有效性”，弹出“数据有效性”对话框，在“允许”下拉列表框中选择“序列”，在“来源”对应的文本框中输入“销售一部,销售二部,销售三部”，单击“确定”按钮。

在 D8 和 E8 单元格中分别选择区域和部门，单击 B8 单元格，输入公式“=SUMIFS(销售额,区域,D8,部门,E8)”，单击回车键完成计算。

提示：在“数据有效性”对话框“来源”对应的文本框中输入系列时，每个系列之间必须用英文半角逗号分隔。

任务 3 数据分析

1. 任务要求

(1) 在“2015 年销售分析”表中按要求分别统计各个商品 2015 年 1 月到 12 月每个月的销售额。

(2) 在“2015 年销售分析”表中根据各个商品 2015 年 1 月到 12 月每个月的销售额，在 N4 到 N11 单元格中分别插入迷你折线图，显示对应商品 1 月到 12 月的销售趋势，并标记出销量的最大值和最小值，其中最大值标记颜色设置为红色，最小值标记颜色设置为黄色。

(3) 根据“销售明细”的销售数据创建数据透视表，放置在新工作表“2014 销售统计”中。要求部门作为行标签，日期作为列标签，销售额作为求和汇总字段，统计 2014 年各部门每个季度的销售额。

(4) 在“2014 销售统计”表中插入两个切片器，分别是“商品名称”和“区域”，用于选择显示各部门在 2014 各个季度中指定商品在指定区域的销售情况。

2. 操作步骤

(1) 选中“2015 年销售分析”表 B4 单元格，在编辑栏输入公式“＝SUMIFS(销售额，商品名称，A4，日期，"＞＝2015/1/1"，日期，"＜＝2015/1/31")”，单击回车键，系统自动完成各类商品在 2015 年 1 月的销售额统计操作。

依次选中 C4 到 M4 单元格，参考 B4 单元格公式，输入公式分别计算 2015 年 2 月到 12 月的每月销售总额。

提示：需要特别注意的是，在判断月份时，必须给出正确的起始时间，否则将得不到正确的结果，比如 C4 单元格公式应为“＝SUMIFS(销售额，商品名称，A4，日期，"＞＝2015/2/1"，日期，"＜＝2015/2/28")”，如果写成“＝SUMIFS(销售额，商品名称，A4，日期，"＞＝2015/2/1"，日期，"＜＝2015/2/29")”则计算结果为 0，因为系统找不到满足条件的单元格参与计算。

(2) 选中“2015 年销售分析”表 N4 单元格，在“插入”选项卡的“迷你图”组中，单击“折线图”按钮，弹出“创建迷你图”对话框，在“数据范围”后的文本框中输入“B4：M4”，如图 10.6 所示。

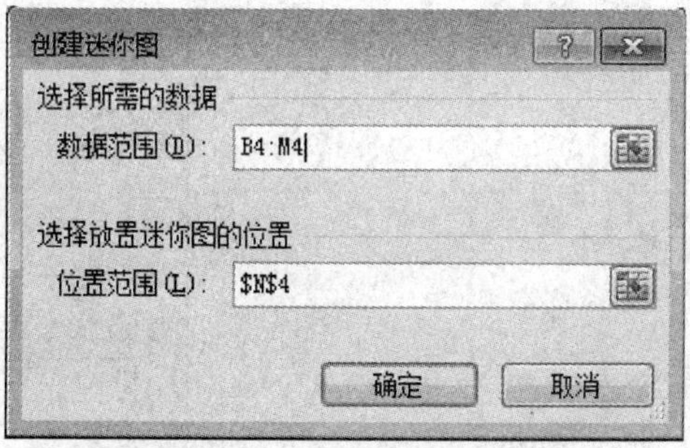

图 10.6　创建迷你图对话框

单击“确定”按钮。

在“迷你图工具”的“设计”选项卡“显示”组中，选中“高点”和“低点”复选框，在“样式”组中，单击“标记颜色”→“高点”，选择颜色为“红色”，单击“标记颜色”→“低点”，选择颜色为“黄色”。

拖动 N4 单元格的填充柄到 N11 释放，完成 A 列所有商品 1 到 12 月销售趋势迷你图的创建操作。

(3) 光标定位在“销售明细”表数据区域的任一单元格，在“插入”选项卡的“表格”组中，单击“数据透视表”按钮，打开“创建数据透视表”对话框。选择销售明细表数据区域范围作为要分析的数据(默认已选择)，选择“新工作表”作为放置数据透视表的位置，单击“确定”按钮，Excel 会将空的数据透视表添加到新建工作表中，并在右侧显示“数据透视表字段列表”窗口。

双击新建工作表标签，将其重命名为“2014 销售统计”。在“数据透视表字段列表”窗口中，将“部门”字段拖动到“行标签”区域，“日期”字段拖动到“列标签”区域，“销售额”字段拖动到“数值”区域，完成数据透视表的创建。

在数据透视表中单击“列标签”的下拉按钮，在弹出的快捷菜单中选择“日期筛选”→“介于”，弹出“日期筛选”对话框，输入日期的开始时间“2014/1/1”和结束时间“2014/12/31”，如图 10.7 所示。

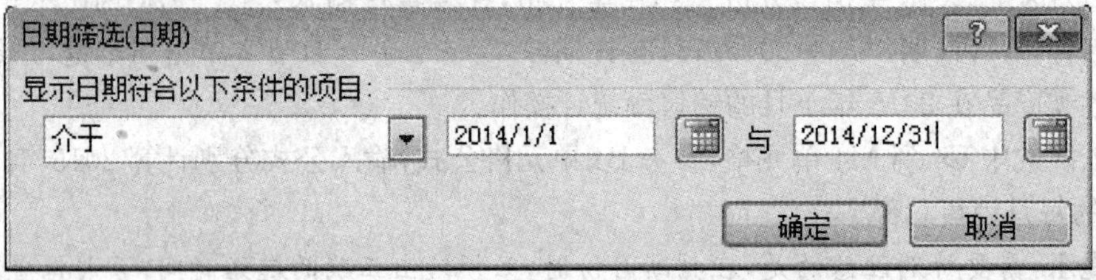

图 10.7　日期筛选对话框

单击“确定”按钮。

将光标定位在列标签的任一字段，在“数据透视表工具”的“选项”的“分组”组中，单击“将字段分组”按钮，弹出“分组”对话框，设置“起始于”日期为“2014/1/1”，“终止于”日期为“2014/12/31”，“步长”为“季度”，如图 10.8 所示。

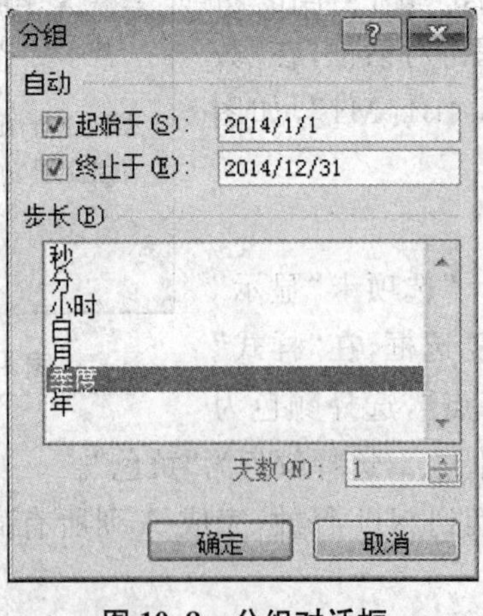

图 10.8　分组对话框

单击“确定”按钮，完成 2014 年各部门每个季度销售额的统计操作。

(4) 将光标定位在“2014 销售统计”表统计数据区域的任一单元格，在“数据透视表工具”的“选项”的“排序和筛选”组中，单击“插入切片器”按钮，弹出“插入切片器”对话框，选中“商品名称”和“区域”复选框，如图 10.9 所示。

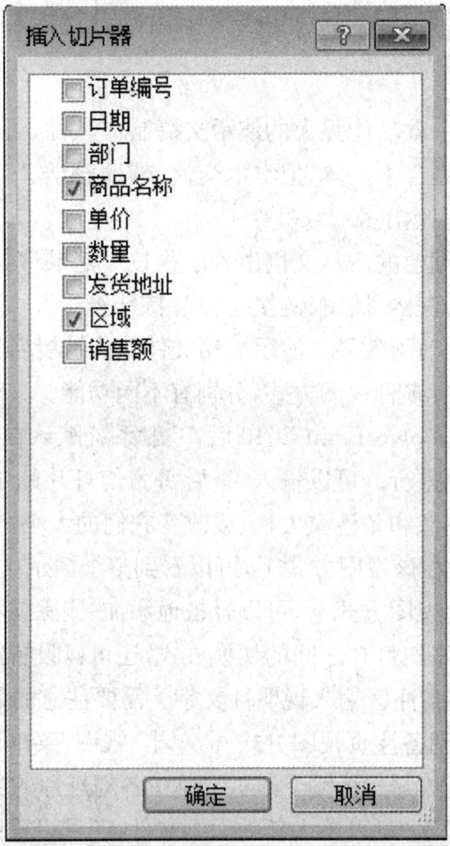

图 10.9　插入切片器对话框

单击“确定”按钮，则在“2014 销售统计”数据透视表中增加“商品名称”和“区域”两个切片器。

提示：利用切片器可以非常方便地对数据透视表的统计结果执行筛选操作。比如本题在“区域”切片器中选择“北区”，则数据透视表中显示的就是各部门 2014 年在北区按季度销售额的汇总情况，单击切片器右上角的“清除筛选器”按钮，则可以清除筛选结果，恢复原始数据透视表数据。

单元四　演示文稿软件 PowerPoint 2010

PowerPoint 2010 是一款功能强大的演示文稿制作软件，可以将文字、图形、图像、声音、动画等多种媒体对象集合于一体，把学术交流、辅助教学、广告宣传、产品演示等信息以更轻松、更高效的方式表达出来。

PowerPoint 2010 中创建的演示文稿由若干张按一定顺序排列的幻灯片组成。在幻灯片中插入图形、幻灯片、表格、插图、链接、公式、特殊符号及多媒体对象，也可以设置播放时幻灯片中各种对象的动画效果。演示文稿文件默认扩展名为. pptx。

PowerPoint 2010 中有多种视图方式，分别有不同功能。

1. 普通视图：在进入 PowerPoint 2010 后，一般系统默认在普通视图方式，制作幻灯片的工作就是在此视图中进行。可以输入、查看每张幻灯片的主题、副标题以及备注，并且可以移动幻灯片上的图像和备注页方框，或改变它们的大小。

2. 幻灯片浏览视图：在该视图方式下，可以看到整个演示文稿的所有幻灯片，按先后顺序排列在窗口中。在此视图方式下，可以轻松地添加、删除或移动幻灯片，并可使用“幻灯片浏览”工具栏设置每张幻灯片之间的切换方式，还可以设置放映时间。

3. 备注页视图：可在备注区输入说明性文字。需要注意的是，在“视图”按钮中，没有备注页视图按钮，要切换到备注页视图方式，需单击“视图”菜单选择“备注页”。

4. 阅读视图：大纲视图方式将整个演示文稿中各幻灯片的文字内容以及大纲的形式罗列出来。在该视图方式下，可以插入新的大纲文件，还可以重新排列各幻灯片的主题或副题的次序，或改变标题和文本的缩进级别。

5. 幻灯片放映视图：在启动该方式时，就是将演示文稿以放映幻灯片的形式进行演播。放映时，每张幻灯片充斥整个屏幕，如果计算机配有声卡和音箱，还能在演播过程中播放声音。

本单元从实际生活案例出发，设计了 2 个实验项目，包括 PowerPoint 2010 中幻灯片的基本操作、模板和主题、幻灯片切换效果、动画、电子相册以及母版设置等。通过本单元的学习，学生不仅可以掌握简单演示文稿的制作，还可以进一步掌握 PowerPoint 2010 的高级应用。

实验十一 演示文稿制作

一、实验要求

1. 了解 PowerPoint 2010 的基本功能；
2. 掌握演示文稿背景设置和主题的运用；
3. 掌握演示文稿中超链接和动作按钮的使用；
4. 掌握幻灯片切换效果和动画的运用；
5. 掌握演示文稿的放映方式。

二、实验内容和步骤

【案例描述】

为进一步提升南京旅游行业整体队伍素质，打造高水平，懂业务的旅游景区建设与管理队伍，南京旅游局将为工作人员进行一次业务培训，主要围绕“南京主要景点”进行介绍，包括文字、图片、音频等内容。请按图 11.1 所示样张，帮助主管人员完成培训演示文稿制作。

图 11.1 演示文稿样张

本次实验所需的所有素材放在 EX11 文件夹中。

任务1　创建演示文稿

1. 任务要求

(1) 新建一份演示文稿，在自动生成的标题幻灯片中，设置主标题为“南京主要旅游景点介绍”；副标题为“历史与现代的完美融合”，字体为“微软雅黑”，字号分别为“54”和“36”。

(2) 新建一张幻灯片，设置版式为“标题和内容”。标题设置为“中山陵”；文本内容从素材文件夹中“景点文字介绍.docx”复制；再插入两个“圆角矩形”形状，分别用素材中的两张中山陵图片进行填充。参照样张，适当调整文本和图片的大小与位置。

(3) 用(2)中所介绍的方法，并参照样张，依次完成“雨花台”、“总统府”、“珍珠泉”、“玄武湖”、“紫金山”、“栖霞山”及“夫子庙”等各景点介绍，每个景点介绍占用一张幻灯片。

(4) 制作目录幻灯片。在标题幻灯片后面添加一张新的幻灯片，版式设置为“两栏内容”，幻灯片标题设置为“南京风景名胜”。左栏文本内容为：“中山陵”、“雨花台”、“总统府”及“珍珠泉”；右栏文本为：“玄武湖”、“紫金山”、“栖霞山”及“夫子庙”。并参照样张设置为“箭头项目符号列表”。

(5) 为第2张幻灯片中各文本列表项创建超链接，放映时单击任意一项，直接跳转到指定的幻灯片。

(6) 参照样张，为第3至10张幻灯片添加动作按钮，使得在放映时单击该按钮，能返回到第2张幻灯片。

(7) 在幻灯片末尾再添加一张新的幻灯片，版式设置为“空白”。插入艺术字“谢谢”，艺术字样式选择第四行第一个，设置斜体、96号字。

(8) 将幻灯片背景设置为“羊皮纸”。

(9) 将演示文稿保存为“南京主要旅游景点介绍.pptx”，观看放映效果。

2. 操作步骤

(1) 启动PowerPoint 2010，系统自动生成一张标题幻灯片。在幻灯片编辑区域中“单击此处添加标题”处单击并输入“南京主要旅游景点介绍”，设置格式：字体为“微软雅黑”，54号字。在“单击此处添加副标题”处单击并输入“历史与现代的完美融合”，设置字体为“微软雅黑”，36号字。

(2) 在“开始”选项卡“幻灯片”组中，单击“新建幻灯片”→“标题和内容”版式，新建一张幻灯片。将标题设置为“中山陵”；从素材“景点文字介绍.docx”中将中山陵相关文字复制到幻灯片文本内容处。

在“插入”选项卡“插图”组中，单击“形状”→“矩形”中的“圆角矩形”，按住左键在幻灯片空白处画出一个“圆角矩形”并右击，在弹出菜单中选择“设置形状格式”，在弹出窗口中进行进一步设置，如图 11.2 所示。单击“文件”按钮，选择路径将“中山陵 1”图片插入。

用同样方法完成“中山陵 2”图片插入。参照样张，适当调整文本和图片的大小和位置。

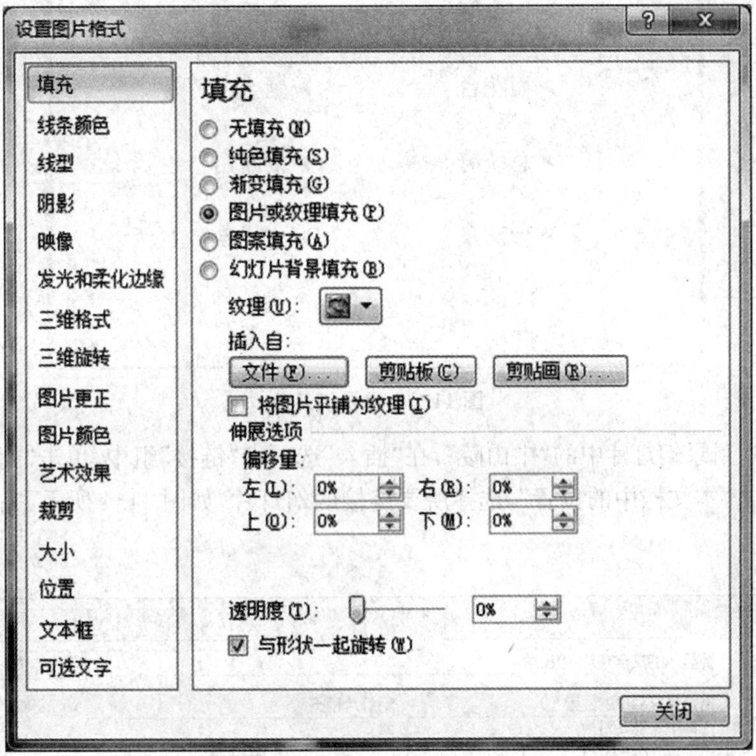

图 11.2　“设置图片格式”对话框

(3) 仿照步骤(2)并参照样张，依次完成“雨花台”、“总统府”、“珍珠泉”、“玄武湖”、“紫金山”、“栖霞山”、“夫子庙”等各幻灯片的制作。其中“雨花台”幻灯片版式为“标题和竖排文字”；“珍珠泉”和“紫金山”幻灯片版式为“两栏内容”；“玄武湖”幻灯片版式为“竖排标题和文本”；其他幻灯片版式均为“标题和内容”。

(4) 在左侧目录区第 1 张幻灯片和第 2 张幻灯片间右击鼠标，在弹出菜单中选择“新建幻灯片”，将新建的幻灯片版式设为“两栏内容”，标题为“南京风景名胜”。左栏文本区域中依次输入“中山陵”、“雨花台”、“总统府”、“珍珠泉”。右栏文本区域以同样方式输入“玄武湖”、“紫金山”、“栖霞山”、“夫子庙”。

选中两个文本框，在“开始”选项卡“段落”组中，单击“项目符号”中的“箭头项目符号”。适当调整文本格式,如图 11.3 所示。

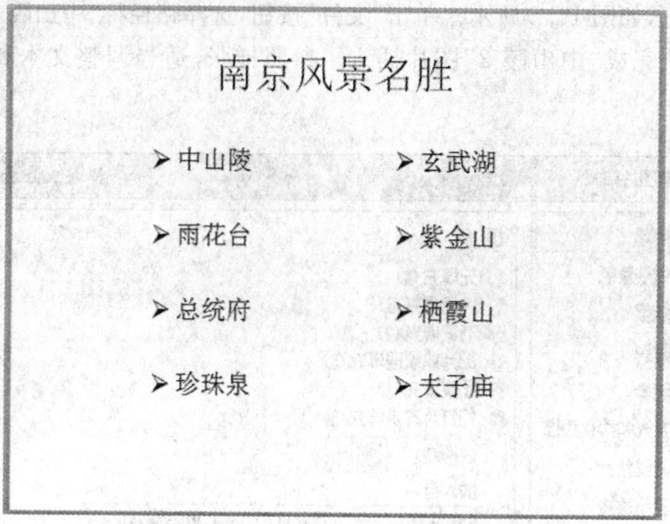

图 11.3 目录幻灯片

(5) 选中目录幻灯片中的“中山陵”,在“插入”选项卡“链接”组中,单击“超链接”,在弹出窗口中单击“本文档中的位置”,选择所要链接的幻灯片,如图 11.4 所示,完成超链接的创建。

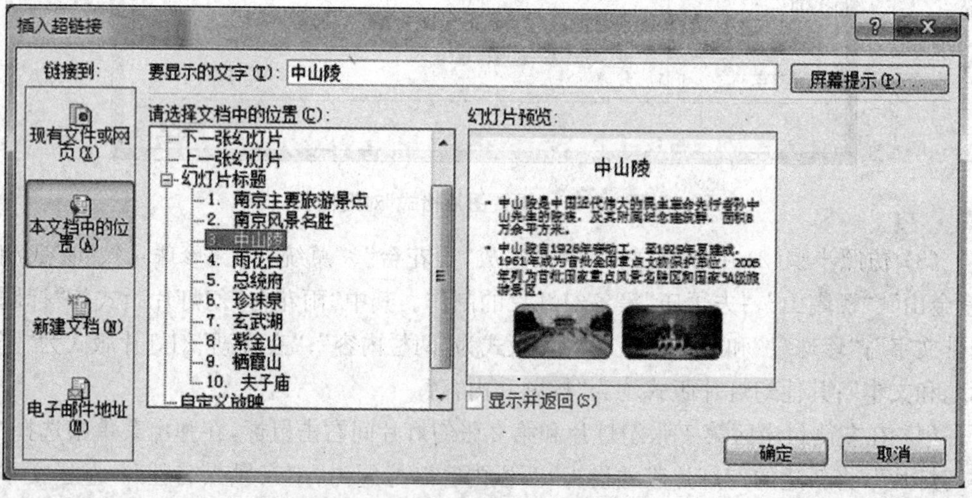

图 11.4 “插入超链接”对话框

在“幻灯片放映”选项卡中单击“从当前幻灯片开始”播放幻灯片,再单击“中山陵”观看超链接效果。

使用同样方法，创建其他风景名胜的超链接。

(6) 选择第 3 张幻灯片，在“插入”选项卡“插图”组中，单击“形状”→“箭头总汇”中的“⇦”，按住鼠标左键在幻灯片右下角绘制左箭头。选中该形状，在“插入”选项卡“链接”组中，单击“动作”，在弹出的“动作设置”对话框中进行设置，如图 11.5 所示。在继而弹出的对话框中选择相应的幻灯片，如图 11.6 所示，完成动作按钮的设置。

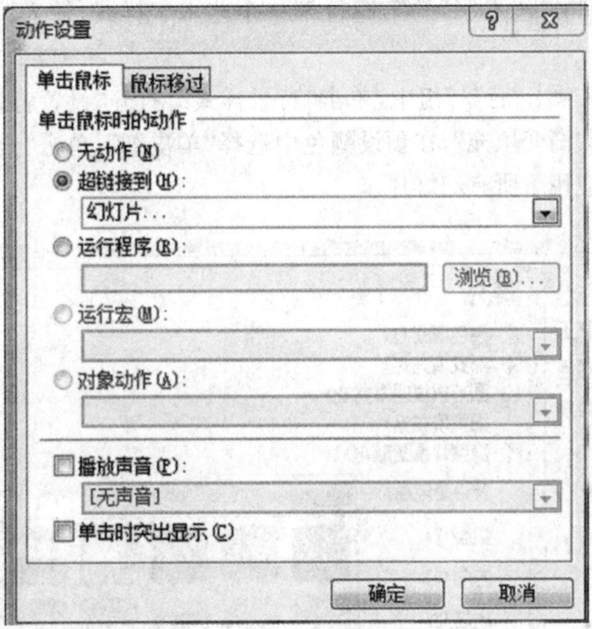

图 11.5　“动作设置”对话框

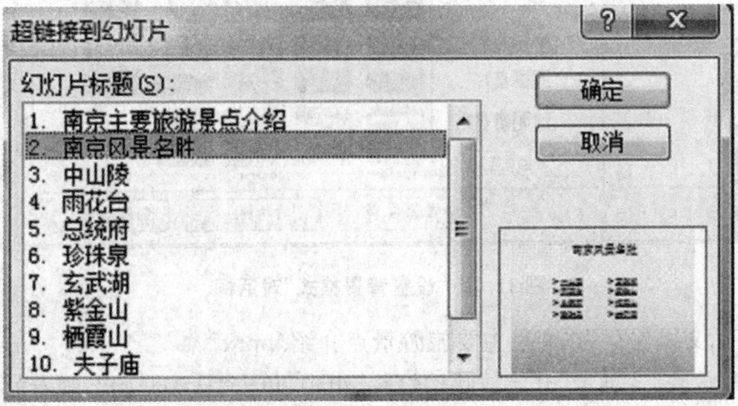

图 11.6　“超链接到幻灯片”对话框

复制刚刚建立的“动作按钮”形状，在其他需要的幻灯片上分别进行粘贴，实现动作按钮的快速复制。

在“幻灯片放映”选项卡单击“从当前幻灯片开始”播放幻灯片，单击动作按钮观看效果。

(7) 在左侧目录区的最下面再新建一张幻灯片，版式设置为“空白”。在“插入”选项卡“文本”组中，单击“艺术字”的第四行第一个艺术字样式，输入“谢谢”，设置斜体、96 号字。

(8) 在“设计”选项卡“背景”组中，单击“背景样式”，打开“设置背景格式”对话框，如图 11.7 所示。选择“渐变填充”，在预设颜色中选择“羊皮纸”，单击“全部应用”按钮。将“羊皮纸”背景样式应用于所有幻灯片。

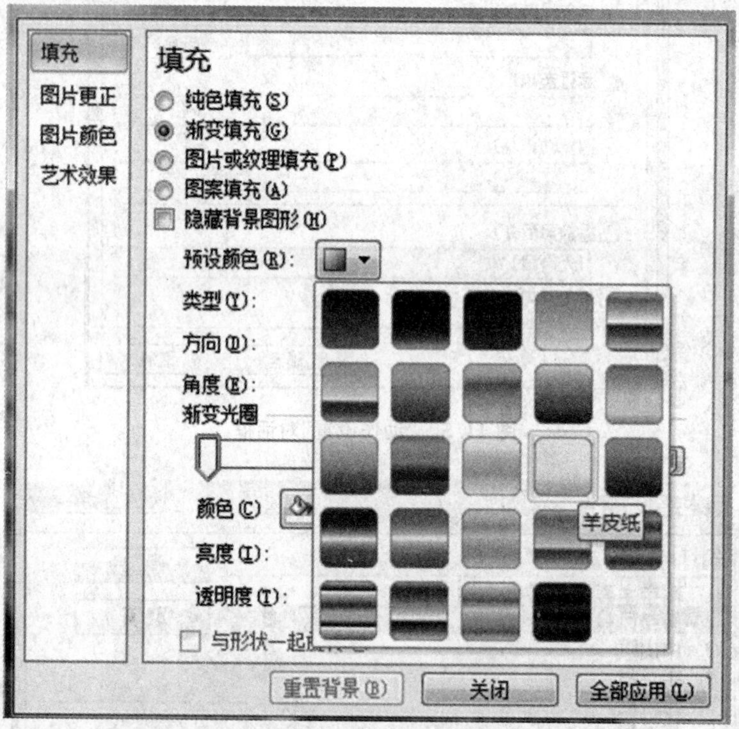

图 11.7 “设置背景格式”对话框

(9) 将演示文稿保存为“南京主要旅游景点介绍. pptx”。

在“幻灯片放映”选项卡“开始放映幻灯片”组中，单击“从头开始”，观看放映效果。

任务2　丰富格式演示文稿

1. 任务要求

(1) 打开任务1中的"南京主要旅游景点介绍.pptx",另存为"南京主要旅游景点介绍2.pptx"。

(2) 将演示文稿主题设置为"龙腾四海"。标题幻灯片切换效果设置为"门",第2张幻灯片切换效果为"立方体",其他幻灯片切换效果自定。

(3) 除标题幻灯片外,为其他幻灯片插入页脚:"Welcome to Nanjing",要求包含幻灯片编号、日期和时间。

(4) 为第2张幻灯片中的标题设置动画类型为"淡出",动画效果选项设置"硬币"声音、"与上一动画同时"、"快速(1秒)";为景点列表项内容添加动画:放映时单击幻灯片则依次"浮入":"中山陵"、"雨花台"、"总统府"等。

(5) 为第3张幻灯片添加动画:标题"中山陵"呈水平放大动画效果;文本内容逐字出现;第一幅图片"翻转式由远及近"出现,接着第二幅图片"旋转"出现。

依次为其他幻灯片设置动画,使其具有良好的放映效果。

(6) 给幻灯片添加背景音乐"好一朵茉莉花.mp3",幻灯片放映后1秒自动播放歌曲,反复循环歌曲直至所有幻灯片播放完为止。

(7) 将演示文稿另存为自动放映演示文稿,即"南京主要旅游景点介绍2.ppsx",观看放映效果。

2. 操作步骤

(1) 打开任务1中的"南京主要旅游景点介绍.pptx",在"文件"选项卡中单击"另存为",将其另存为"南京主要旅游景点介绍2.pptx"。

(2) 在"设计"选项卡"主题"组中,选择"龙腾四海",将演示文稿主题设置成"龙腾四海";选中标题幻灯片,在"切换"选项卡"切换到此幻灯片"组中,选择"华丽型"→"门",将标题幻灯片切换效果设置成"门",放映此幻灯片观察其切换效果;用同样方法将第2张幻灯片切换效果设置成"立方体",其他幻灯片切换效果自定。

(3) 任意选中一张幻灯片,在"插入"选项卡"文本"组中,单击"页眉和页脚",设置"页眉页脚"对话框如图11.8所示,单击"全部应用"按钮。

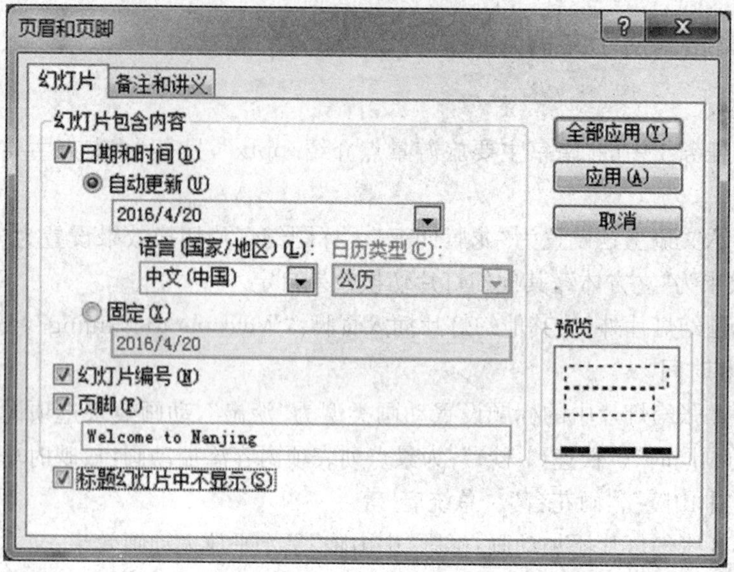

图 11.8　“页眉页脚”对话框

（4）选中第 2 张幻灯片中的标题“南京风景名胜”，在“动画”选项卡“动画”组中，单击“淡出”；再在“动画”选项卡“高级动画”组中，单击“动画窗格”，则在幻灯片界面右侧出现“动画窗格”窗口；右击其中动画列表项，选中“效果选项”，如图 11.9 所示。在弹出的“淡出”对话框中进行动画效果设置，如图 11.10 所示。

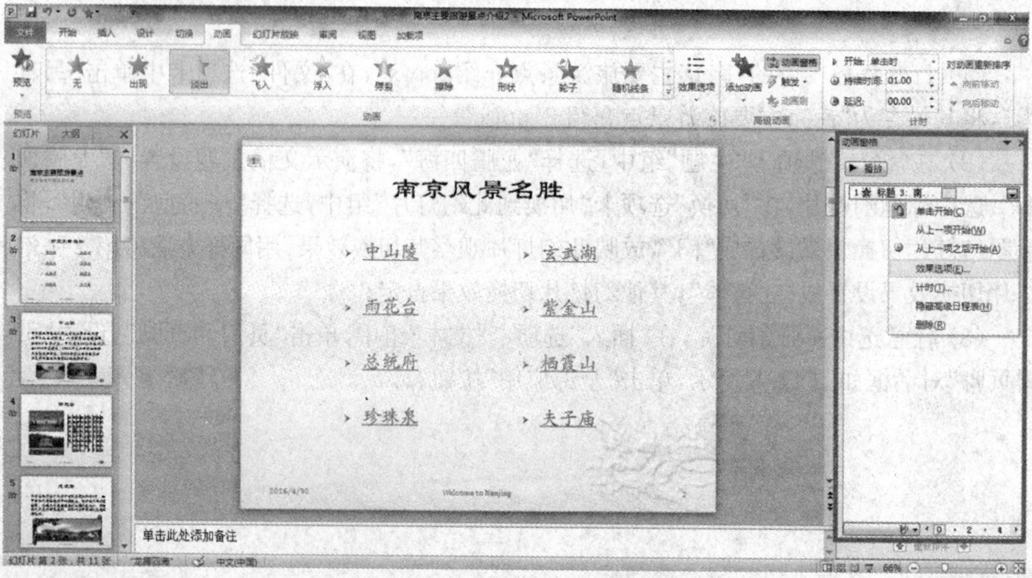

图 11.9　“动画窗格”应用 1

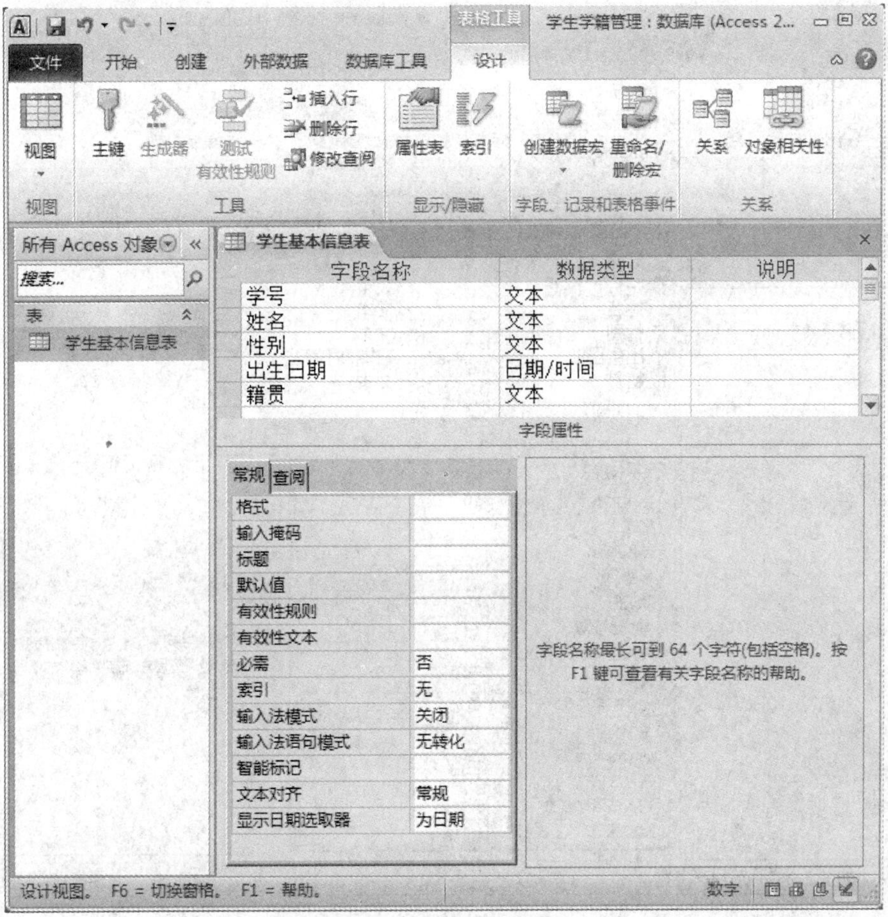

图 13.4　表结构设计视图

(3) 在 Access 工作区中，单击“学生基本信息表”标签，选择“学生基本信息表”，鼠标单击“学号”字段，在“表格工具”的“设计”选项卡的“工具”组中，单击“主键”按钮，在“学号”字段的左侧将出现钥匙标记，标记该字段为表主键，如图 13.5 所示。

提示：在数据表中，主键可以唯一标识表中每一条记录，可以是一个字段，也可以是多个字段。

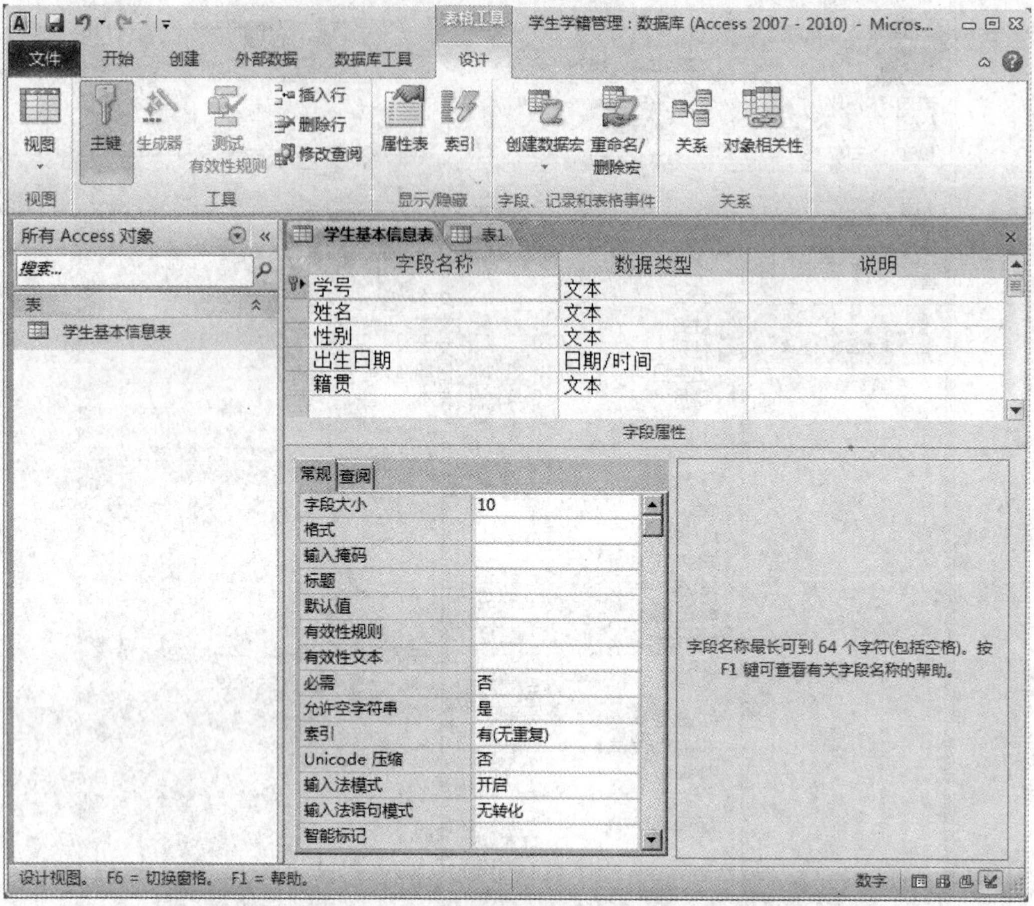

图 13.5 表主键设置界面

(4) 在 Access 工作区左侧的导航窗格中，双击“学生基本信息表”按钮，工作区右侧显示表内容视图窗口，按照素材“学生基本信息表.xlsx”的内容，一行行录入学生基本信息表的数据，如图 13.6 所示。

(5) 在“外部数据”选项卡的“导入并链接”组中，单击“Excel”按钮，打开“获取外部数据—Excel 电子表格”对话框，单击“浏览”按钮，弹出“打开”对话框，选择需要打开的“学生成绩表.xlsx”文件，如图 13.7 所示。

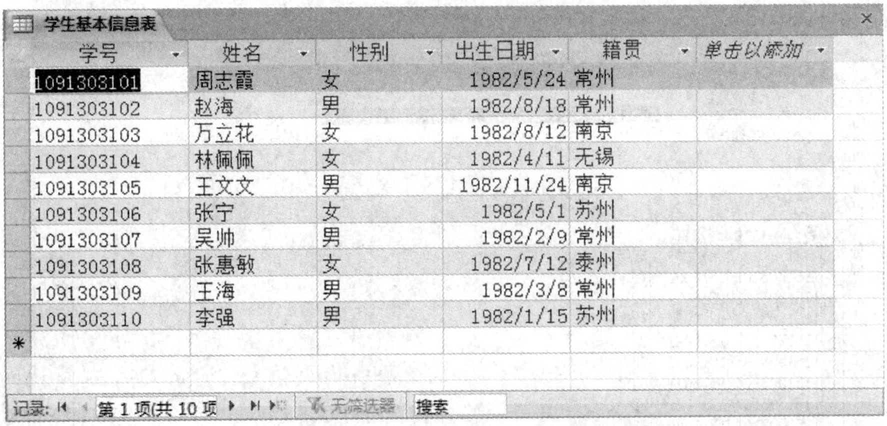

学生基本信息表

学号	姓名	性别	出生日期	籍贯	单击以添加
1091303101	周志霞	女	1982/5/24	常州	
1091303102	赵海	男	1982/8/18	常州	
1091303103	万立花	女	1982/8/12	南京	
1091303104	林佩佩	女	1982/4/11	无锡	
1091303105	王文文	男	1982/11/24	南京	
1091303106	张宁	女	1982/5/1	苏州	
1091303107	吴帅	男	1982/2/9	常州	
1091303108	张惠敏	女	1982/7/12	泰州	
1091303109	王海	男	1982/3/8	常州	
1091303110	李强	男	1982/1/15	苏州	
*					

记录: 第 1 项(共 10 项　无筛选器　搜索

图 13.6　学生基本信息表数据

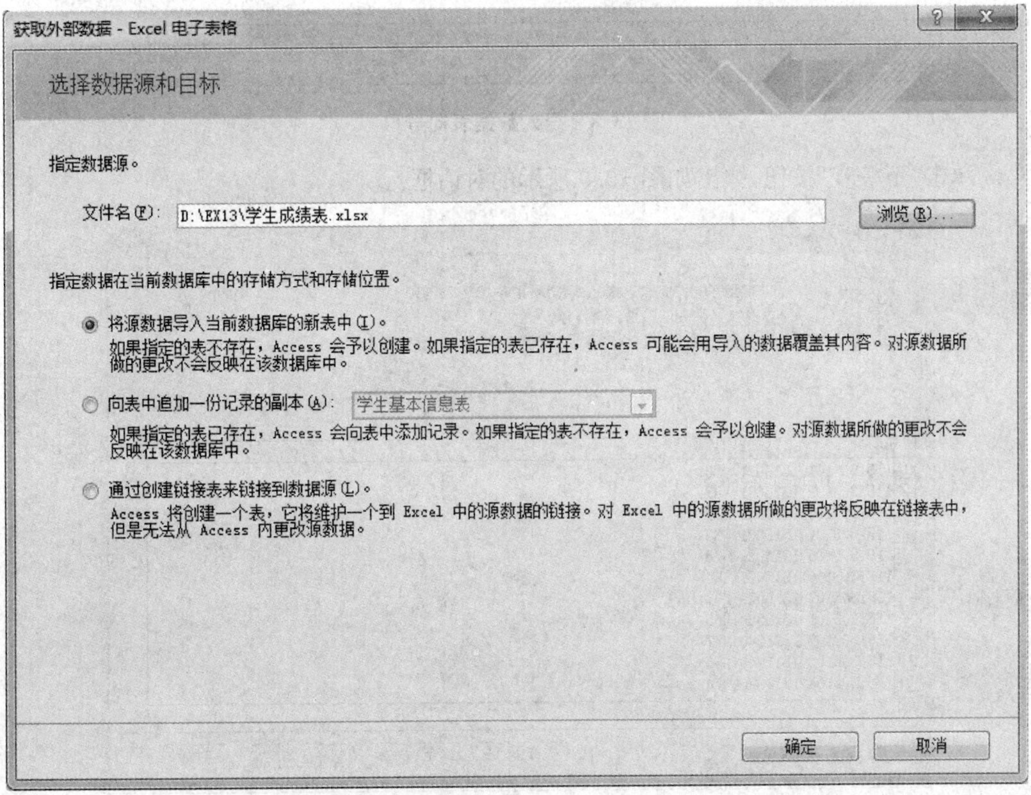

图 13.7　获取外部数据

单击“确定”按钮，打开“导入数据表向导”对话框，选择“显示工作表”选项，在对应的列表框中选择表格数据所在的工作表，如图 13.8 所示。

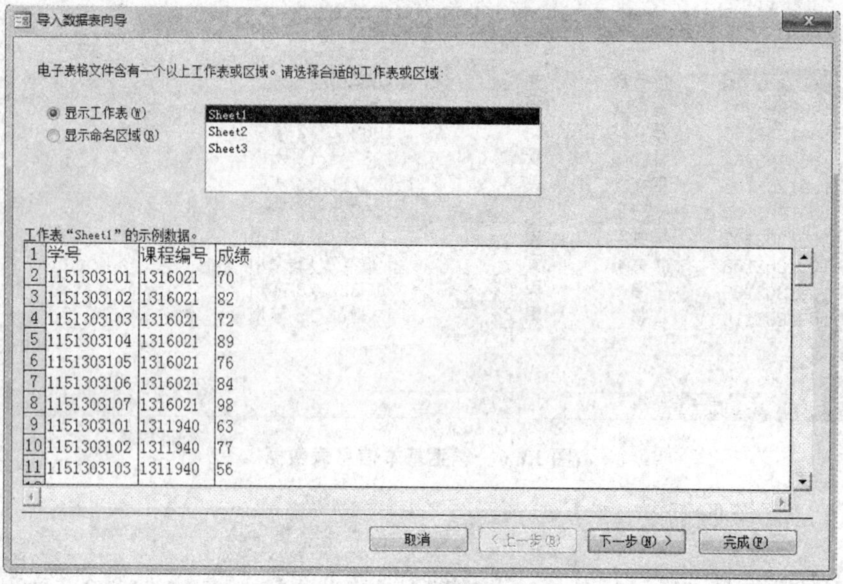

图 13.8 导入数据表向导(1)

单击"下一步"按钮,弹出如图 13.9 所示的对话框。

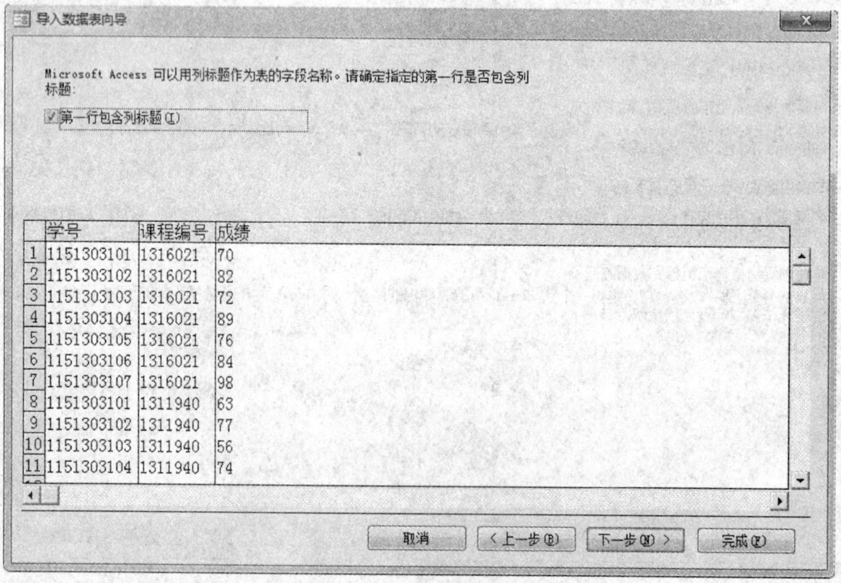

图 13.9 导入数据表向导(2)

单击"下一步"按钮,在弹出的对话框中,选择表格区域中的"成绩"列,设置对应字段数据类型为整型,如图 13.10 所示。

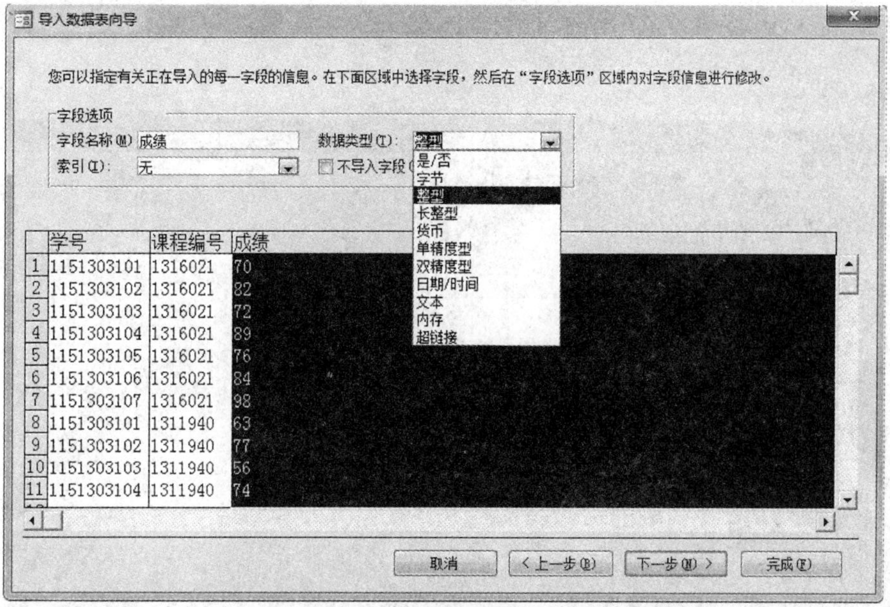

图 13.10　导入数据表向导(3)

单击“下一步”按钮，在弹出的对话框中，选中“让 Access 添加主键”，如图 13.11 所示。

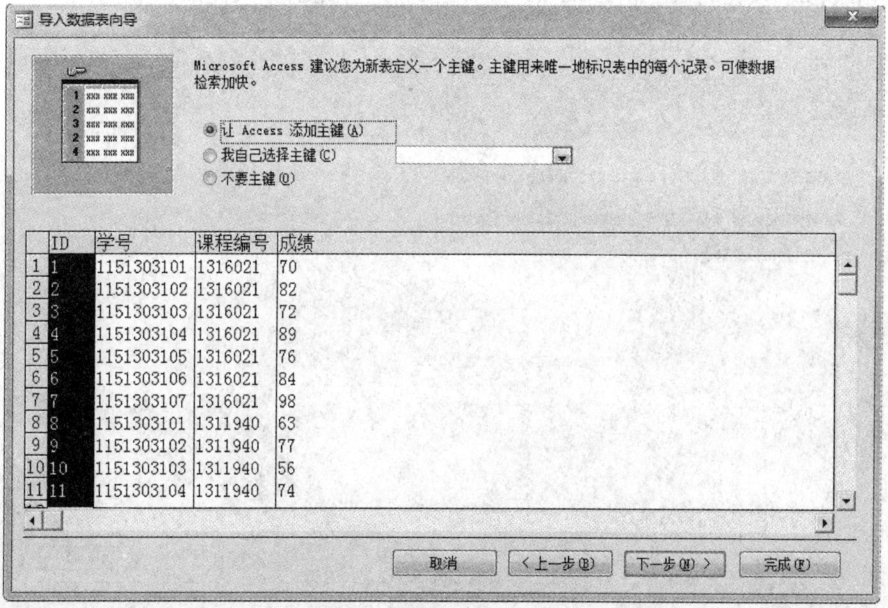

图 13.11　导入数据表向导(4)

单击“下一步”按钮，在弹出的对话框中，输入导入的表名为“成绩表”，如图 13.12 所示。

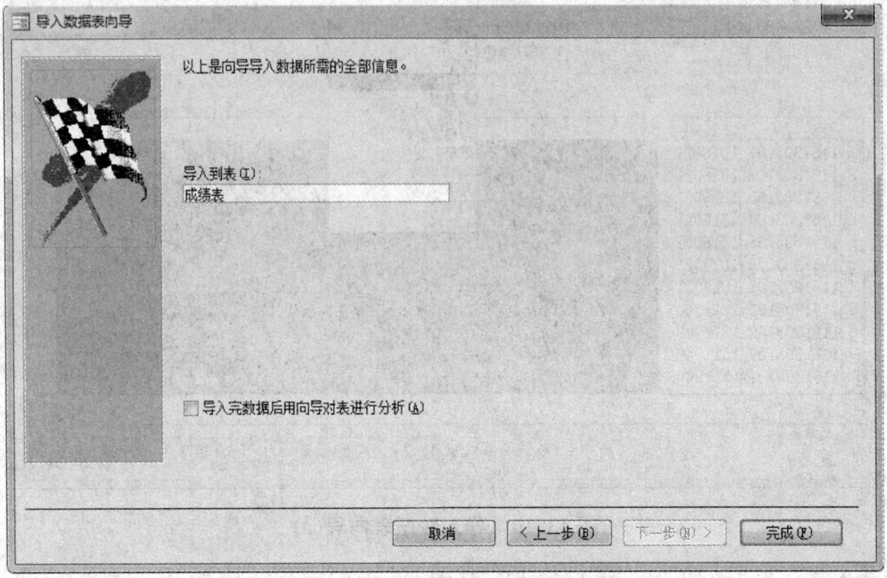

图 13.12　导入数据表向导(5)

单击“完成”按钮，弹出如图 13.13 所示的对话框，提示导入完成。

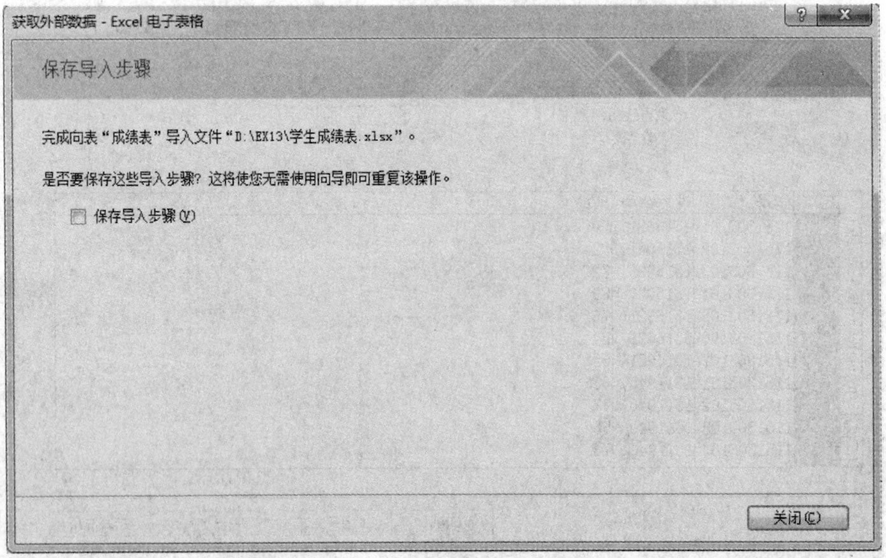

图 13.13　提示完成导入对话框

单击“关闭”按钮。

任务 2　利用 SQL 语句创建和更新表

1. 任务要求

(1) 利用 SQL 数据定义语句创建数据库，名称为“课程表”，具体表结构参见表 13.2 所示。

表 13.2　课程表结构

字段名称	数据类型	字段大小	是否主键	是否为空
课程编号	文本	10	是	否
课程名称	文本	50	否	否
课时数	数字	整型	否	否

(2) 利用 SQL 数据更新语句中的 INSERT 语句添加课程表记录，记录内容参见表 13.3 所示。

表 13.3　课程表内容

课程编号	课程名称	课时数
1316021	VB 程序设计	64
1311940	大学计算机信息技术	48
1502619	大学英语	64
3703421	大学物理	32

(3) 利用 SQL 数据更新语句中的 UPDATE 语句，将大学英语的课时数增加 8 个学时。

(4) 利用 SQL 数据更新语句中的 DELETE 语句删除课程表中课程号为“3703421”的记录。

2. 操作步骤

(1) 打开“学生学籍管理. accdb”数据库文件，在“创建”选项卡的“查询”组中，单击“查询设计”按钮，弹出“显示表”的对话框，对话框将列出数据库中目前已有的数据表，如图 13.14 所示。

单击“关闭”按钮，进入查询设计界面。此时 Access 菜单栏将自动出现“查询工具”选项卡。在“查询工具”的“设计”选项卡的“结果”组中，单击“SQL”按钮，进入 SQL 视图，在查询编辑窗口中输入以下 SQL 语句：

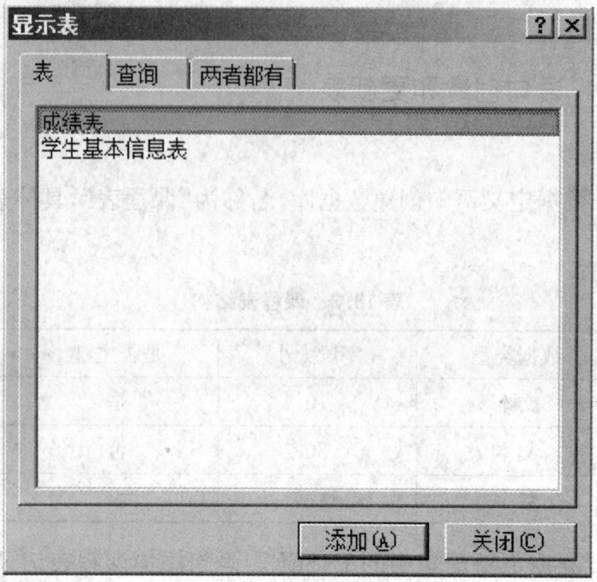

图 13.14 “显示表”对话框

CREATE TABLE 课程表
(课程编号 CHAR(10) NOT NULL,
课程名称 CHAR(50) NOT NULL,
课时数 INT NOT NULL,
PRIMARY KEY (课程编号));

在“查询工具”的“设计”选项卡的“结果”组中,单击“运行”按钮(图示为红色感叹号),系统将执行该 SQL 数据定义语句,完成课程表结构的创建操作。

提示:数据表结构可在结构设计视图中建立,也可利用 SQL 数据定义语句 CREATE TABLE 来创建。CREATE TABLE 语句中,用“CHAR”、“INT”、“DATE”、“NUMBER”分别表示“文本”、“整数”、“日期”、“数字”数据类型,用“PRIMARY KEY”指出主键,用“NOT NULL”表示字段不允许为空值。需要注意的是,SQL 语句中使用的引号、逗号、括号等所有分隔符均必须为西文字符。

(2) 在查询编辑窗口中输入以下 SQL 语句:

INSERT INTO 课程表(课程编号,课程名称,课时数)
VALUES("1316021","VB 程序设计",64)

如图 13.15 所示。

在“查询工具”的“设计”选项卡的“结果”组中,单击“运行”按钮(显示为红色感叹号),弹出提示追加记录的对话框,如图 13.16 所示。

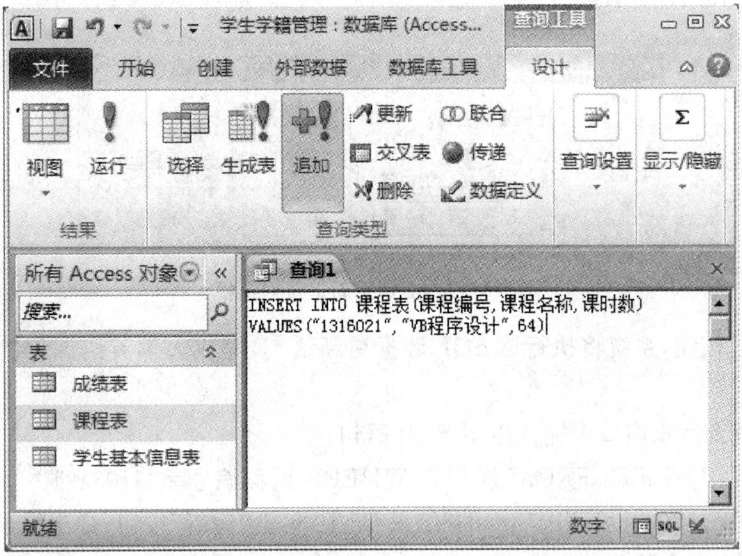

图 13.15　利用 INSERT 语句追加数据表记录

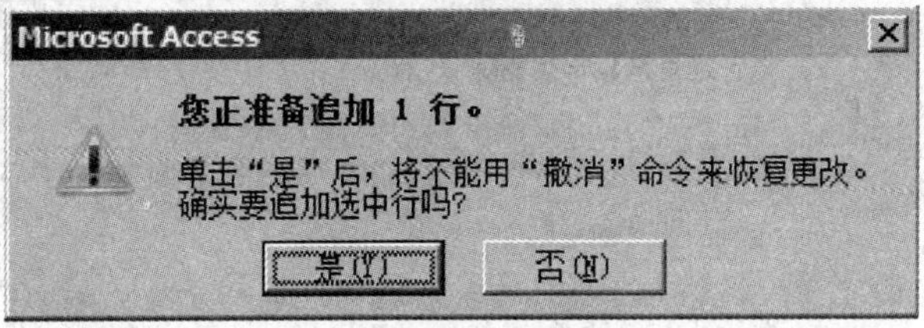

图 13.16　提示追加记录对话框

单击"是"按钮，系统将执行该 SQL 数据更新语句，完成课程表一条记录的添加操作。

参照表 13.3 的内容，在查询窗口中修改 INSERT 语句中 VALUES 子句后面的参数值，单击"运行"按钮，可继续追加表中的其他记录内容。

提示：数据表记录可在数据表视图中直接输入，也可利用 SQL 数据更新语句 INSERT 来追加。在使用 INSERT 语句时，要注意字段参数与值参数数据类型的一致性。另外，在 Access 中，文本常量用英文双引号作为定界符，日期常量用＃号作为定界符。

(3) 在查询编辑窗口中输入以下 SQL 语句：

UPDATE　课程表 SET 课时数＝ 课时数＋8

WHERE 课程名称＝"大学英语"

在"查询工具"的"设计"选项卡的"结果"组中，单击"运行"按钮，弹出提示更新记录的对话框，如图 13.17 所示。

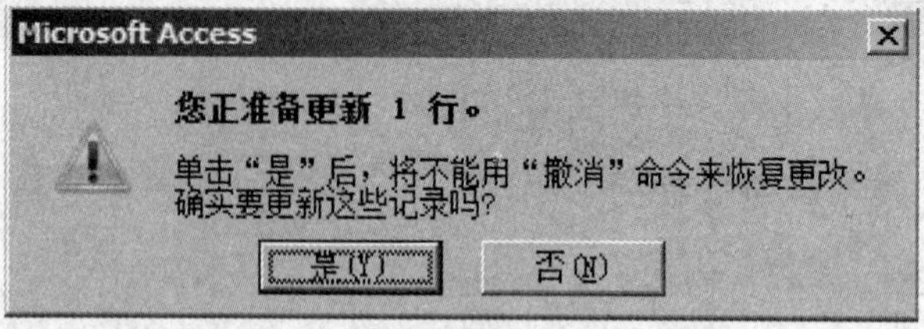

图 13.17　提示更新记录对话框

单击"是"按钮，系统将执行该 SQL 数据更新语句，完成大学英语课程的课时数修改操作。

(4) 在查询编辑窗口中输入以下 SQL 语句：

DELETE FROM 课程表 WHERE 课程编号="3703421"

在"查询工具"的"设计"选项卡的"结果"组中，单击"运行"按钮，弹出提示删除记录的对话框，如图 13.18 所示。

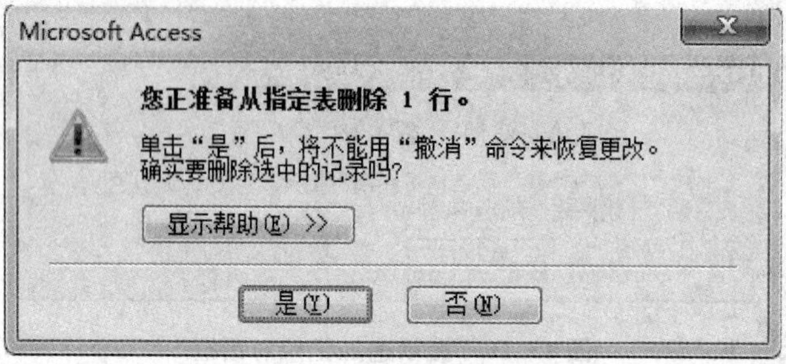

图 13.18　提示删除记录对话框

单击"是"按钮，系统将执行该 SQL 数据更新语句，完成记录的删除操作。

提示：数据表可在数据表视图中直接删除和修改，也可利用 SQL 数据更新语句 DELETE，UPDATE 来实现。在 DELETE，UPDATE 语句中，若省略 WHERE 条件子句，将删除或修改表中所有记录。

实验十四　数据库查询

【微信扫码】
看视频,学操作

一、实验要求

1. 掌握利用查询设计器创建查询的方法。

2. 了解利用 SQL 语句创建查询的方法。

二、实验内容和步骤

【案例描述】

王睿老师在某高校担任班主任工作,每到学期末,他都要根据教务处下发的各科成绩表,分类统计分析,总结班级学生该学期的学习状况。

请帮助王睿老师根据实验十三创建的学生学籍管理数据库,利用查询设计器和 SQL 数据更新语句中的相关语句查询成绩情况。

任务 1　利用查询设计器创建查询

1. 任务要求

(1) 利用查询设计器查询学生基本信息表中所有女生的信息,要求输出“学号”、“姓名”、“性别”和“籍贯”,并保存查询结果为“女生信息表”。

(2) 利用查询设计器查询所有“VB 程序设计”课程成绩在 80 分及以上的学生学号及姓名,并将查询结果保存为“VB 高于 80 分的学生信息”。

2. 操作步骤

(1) 打开“学生学籍管理. accdb”数据库文件,在“创建”选项卡的“查询”组中,单击“查询设计”按钮,弹出“显示表”对话框,如图 14.1 所示。

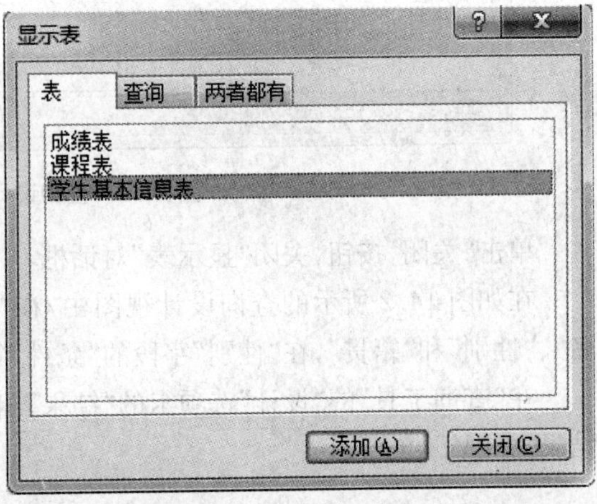

图 14.1　“显示表”对话框

选择“学生基本信息表”，单击“添加”按钮，在查询设计视图中将显示“学生基本信息表”，如图 14.2 所示。

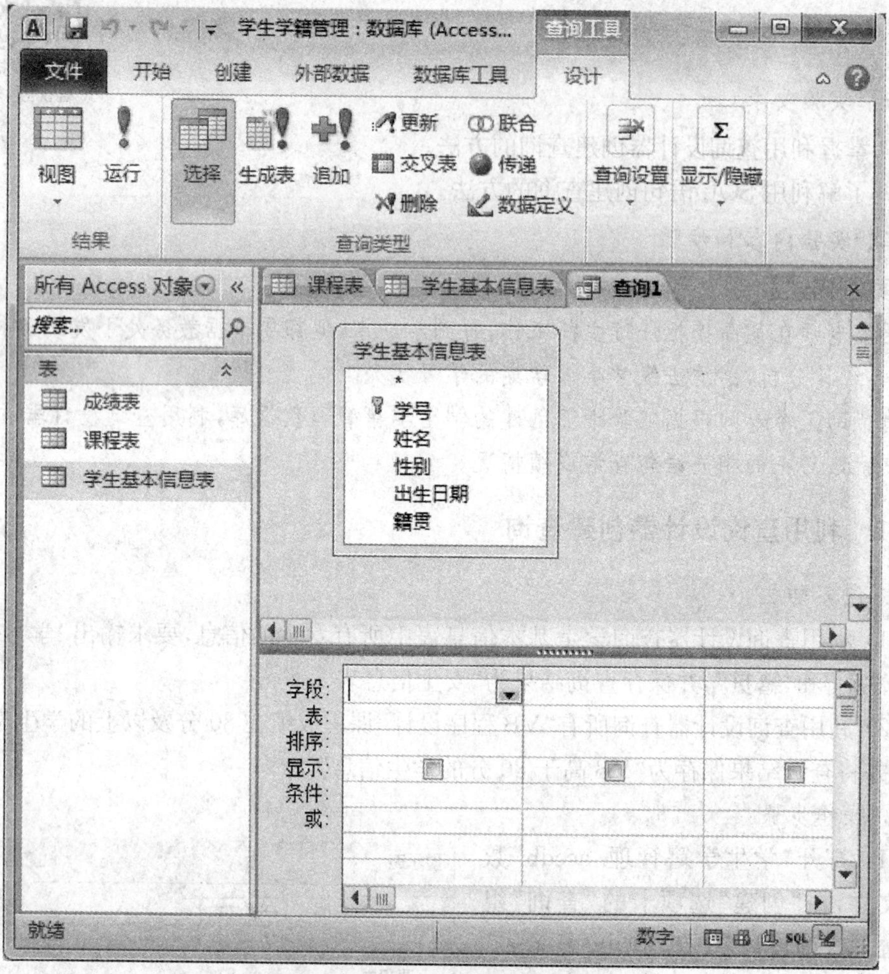

图 14.2　查询设计视图界面(1)

单击“关闭”按钮，关闭“显示表”对话框，

在如图 14.2 所示的查询设计视图中，在“字段”对应的操作区依次选择“学号”、“姓名”、“性别”和“籍贯”，在“性别”字段的“条件”行，输入“女”，如图 14.3 所示。

在“查询工具”的“设计”选项卡的“结果”组中，单击“运行”按钮，系统将显示查询后的结果，如图 14.4 所示。

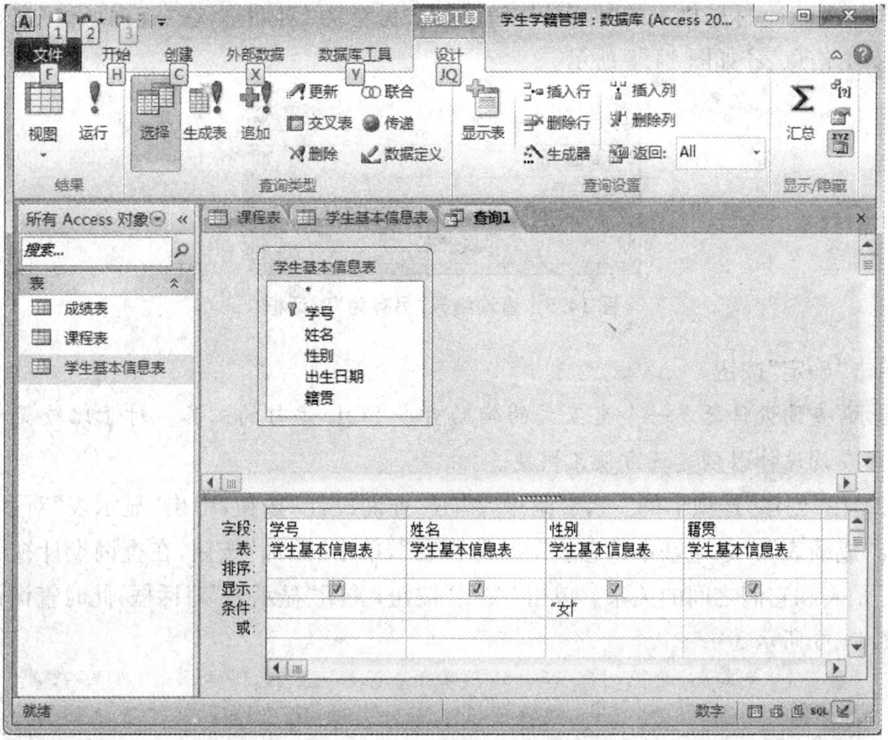

图 14.3　设置查询选项界面(1)

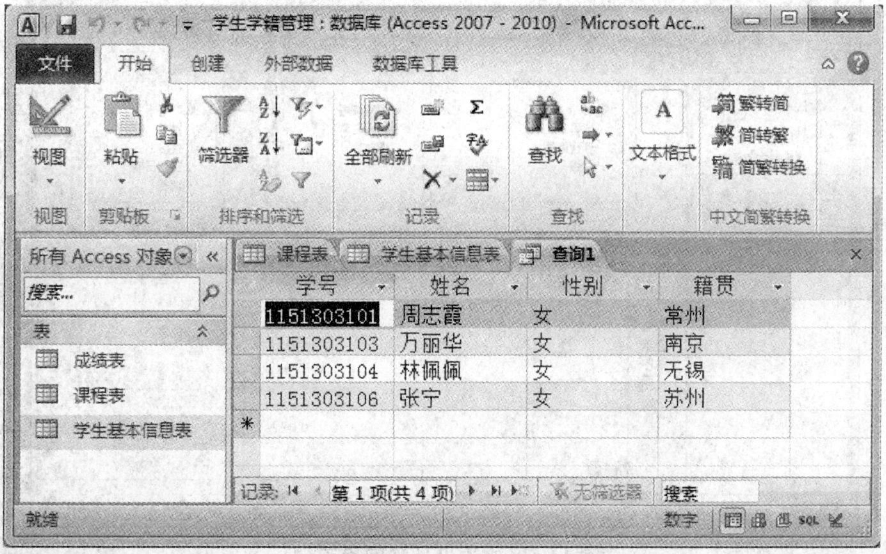

图 14.4　查询性别为女的学生信息结果

单击 Access 标题栏上的“保存”按钮，弹出“另存为”对话框，在“查询名称”文本框中输入“女生信息表”如图 14.5 所示。

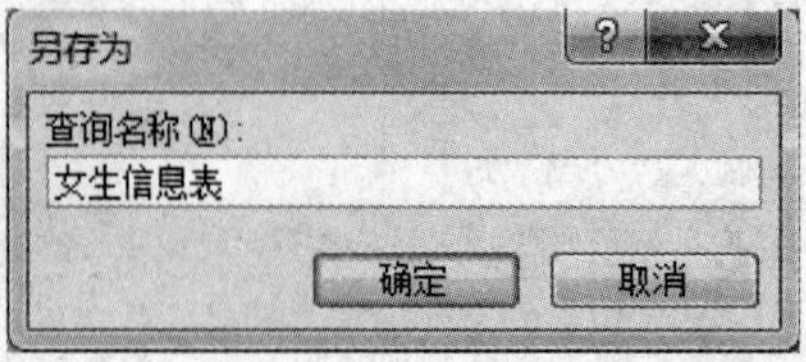

图 14.5 查询结果“另存为”对话框

单击“确定”按钮。

提示：查询设计器是一个交互式的辅助生成 SQL 语句的工具。对于比较简单的查询，利用查询设计器创建既方便又快捷。

(2) 在“创建”选项卡的“查询”组中，单击“查询设计”按钮，弹出“显示表”对话框，分别选择“成绩表”、“学生基本信息表”和“课程表”，单击“添加”按钮，在查询设计视图中将显示三张表和它们之间的关系。单击“关闭”按钮，关闭“显示表”对话框，此时查询设计视图如图 14.6 所示。

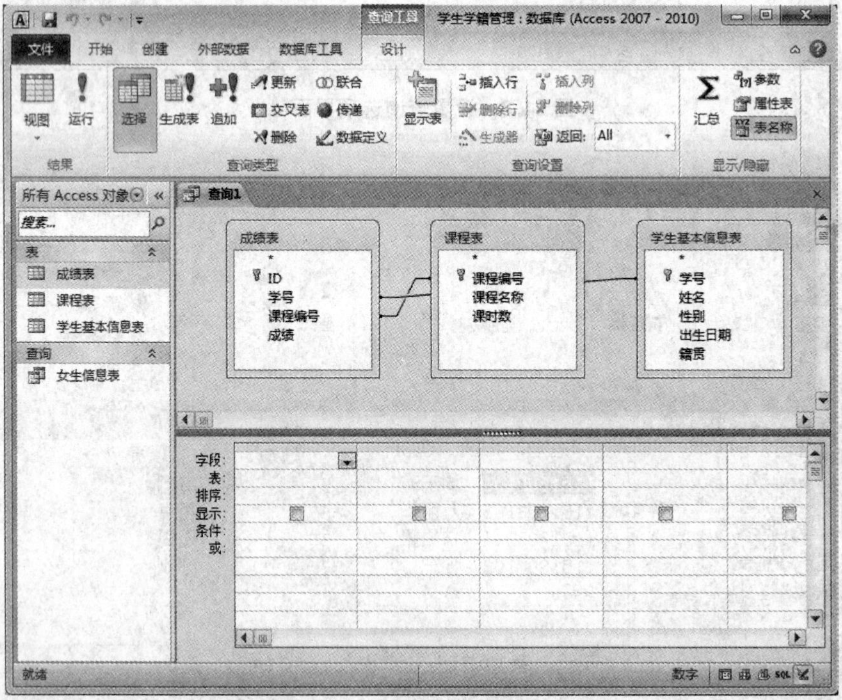

图 14.6 查询设计视图界面(2)

在如图 14.6 所示的查询设计视图中，“字段”对应的操作区依次选择“成绩表.学号”、“学生基本信息表.姓名”、“成绩表.成绩”和“课程表.课程名称”，在“成绩”字段的“条件”行，输入“>=80”，在“课程名称”字段的“条件”行，输入“VB 程序设计”，取消“成绩”、“课程名称”字段的显示，如图 14.7 所示。

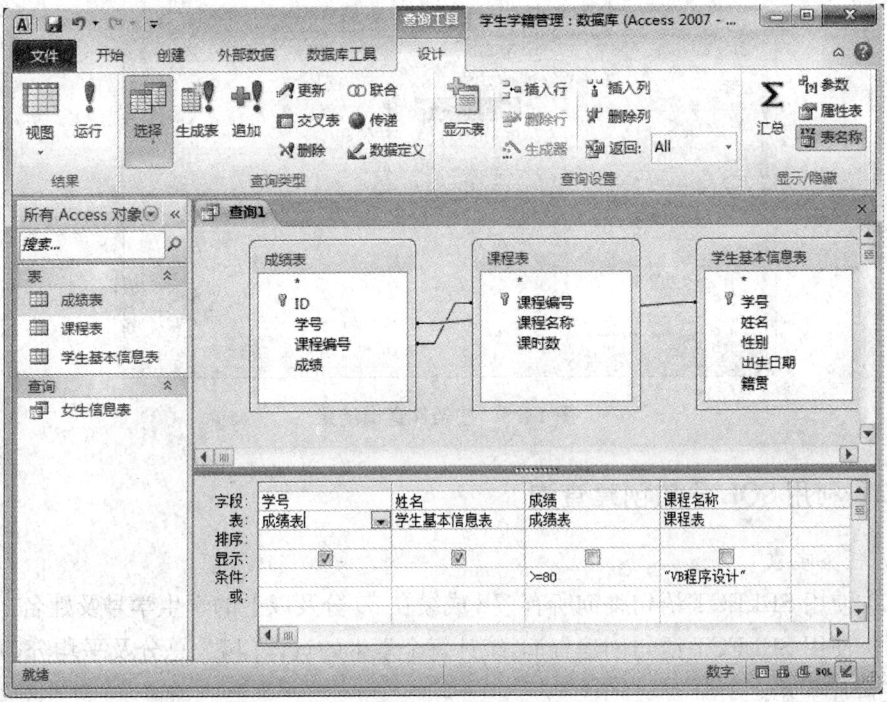

图 14.7　设置查询选项界面(2)

在“查询工具”的“设计”选项卡的“结果”组中，单击“运行”按钮，系统将显示查询后的结果，如图 14.8 所示。

单击 Access 标题栏上的“保存”按钮，弹出“另存为”对话框，在“查询名称”文本框中输入“VB 高于 80 分的学生信息”，单击“确定”按钮。

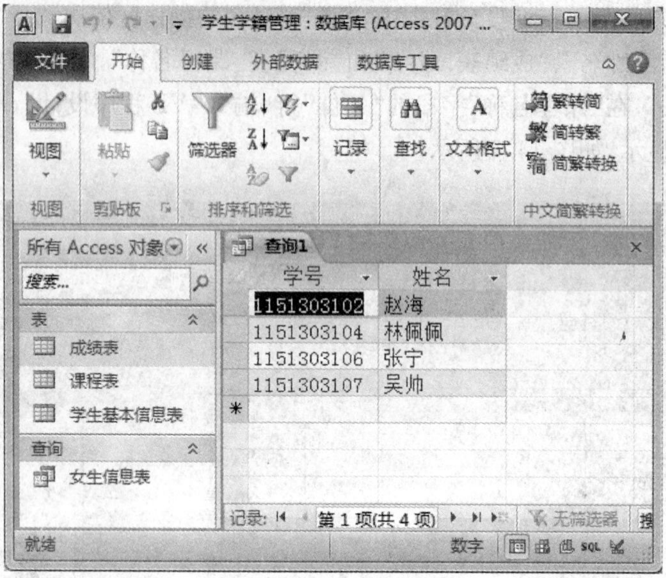

图 14.8 按条件查询结果

任务 2 利用 SQL 语句创建查询

1. 任务要求

(1) 使用 SELECT 语句查询所有 VB 成绩在 80 分及以上的学生学号及姓名。

(2) 使用 SELECT 语句创建查询，统计每个学生的选课门数、总分及平均分，并按平均分的降序显示。

2. 操作步骤

(1) 打开“学生学籍管理. accdb”数据库文件，在“创建”选项卡的“查询”组中，单击“查询设计”按钮，弹出“显示表”对话框，单击“关闭”按钮，进入查询设计界面。在“查询工具”的“设计”选项卡的“结果”组中，单击“SQL”按钮，进入 SQL 视图，在查询编辑窗口中输入以下 SQL 语句：

SELECT 学生基本信息表. 学号，学生基本信息表. 姓名

FROM 学生基本信息表，成绩表，课程表

WHERE 学生基本信息表. 学号＝成绩表. 学号 AND 成绩表. 课程编号＝课程表. 课程编号 AND 成绩表. 成绩＞＝80 AND 课程表. 课程名称＝"VB 程序设计"；

在“查询工具”的“设计”选项卡的“结果”组中，单击“视图”→“数据表视图”，可以查看执行查询后的结果，结果和图 14.8 相同。

提示：SQL 的核心是查询功能，SQL 的查询命令为 SELECT 命令，它的常用语法格

式如下：

SELECT [ALL | DISTINCT][TOP(表达式)]……　　说明要查询的语句

FORM [数据库名!]<表名>　　说明数据来源

[[INNER | LEFT[OUTER] | RIGHT[OUTER]]

JOIN 数据库名！表名 ON <联接条件>]　　说明与其他表的联接方式

WHERE……　　说明查询的条件

[GROUP BY……]　　对查询结果进行分组

[HAVING……]　　限定分组满足的条件

[ORDER BY……]　　对查询结果进行排序

(2) 在查询编辑窗口中输入以下 SQL 语句：

SELECT 学号,Count(学号) AS 选课门数,Sum(成绩) AS 总分,Avg(成绩) AS 平均分

FROM 成绩表

GROUP BY 学号

ORDER BY Avg(成绩) DESC;

在“查询工具”的“设计”选项卡的“结果”组中，单击“视图”→“数据表视图”，可以查看执行查询后的结果，结果如图 14.9 所示。

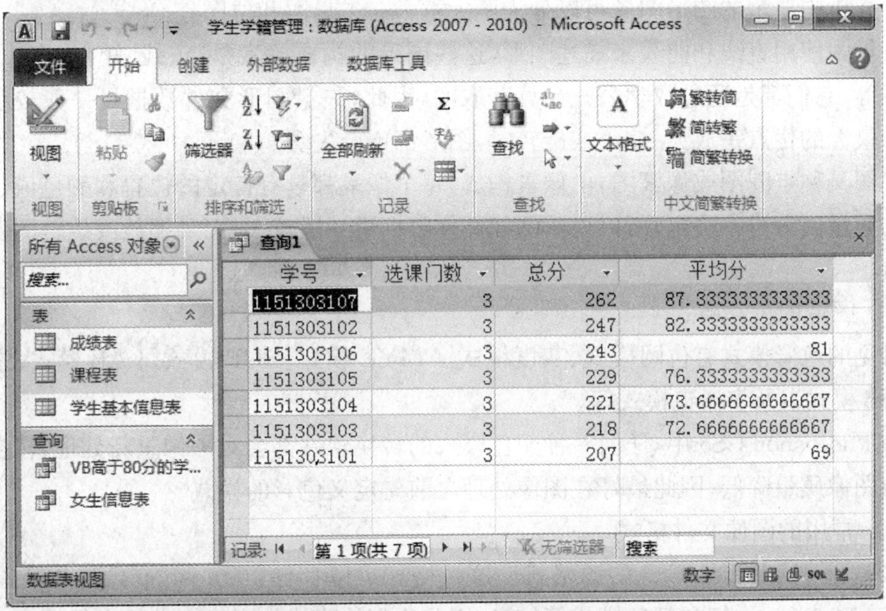

图 14.9　用 SQL 语句创建查询结果

单元六　图形图像处理软件 Photoshop CS5

Photoshop CS5 是 Adobe 公司推出的一款专业的图形图像处理软件，其功能强大，操作便捷，主要应用于平面设计、照片修复、影像创意、艺术文字、网页制作等方面。

首先了解一些图形图像基础知识。

(1) 像素和分辨率

像素(Pixel)是构成位图图像的最小单位。一幅位图可以看成是由无数个点组成的，每个点就是一个像素。

图像分辨率用于确定图像的像素数目，一般使用像素/英寸(ppi)来表示，是衡量图像细节表现力的技术参数。分辨率越高，可显示的像素点越多，画面就越精细，但所需要的存储空间就越大。

(2) 位图与矢量图

计算机中显示的图形图像可以分为两大类——矢量图和位图。

矢量图使用直线和曲线来描述图形，这些图形的构成元素是点、线、矩形、多边形、圆和弧线等，它们都是通过数学公式计算获取的，因此，矢量图形文件数据量一般较小。矢量图形最大的优点是放大、缩小或旋转时，图形都不会失真。

位图又称点阵图或像素图，由像素构成，每个像素都具有特定的位置和颜色值。位图图像的质量由分辨率决定，所以位图图像文件数据量一般较大，而且缩放或旋转图像时容易失真。

(3) 图像的色彩模式

常见的色彩模式有位图模式、灰度模式、CMYK 模式、RGB 模式、LAB 模式、索引模式、HSB 模式以及多通道模式等。

在 Photoshop CS5 中，任何一种颜色模式的转换软件都会对图像重新处理，转换时可能导致图像质量降低，因此最好在图像处理之前先定义色彩的模式。

(4) 常用的图像文件格式

PSD 是 Photoshop CS5 的源格式。这种格式可以存储 Photoshop CS5 中所有的图层、通道、参考线、注解和颜色模式等信息，因此比其他格式的图像文件要大得多。

JPEG 或者 JPG 是一种将原始图像压缩过后的格式，其压缩技术十分先进，它使用有损压缩方式去除冗余的图像和彩色数据，获取极高的压缩率的同时能展现十分丰富生动的图像，是生活中最常见的图像格式。

BMP 是 Windows 操作系统中的标准图像文件格式，它采用位映射存储格式，不采用其他任何压缩，因此，BMP 文件所占用的空间很大。

GIF 格式适合显示色调不连续或具有大面积单一色调的图像，占用的空间较小。GIF 图像还可以以透明方式显示，且可以包含动态信息，特别适合用于 Web 页面。

PNG 格式采用的是无损失的压缩方式，可以生成透明背景且色彩丰富，是 JPEG 和 GIF 两种格式最好的结合。

Photoshop CS5 提供的主要功能：

（1）创建选区

Photoshop CS5 主要使用选框工具、套索工具、魔棒工具等来创建选区，也可以使用色彩范围命令、通道、路径等方式创建不规则选区，以实现对图像的灵活处理。

（2）图像修复与变形

Photoshop CS5 提供的图像修复工具很多，主要包括：修复画笔、污点修复画笔、修补工具、仿制图章等；常见的图像变形工具主要有“剪裁”、“操控变形”等。

（3）绘图

Photoshop CS5 在图形绘制方面也很优秀，使用形状工具可以很方便地绘制出矩形、圆角矩形、多边形、椭圆形、直线及 Photoshop CS5 里自带的形状，也可以使用画笔、铅笔、钢笔等工具随心所欲的绘制和设计。

（4）图层的操作

图像都是基于图层来进行处理的，所谓图层就像一层透明的玻璃纸，透过这层纸，可以看到纸后面的内容，而且无论在这层纸上如何涂画都不会影响其他层的内容。

几乎所有的图层操作都是通过图层面板来实现的，图层面板中显示了当前图像的图层信息，用户可以调节图层叠放顺序、图层不透明度以及图层混合模式等参数。

（5）蒙版操作

在 Photoshop CS5 中主要包括快速蒙版、剪贴蒙版、图层蒙版。利用蒙版控制图像的显示与隐藏区域，还可以用来保护某些区域不被编辑或修改，是进行图像合成的重要方法。

（6）色彩调整

图像色彩的调整主要包括调整图像的色相、饱和度和明度等。调整图像色彩的常用方法，主要可以通过“色阶”、“自动色调”、“曲线”、“亮度与对比度”等命令来实现。

（7）滤镜技术

Photoshop CS5 提供了滤镜库，有多种滤镜效果，用户可以为整幅图或图中部分区域合理的使用滤镜，从而轻而易举地制作绚丽图像效果。

本单元从实际图形图像处理案例出发，设计了 1 个实验项目，涵盖了 Photoshop CS5 的各种工具(选区工具、裁剪工具、污点修复工具、变形工具、修复图章工具、加深减淡工具、钢笔工具、文字工具、自定义形状等)的使用，让学生掌握图像模式、图像颜色色调、图像大小与画布、图层、滤镜和蒙版等相关操作。

实验十五　Photoshop 图像处理

【微信扫码】
看视频，学操作

一、实验要求

1. 熟悉 Photoshop CS5 的工作界面。
2. 掌握选区的创建、移动、编辑等基本操作。
3. 掌握画笔、钢笔、铅笔、橡皮擦等绘图工具的使用。
4. 掌握文字的操作。
5. 掌握图层的创建、复制、删除、调整顺序、链接、合并等基本操作。
6. 掌握图层样式的操作。
7. 掌握图层蒙版的操作。

二、实验内容和步骤

【案例描述】

李明是一位大学生，喜欢平面设计，熟悉图像处理软件 Photoshop CS5，希望寻找到一份平面设计兼职工作。为了体现自己图形图像处理能力，他想设计制作儿童艺术照和电影海报作为自己的作品放在求职简历中。让我们跟着他一起设计和制作吧！

本次实验所需的所有素材放在 EX15 文件夹中。

任务 1　合成儿童艺术照

1. 任务要求

(1) 创建一副大小为 15.2×10.2 厘米、分辨率为 300 像素/英寸、背景透明的 RGB 模式图像，文件名为“儿童艺术照”。

(2) 创建背景图层，实现由前景色(R:252、G:223、B:64)到背景色(R:248、G:252、B:182)的渐变填充。

(3) 创建“边框”图层，用“画笔”绘制出照片边缘效果，并添加星点图案。

(4) 创建“宝贝 1”图层，用矩形选框选出“照片 1.jpg”中的人物放进“宝贝 1”图层中，制作“10px”、“白色”的“描边”效果，调整合适的大小及位置。

(5) 创建“宝贝 2”图层，用方形选框选出“照片 2.jpg”中的人物放进“宝贝 2”图层中，制作“5px”、“白色”的“描边”效果，调整合适的大小及位置。

(6) 创建“宝贝 3”图层，用圆形选框选出“照片 2.jpg”中的人物放进“宝贝 2”图层中，制作“5px”、“白色”的“描边”效果，调整合适的大小及位置。

(7) 创建"翅膀"、"米奇和米妮"图层，将素材中的画笔文件"翅膀.abr"、"米奇和米妮.abr"载入画笔样式中，并使用这两种画笔，在合适的位置添加图案。

(8) 创建"快乐童年"、添加文字"快乐图层"，字体为"黑体"、字号"40"、颜色为"白色"，添加紫红色的描边效果。

(9) 复制"快乐童年"图层，改名为"快乐童年倒影"，将文字内容垂直翻转，移至下方，图层透明度设为"25%"。

(10) 将文件保存为"儿童艺术照.psd"，生成效果图"儿童艺术照.jpg"，如图 15.1 所示。

图 15.1 "儿童艺术照"效果图

2. 操作步骤

(1) 启动 Photoshop CS5，单击菜单"文件"→"新建"，打开"新建"对话框，设置文件名称为"儿童艺术照"，图像宽度为"15.2 厘米"、图像高度为"10.2 厘米"，分辨率为"300 像素/英寸"，颜色模式为"RGB 8 位"，背景内容为"透明"，如图 15.2 所示，单击"确定"按钮。

(2) 右键单击"图层"面板中的"图层 1"，在弹出的快捷键中选择"图层属性"，打开"图层属性"窗口，更改图层名称为"背景"。在工具箱面板中，选择"▇渐变工具"，设置前景色为土黄色(R:252、G:223、B:64)，背景色为淡黄色(R:248、G:252、B:182)，按住 Shift 键在画布中由上向下拖拽鼠标，实现由前景色到背景色的线性渐变填充。

(3) 单击菜单"图层"→"新建"→"图层"，打开"新建图层"对话框，名称输入"边框"，模式选择"正常"，单击"确定"，创建"边框"图层。

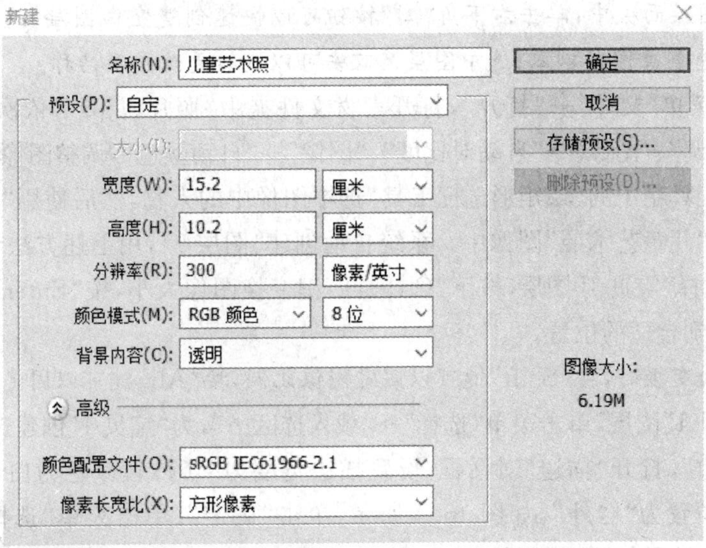

图 15.2　新建图像文件

在工具箱面板中，选择“画笔工具”，设置前景色为白色(R:255、G:255、B:255)，单击“”，打开画笔属性面板，在“画笔预设”选项卡中，笔尖大小设为“200px”，画笔样式为“柔边圆”，用画笔在画布四周涂抹，绘制出照片边缘效果，重新设置笔尖大小为“50 px”，在画布中单击绘制星点随机效果图案，如 15.3 所示。

图 15.3　画笔涂抹效果

提示：在图层面板中，单击右下角“”按钮可以快速创建空白图层；选中图层按 Ctrl＋J 键可以快速创建图层副本；选中图层名双击可以直接更改图层名称。

(4) 单击菜单“文件”→“打开”，打开素材文件夹中“照片 1.jpg”，依次单击菜单“图像”→“自动色调”、“图像”→“自动对比度”、“图像”→“自动颜色”，调整图像的色彩使其更加自然，使用工具箱中的“矩形选框工具”选中图像中的人物，然后使用“移动工具”将选区拖曳到“儿童艺术照”图像中。系统自动创建“图层 1”，用上述方法将图层重命名为“宝贝 1”，选择“宝贝 1”图层，按下“Ctrl＋T”键变换图像大小，按“Enter”键确认变换，最后将其移动到合适的位置。

提示：自由变换时，按“Shift”键可以固定图像比例，按“Alt”键可以固定图像中心。

选中“宝贝 1”图层，单击菜单“选择”→“载入选区…”，为“宝贝 1”创建选区，单击菜单“编辑”→“描边”，打开“描边”对话框，设置描边宽度为“10px”，颜色为白色(R：255、G：255、B：255)，位置为“居外”，如图 15.4 所示，单击“确定”，单击菜单“选择”→“取消选择”，取消选区，效果如图 15.5 所示。

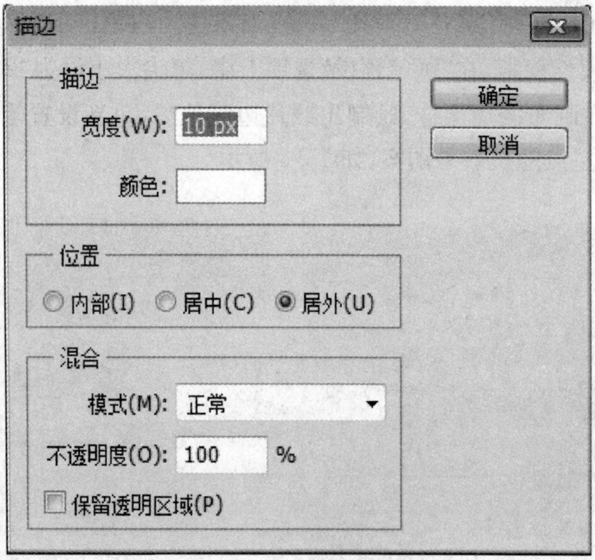

图 15.4　设置“描边”参数

图 15.5 "宝贝 1"图层效果

提示：按"Ctrl"键单击图层也可以将图层载入到选区；按"Ctrl+D"可取消选区。

(5) 打开素材文件夹中的"照片 2.jpg"，在工具箱面板中选择矩形选框工具，按住"Shift"键在图像中创建正方形选区，将选区内容移动至"儿童艺术照"图像中，创建"宝贝 2"图层，选中"宝贝 2"图层，单击菜单"编辑"→"描边"，打开"描边"对话框，设置描边宽度为"5px"，颜色为白色，位置为"居外"，单击"确定"，取消选区，效果如图 15.6 所示。

图 15.6 "宝贝 2"图层效果

提示：选中"宝贝 2"图层，单击图层面板中"fx 图层样式"→"描边"，打开"图层样式"窗口，在"描边"选项中，设置相关参数，单击"确定"也可为图像添加描边效果。

(6) 参考上述操作，为素材文件"照片 3.jpg"建立圆形选区并移动到"儿童艺术照"图像中，创建“宝贝 3”图层，添加与“宝贝 2”图层同样的描边效果，如图 15.7 所示。

图 15.7 “宝贝 3”图层效果

(7) 创建图层“翅膀”，单击菜单“编辑”→“预设管理器”，打开“预设管理器”窗口，单击“载入”，打开“载入”对话框，选择素材文件夹中的画笔文件“翅膀.abr”，单击“载入”。选择工具箱中的“画笔工具”，单击菜单“窗口”→“画笔”，打开画笔属性面板，在“画笔”选项中，选择翅膀画笔(编号 515 和 513)，为小女孩添加翅膀图案。相同方法创建新图层“米奇与米妮”，在画布上绘制素材文件“米奇与米妮.abr”中的图案，效果如图 15.8 所示。

图 15.8 添加“翅膀”、“米奇与米妮”图案

提示：从网上可以搜索并下载画笔文件(格式为 abr)，载入到“画笔预设”中，从而绘制出各种漂亮的图案。

(8) 在工具箱中选择“T横排文字工具”,在文字工具选项栏中,设置字体为“黑体”,字号为“40 点”,颜色为“白色”,在画布中输入“快乐童年”,此时将自动创建图层“快乐童年”。选择“快乐童年”图层单击右键,选择“混合选项”,打开“图层样式”对话框,选择“描边”样式,设置描边结构大小为“3 像素”,位置为“外部”,填充类型为“颜色”(R:255、G:0、B:255),如图 15.9 所示。

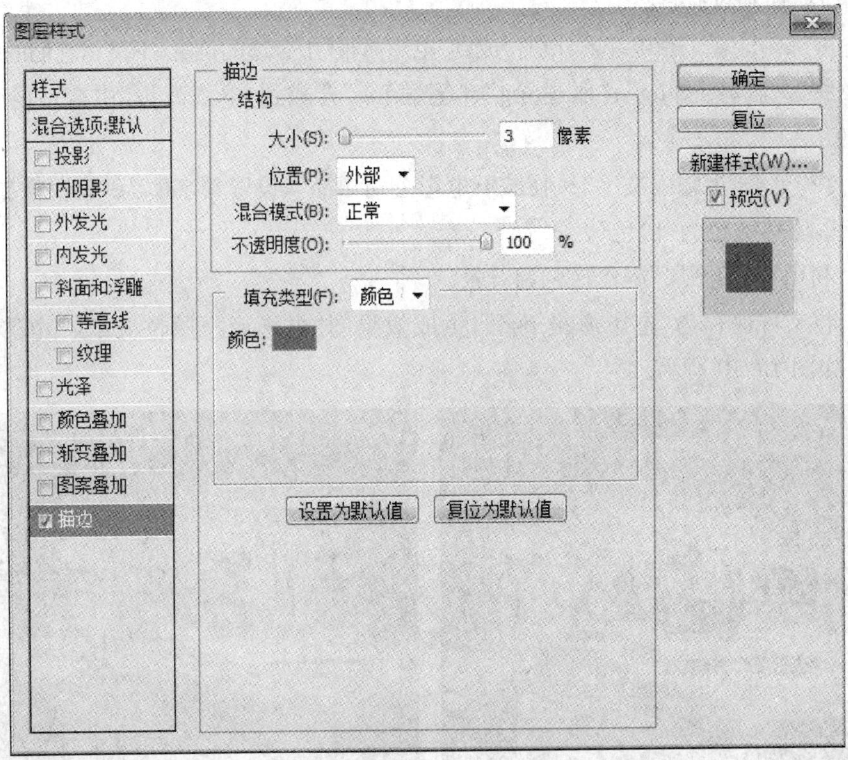

图 15.9 设置“描边”图层样式

(9) 右键单击“快乐童年”图层,在弹出的快捷菜单中选择“复制图层”,打开“复制图层”窗口,将新图层命名为“快乐童年倒影”,使用移动工具将图像内容移动至原文字的下方,单击菜单“编辑”→“变换”→“垂直翻转”,在图层面板中,设置不透明度为“25%”,得到任务要求中图 15.1 中的效果。

(10) 单击菜单“文件”→“存储为”,打开“存储为”对话框,格式选择“Photoshop(*.psd; *.PDD)”,将其保存为“儿童艺术照.psd”;再次单击“文件”→“存储为”,在“存储为”对话框中,格式选择“JPEG(*.jpg; *.JPEG; *.JPE)”,将其保存为“儿童艺术照.jpg”。

任务 2　设计制作电影海报

1. 任务要求

(1) 创建一副大小为 1000×700 像素、分辨率为 300 像素/英寸、背景为白色的 RGB 模式图像，文件名为"电影海报"。

(2) 分别将素材文件夹中的"乌云.jpg"、"城门.jpg"、"战场.jpg"合成到"电影海报"的上中下位置，使其过渡自然。

(3) 将"旗帜.jpg"、"雷电.jpg"分别合成到"电影海报"中合适的位置，不显示它们的背景。

(4) 将"兵临城下.png"、"血迹.jpg"、"笔触.jpg"合成到"电影海报"中合适的位置，并为其着色。

(5) 在"笔触"上输入文字"兵临城下电影公司出品"，设置其字体为"微软雅黑"、大小为"16 点"，字体颜色为"白色"。

(6) 利用"盖印图层"制作冷色调背景。

(7) 将文件保存为"电影海报.psd"，生成效果图"电影海报原色.jpg"、"电影海报冷色.jpg"，如图 15.10 所示。

(a) 原色　　(b) 冷色

图 15.10　电影海报效果图

2. 操作步骤

(1) 启动 Photoshop CS5，单击菜单“文件”→“新建”，打开“新建”对话框，设置文件名称为“电影海报”，图像宽度为“700 像素”、图像高度为“1000 像素”，分辨率为“300 像素/英寸”，颜色模式为“RGB 8 位”，背景内容为“白色”，单击“确定”按钮。

(2) 打开素材图片“乌云.jpg”，选择“移动工具”，把乌云移动至“电影海报.psd”画布的顶端，将图层重命名为“乌云”。选中“乌云”图层，单击“图层”面板底部的“ 添加图层蒙版”按钮，选择“橡皮擦工具”，设置一个较柔和的笔尖，设置前景色为白色，在“乌云”图层蒙版的下部边缘进行涂抹，使其过渡自然。

提示：蒙版可用来控制图像的显示与隐藏区域，观察图层缩略图发现，白色可使原图显示，黑色可使原图隐藏。当操作失误时，可切换前景色与背景色重新涂抹。

(3) 分别将素材“主城.jpg”和“战场.jpg”移至“电影海报.psd”的中间和底部，调整合适的位置及大小，将图层重命名为“主城”和“战场”，分别为这两个图层添加图层蒙版，同样用橡皮擦在图像拼合的交界处进行涂抹，此时“电影海报”效果如图 15.11 所示。

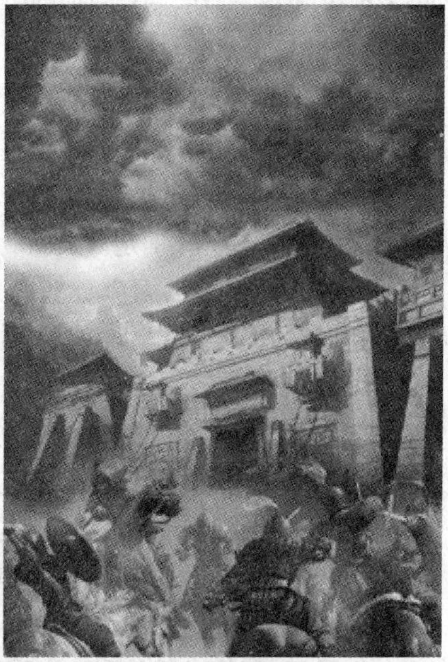

图 15.11　乌云、主城、战场合成效果

(4) 现在合成在画布中三幅图色调差异较大，我们以“主城”图层为基准色调，分别调整“乌云”、“战场”图层的色调。依次选中“乌云”、“战场”图层，单击菜单“图像”→“调整”→“色彩平衡”，打开“色彩平衡”窗口，拖动其中的滑块得到与“主城”色彩协调的效果，如图 15.12 所示。

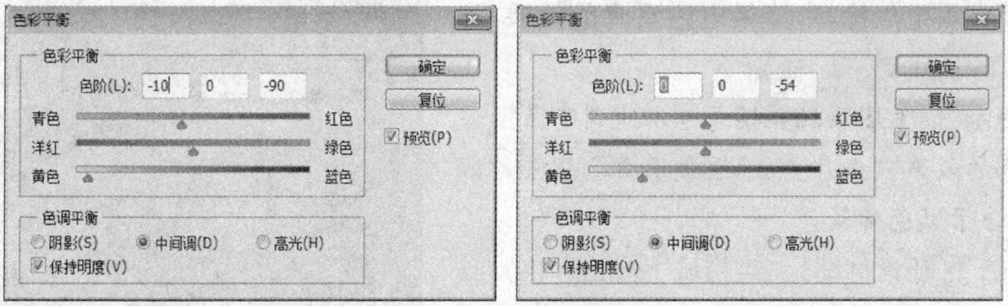

(a) 乌云　　　(b) 战场

图 15.12　调整色彩平衡

调整过色彩平衡的“电影海报.psd”效果如图15.13所示。

（5）打开素材图像“旗帜.jpg”，将其移动至“电影海报.psd”中适当位置，图层重命名为“旗帜”，选中“旗帜”图层，在“图层”面板中单击“设置图层混合模式”选择“正片叠底”。

（6）打开素材图像“雷电.jpg”，选择“移动工具”，将“雷电”拖到“电影海报.psd”的顶部，图层重命名为“雷电”。在“图层”面板中单击“设置图层混合模式”选择“滤色”。

选中“雷电”图层，单击菜单“图像”→“调整”→“去色”；单击菜单“图像”→“调整”→“曲线”，打开“曲线”窗口，拖动曲线向下弯曲，直到“雷电”的背景消失，单击“确定”按钮；为“雷电”添加图层蒙版，选择“画笔工具”，设置前景色为黑色，用“柔边圆”的大画笔在“雷电”的周围进行涂抹，使其过渡自然。

新建图层“渲染1”，选择“画笔工具”，设置前景色为“黑色(R:0、G:0、B:0)”，笔尖为“柔边圆”，大小为“200 px”，透明度为“50%”，在画布顶部边缘涂抹，渲染乌云压顶的效果。

新建图层“渲染2”，设置图层混合模式为“叠加”，选择“画笔工具”，设置前景色为“白色”，笔尖为“柔边圆”，大小为“200px”，透明度为“50%”在雷电处涂抹，渲染电闪雷鸣的效果，如图15.14所示。

提示：设置图层混合模式可以达到隐藏图像背景色的效果，“正片叠底”适合于白色背景，“滤色”适合于黑色背景。

（7）打开素材图片“兵临城下.png”，将其移动至“电影海报.psd”中，调整合适的位置与大小，图层重命名为“兵临城下”。

图15.13　调整色彩平衡后图像效果

图15.14　雷电图像效果

新建“文字着色”图层，选择“画笔工具”，设置前景色(RGB：142、5、4)。用“柔边圆”在文字着色中部进行涂抹，单击菜单“图层”→“创建剪贴蒙版”。

(8) 打开素材图片“血迹.png”，选择“移动工具”，将其移动至“电影海报.psd”中合适位置，将图层重命名为“血迹”，选中“血迹”图层，在“图层”面板中单击“设置图层混合模式”选择“正片叠底”。

同样利用创建剪贴蒙版的方法为血迹着色。

(9) 打开素材图片“笔触.jpg”，选择“魔棒工具”单击白色背景，创建选区，单击菜单“选择”→“反向”，将选区反向，使用“移动工具”将其移动至“电影海报.psd”中，调整合适的位置与大小，图层重命名为“笔触”。

选中“笔触”图层，单击菜单“图层”→“图层样式”→“颜色叠加”，打开“图层样式”窗口，设置“叠加颜色”为深红色暗红色(RGB：142、5、4)，单击“确定”按钮。

选择“T 横排文字工具”，设置选项栏字体为“微软雅黑”、大小为“16 点”，颜色为“白色”，在笔触上输入“兵临城下电影公司出品”，效果如图 15.15 所示。

图 15.15　文字图像效果

(10) 制作冷色调效果，在图层面板中，选中“渲染 2”图层，按下“Ctrl＋Shift＋Alt＋E”创建盖印图层，图层中包含“渲染 2”下方的所有图层信息，将其重命名为“盖印图层”，按下“Ctrl＋Shift＋U”将“盖印图层”去色，通过控制“盖印图层”的“可见性”，得到任务要求中图 15.10 中的效果。

提示：盖印功能是一种特殊的图层合并方法，它可以将多个图层的内容合并为一个目标图层，同时是其他图层保持完好。

(11) 将文件存储为“电影海报.psd”、“电影海报原色.jpg”和“电影海报冷色.jpg”。

参考文献

1. 教育部高等学校大学计算机课程教学指导委员会. 大学计算机基础课程教学基本要求[M]. 北京:高等教育出版社,2016.

2. 王留洋,李翔. 大学计算机基础实验指导书[M]. 南京:南京大学出版社,2014.

3. 黄滔,张浩. 大学计算机基础实践教程[M]. 北京:人民邮电出版社,2014.

4. 王必友. 大学计算机实践教程[M]. 北京:高等教育出版社,2015.

5. 全国计算机等级考试二级教程二级 MS Office 高级应用[M]. 北京:高等教育出版社,2016.